全国中等职业学校汽车类专业通用教材
全国技工院校汽车类专业通用教材（中级技能层级）

机械识图

（第四版）

人力资源社会保障部教材办公室　组织编写

中国劳动社会保障出版社

简介

本书的主要内容有制图基本规定、正投影作图、机械图样的基本表示法、常用零部件和结构要素的特殊表示法、零件图、装配图、展开图、焊接图等。

本书由刘涛主编，丁青任副主编，公茂金、温秀华、刘晓梅、狄菲菲、张丹、李颖、安延珍参加编写，王希波主审。

图书在版编目（CIP）数据

机械识图/人力资源社会保障部教材办公室组织编写. -- 4版. -- 北京：中国劳动社会保障出版社，2019

全国中等职业学校汽车类专业通用教材

全国技工院校汽车类专业通用教材. 中级技能层级

ISBN 978-7-5167-4201-3

Ⅰ.①机…　Ⅱ.①人…　Ⅲ.①机械图-识图-中等专业学校-教材　Ⅳ.①TH126.1

中国版本图书馆CIP数据核字(2019)第287781号

中国劳动社会保障出版社出版发行

（北京市惠新东街1号　邮政编码：100029）

*

北京谊兴印刷有限公司印刷装订　新华书店经销

787毫米×1092毫米　16开本　12.5印张　245千字

2019年12月第4版　2023年12月第7次印刷

定价：27.00元

营销中心电话：400-606-6496

出版社网址：http://www.class.com.cn

http://jg.class.com.cn

前　言

为了更好地适应中等职业学校汽车类专业教学要求，全面提升教学质量，人力资源社会保障部教材办公室组织有关学校的骨干教师和行业、企业专家，在充分调研企业生产和学校教学情况、广泛听取教材用户反馈意见的基础上，对全国中等职业学校汽车类专业通用教材进行了修订。本次修订的教材包括：《汽车文化（第二版）》《机械识图（第四版）》《机械基础（第四版）》《电工与电子技术基础（第四版）》《汽车材料（第四版）》《钳工技能训练（第四版）》《汽车驾驶技术（第四版）》《汽车维修企业管理（第二版）》等。

本次教材修订工作的重点主要体现在以下几个方面：

第一，贯彻最新教学计划、教学大纲及国家职业技能标准。

根据人力资源社会保障部颁发的《技工院校汽车维修专业教学计划和教学大纲（2015）》《技工院校汽车电器维修专业教学计划和教学大纲（2015）》《汽车修理工国家职业技能标准（2014年修订）》对相关内容进行了修订。

第二，根据岗位需求和科学技术发展，合理更新教材内容。

根据汽车类专业毕业生所从事岗位的实际需要和教学实际情况的变化，合理确定学习目标，对教材内容的深度、难度做了适当调整，同时注重综合职业能力的培养。根据相关专业领域的最新发展，在教材中充实新知识、新技术、新材料、新工艺等方面的内容，体现教材的先进性；采用最新国家技术标准，使教材更加科学和规范。

第三，具备鲜明的汽车专业特色，创新教材表现形式。

教材编写以汽车及其零部件为载体或选取汽车行业案例，充分体现专业特色，增加了实操内容在教材中的比重。为了增强教材的表现效果，激发学生的学习兴趣，教材中使用了大量高质量的实物图片，多数教材采用四色印刷，图文并茂，提高了教材的可读性。

第四，开发多种教学资源，提供优质教学服务。

为方便教师教学和学生学习，教材配套提供了电子课件、教案示例、习题册参考答案等教学资源，可通过职业教育教学资源和数字学习中心网站（http：//zyjy. class. com. cn）下载使用。除此之外，在部分教材中还借助二维码技术，针对教材中的重点、难点内容，开发制作了微视频，可使用移动设备扫描书中二维码在线观看。

本次教材修订工作得到了北京、河北、江苏、山东、广东等省（直辖市）人力资源社会保障厅（局）及有关学校的大力支持，在此表示诚挚的谢意。

人力资源社会保障部教材办公室

2019 年 12 月

目录

绪　论

学习目标

1. 了解学习机械识图课程的意义，掌握本课程的主要任务和学习方法。
2. 初步认识轴测图、零件图和装配图。
3. 能正确使用丁字尺、三角板、圆规、铅笔等绘图工具。

随着汽车工业的迅速发展，汽车领域先进技术不断涌现，对从事汽车维修行业人员的素质和技能提出了更高的要求，机械识图是汽车维修从业人员的必修课程。

机械识图是一门重要的技术基础课程，它是研究如何运用正投影基本原理，绘制和识读工程图样的课程。其主要任务是培养识图、绘图和空间想象的能力，以满足后续的专业课学习及今后从事相关技术工作的需要。

一、本课程的研究对象

根据投影原理、标准或有关规定绘制的，表示工程对象，并有必要的技术要求说明的图称为图样。

根据投影原理、标准或有关规定绘制的，准确表达机械、部件或零件的结构、形状、大小和技术要求的图称为机械图样。在现代工业生产中，无论是机器或仪器的设计、制造与维修，还是工程建筑的设计与施工都需要图样。图样是工厂组织生产、制造零件和装配机器的依据，图样是表达设计者设计意图的重要手段，图样是工程技术人员交流技术思想的重要工具，被誉为“工程界技术语言”。对于汽车维修从业人员，应掌握基本的绘图和识图本领，即研究如何运用正投影基本原理，绘制和识读机械图样。本课程的研究对象就是机械图样。

工程上常见的机械图样一般有轴测图、零件图和装配图。

1. 轴测图

如图 0—1 所示为支承座轴测图，用一个图形就能表达支承座三个方向的形状，立体感强，但不能反映支承座的真实形状。因此，轴测图可以作为生产图样的辅助性说明。

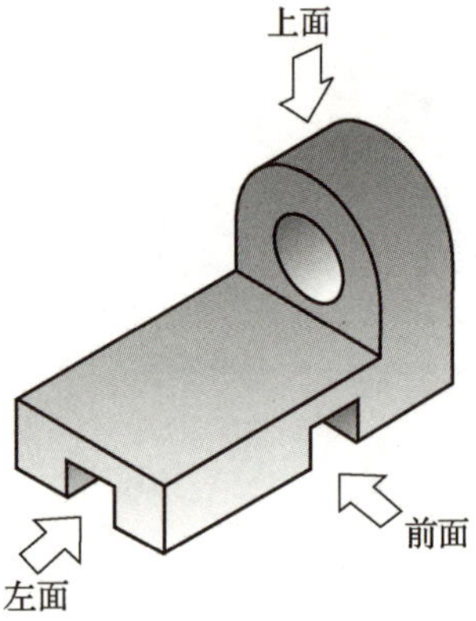

图 0—1　支承座轴测图

2. 零件图

如图 0—2 所示为支承座零件图。它是表达零件结构、形状、大小、材料和技术要求的图样，是制造和检验零件的依据，是生产的技术文件。它的特点是通过几个视图能够准确、清楚地表达物体的结构及形状，再注上尺寸、技术要求，就能满足零件在制造、检验过程中的需要。

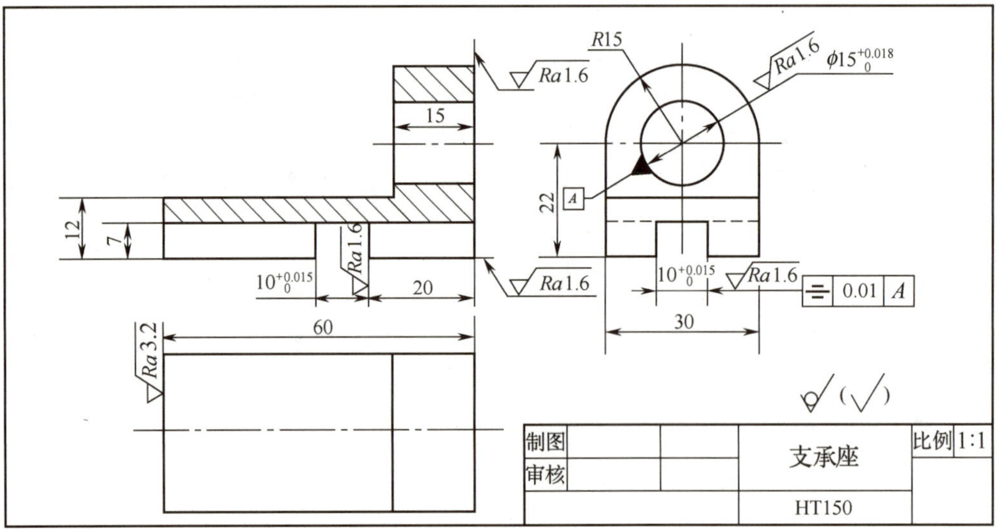

图 0—2　支承座零件图

3. 装配图

装配图是表达机器或部件各组成零件之间的连接、装配关系的图样，是表达设计思想、指导生产和进行技术交流的重要技术文件。如图 0—3 所示为汽车发动机中活塞连杆总成的装配图。

二、本课程的主要任务和学习方法

1. 主要任务

（1）学会正确使用绘图工具，掌握绘图技巧。

（2）掌握正投影法的基本理论和作图方法。

（3）学会识读中等复杂程度的汽车零件的零件图和汽车部件装配图。

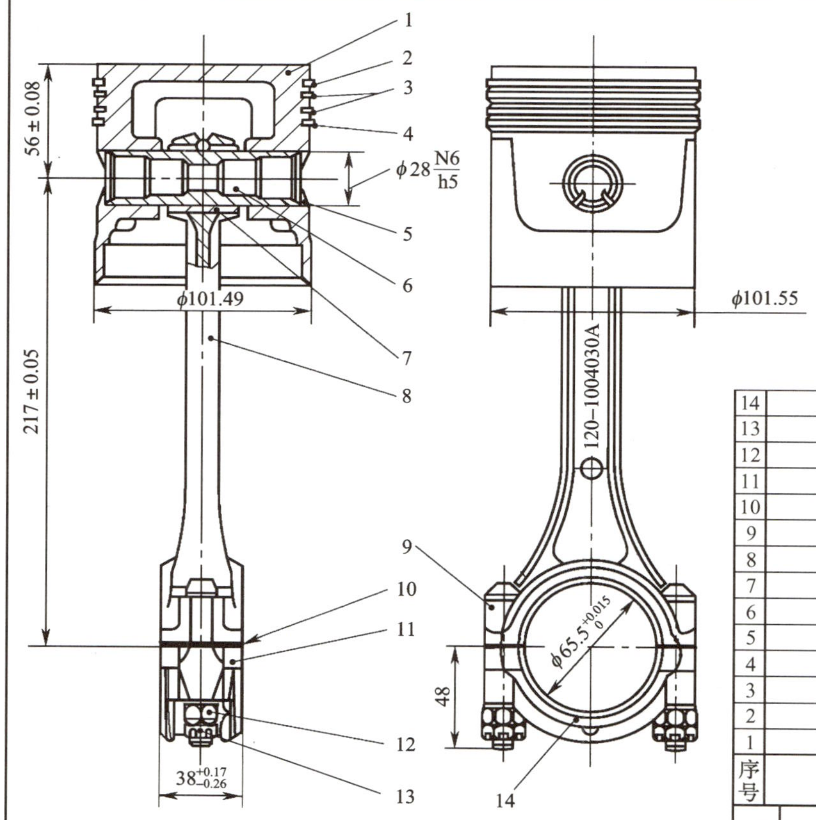

技术要求

按说明书进行装配。

序号	代号	名称	数量	材料	单件质量	总计质量	备注
14		连杆轴瓦	2	巴氏合金			
13		开口销	2	15			
12		连杆螺母	2	35			
11		连杆盖	1	40			
10		调整垫片		08			数量视需要
9		连杆螺栓 M12	2	40Cr			调质处理
8		连杆	1	40			
7		连杆衬套	1	QSn4-4-2.5			
6		活塞销	1	15Cr			渗碳
5		活塞销挡圈	2	65Mn			
4		油环	1	合金铸铁			
3		第二道气环	2	合金铸铁			
2		第一道气环	1	合金铸铁			
1		活塞	1	铝合金			

标记	处数	分区	更改文件号	签名	年、月、日			
设计			标准化			阶段标记	质量	比例
审核								
工艺			批准			共 张	第 张	

活塞连杆总成

图0—3 活塞连杆总成装配图

（4）培养认真的工作态度和严谨细致的工作作风。

2. 学习方法

（1）掌握基本理论

在学习中，必须注意空间几何关系的分析，掌握汽车零件实物和平面图形的转化规律。只有通过“从空间到平面，再从平面到空间”反复研究和思考，才能扎实掌握基本理论和基本方法。

（2）注重实践，按时完成作业

在学习投影理论的同时，要多绘图、多读图、多想象，还要结合汽车生产实际独立、按时完成一系列作业，培养和提高空间想象和思维能力。

（3）培养严谨的作风

要严格遵守国家标准规定，正确使用绘图工具，并养成认真负责、耐心细致、一丝不苟的优良作风。

三、尺规绘图工具及其使用方法

为保证图面质量，提高绘图速度，必须正确使用绘图工具。

1. 图板和丁字尺

图板用以固定图纸，丁字尺用来画水平线，如图 0—4 和图 0—5 所示。

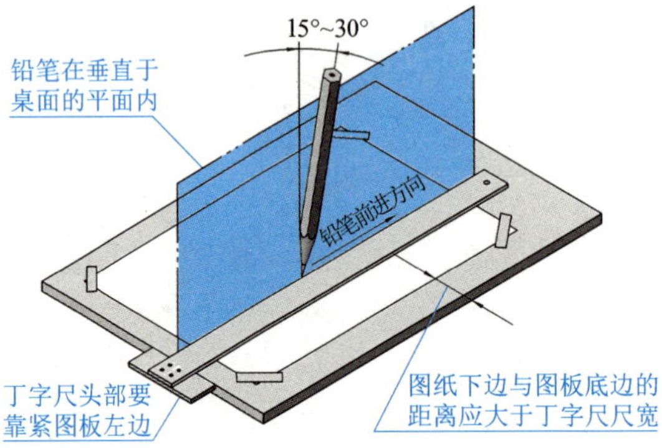

图 0—4　图板和丁字尺

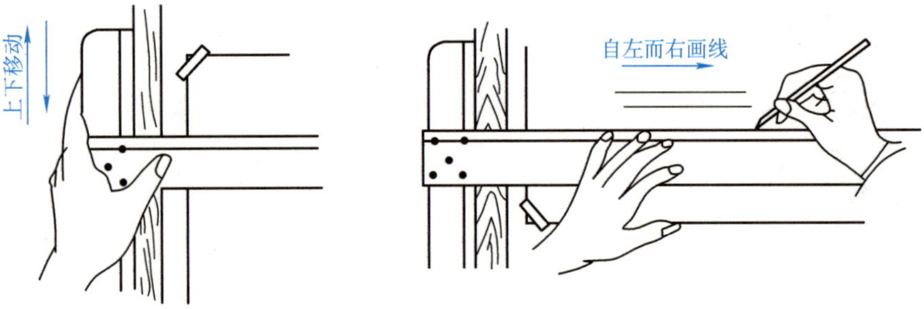

图 0—5　丁字尺用法

2. 三角板

一副三角板由 45°和 30°（60°）两块直角三角板组成。两块三角板配合使用，可画出已知直线的平行线和垂直线，如图 0—6 所示。三角板和丁字尺配合使用可画出垂直线及 15°倍角的倾斜线，如图 0—7 所示。

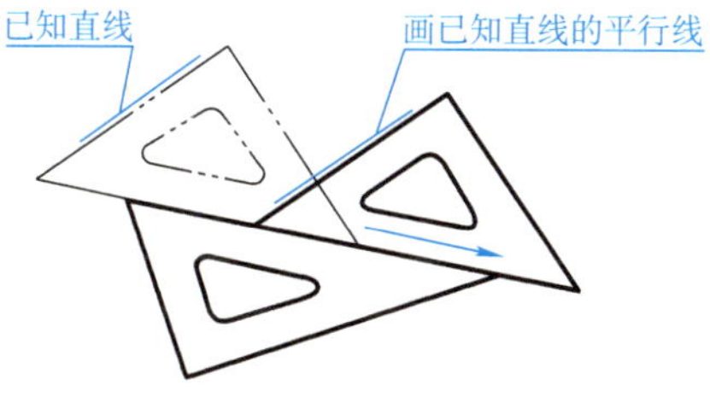

图 0—6　两块三角板配合使用

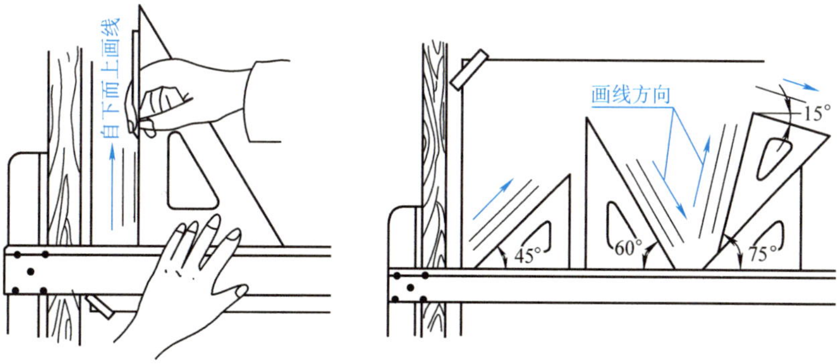

图 0—7　三角板和丁字尺配合使用

3. 圆规

圆规用来画圆和圆弧，如图 0—8 所示。画图时，尽量使针尖和笔尖同时与图面垂直，按顺时针方向并略向右前方倾斜。

4. 铅笔

铅笔铅芯的软硬是用代号“B”和“H”来表示的。“B”前面的数字越大，表示铅芯越软；“H”前面的数字越大，表示铅芯越硬；“HB”表示铅芯软硬适中。绘图时，通常选用 H 或 2H 铅笔打底稿，用 HB 铅笔写字，用 B、2B 或 HB 铅笔加深图线。

5. 其他工具及用品

绘图时除准备上述工具外，还要准备图纸、铅笔刀、橡皮等工具。

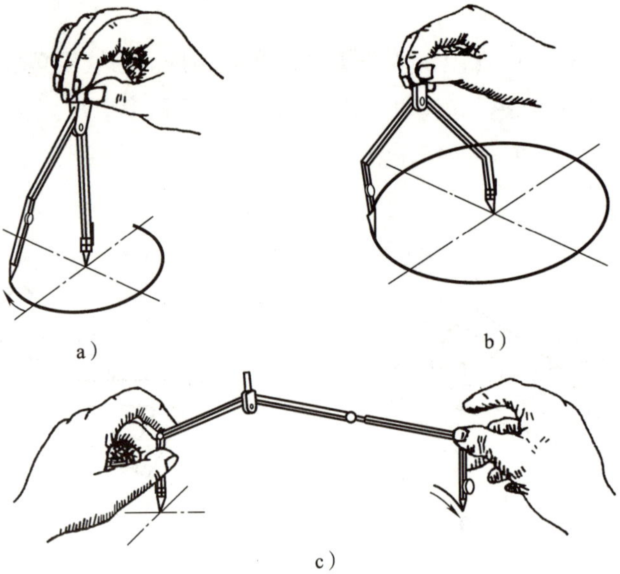

图 0—8　圆规的使用

第一章 制图基本规定

§1—1 图纸幅面、比例和字体

学习目标

了解国家标准关于图纸幅面、比例和字体的基本规定。

为了适应现代化生产和管理的需要，便于技术交流，我国制定并发布了一系列国家标准，简称“国标”，包括强制性国家标准（代号“GB”）、推荐性国家标准（代号“GB/T”）和国家标准化指导性技术文件（代号“GB/Z”）。本章摘录了国家标准《技术制图》和《机械制图》中有关的基本规定。

一、图纸幅面和格式（GB/T 14689—2008）

1. 图纸幅面

根据国家标准规定，在绘制图样时应优先采用表 1—1 中规定的图纸幅面尺寸。

表 1—1 基本幅面及图框格式尺寸 mm

<table>
<tr><th colspan="2">幅面代号</th><th>A0</th><th>A1</th><th>A2</th><th>A3</th><th>A4</th></tr>
<tr><td>幅面尺寸</td><td>$B \times L$</td><td>841×1 189</td><td>594×841</td><td>420×594</td><td>297×420</td><td>210×297</td></tr>
<tr><td rowspan="3">周边尺寸</td><td>e</td><td colspan="2">20</td><td colspan="3">10</td></tr>
<tr><td>c</td><td colspan="3">10</td><td colspan="2">5</td></tr>
<tr><td>a</td><td colspan="5">25</td></tr>
</table>

表 1—1 中所列为基本幅面。必要时，可以按规定加长图纸的幅面。

2. 图框格式

图纸上限定绘图区域的线框称为图框。无论图纸是否装订，均必须用粗实线绘出图框，其格式分为留装订边和不留装订边两种，如图 1—1 所示，尺寸按表 1—1 的规定。同一种产品的图样只能采用一种格式。

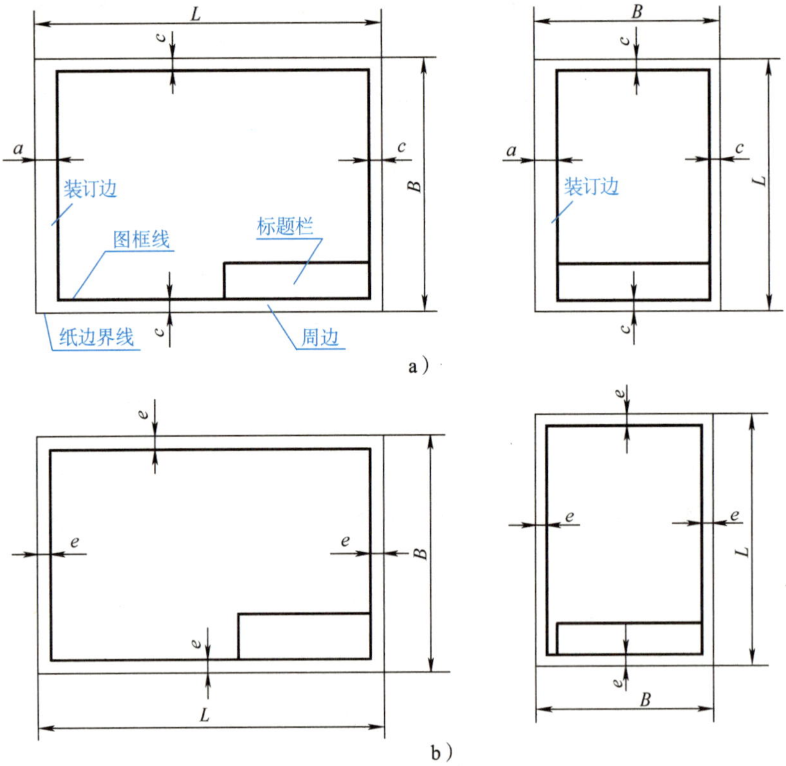

图 1—1 图框格式

a）留装订边 b）不留装订边

3. 标题栏

GB/T 10609.1—2008 对标题栏的格式、尺寸和内容做出了规定，如图 1—2 所示。在绘图练习时可采用如图 1—3 所示标题栏的格式。

标题栏位于图纸右下角，其中的文字方向为看图方向。

二、比例（GB/T 14690—1993）

比例是指图样中图形与其实物相应要素的线性尺寸之比。

比例分为原值、放大、缩小三种。为了从图样上直接反映出实物大小，绘图时应尽量采用原值比例。当需要把机件放大或缩小时，应采用表 1—2 中规定的比例。

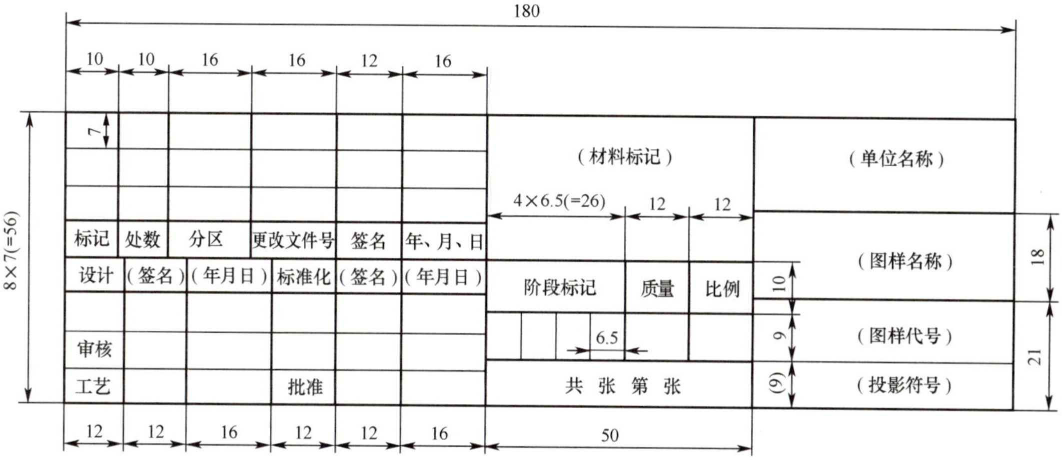

图 1—2　标题栏的格式

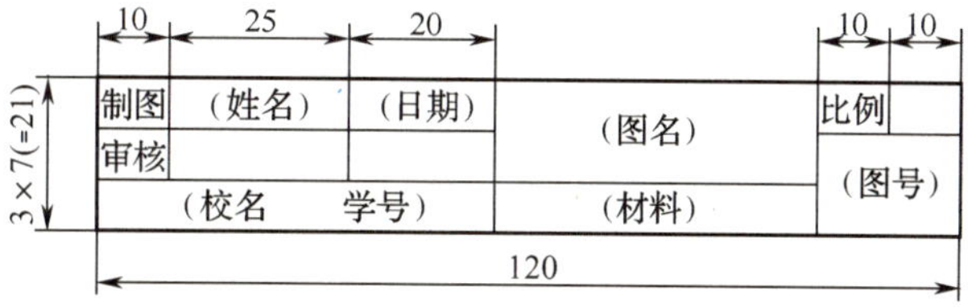

图 1—3　练习用标题栏

表 1—2　　绘制图样的比例

种　类	比　例		
原值比例	1∶1		
放大比例	5∶1 5×10^n∶1	2∶1 2×10^n∶1	 1×10^n∶1
缩小比例	1∶2 1∶2×10^n	1∶5 1∶5×10^n	1∶10 1∶1×10^n

注：n 为正整数。

注意事项：

（1）在同一张图样上，若各图采用相同比例，只需在标题栏的比例栏内注明所用比例。若个别视图选用其他比例（如局部放大图），则必须对这个视图另行标注比例。

（2）带角度的图形，无论放大或缩小，仍按原角度画出。

（3）图形无论放大或缩小，尺寸应按机件的实际尺寸标注，如图 1—4 所示。

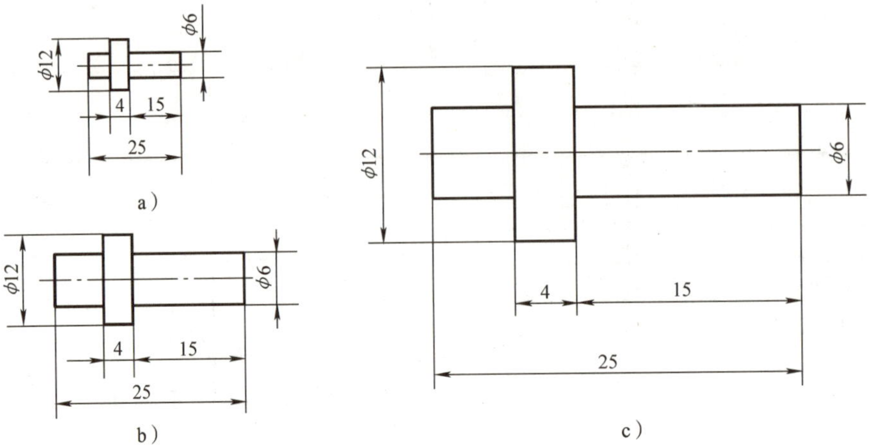

图 1—4　按不同比例绘出的图形

a）1∶2　b）1∶1　c）2∶1

三、字体（GB/T 14691—1993）

图样中书写的汉字、数字、字母必须做到：字体工整、笔画清楚、间隔均匀、排列整齐。

汉字应写成长仿宋体，并采用国家正式公布的简化字。书写要领是横平竖直、注意起落、结构均匀、填满方格。

字母和数字可写成直体或斜体。常用的是斜体，字头向右倾斜与水平线构成 75°夹角。图 1—5 所示为汉字、字母、数字书写实例。

图 1—5　汉字、字母、数字书写实例

§1—2　图　　线

学习目标

1. 了解机械图样常用线型及其应用。

2. 掌握国家标准关于机械图样常用线型的规定画法，能读懂各类图样中不同图线的含义。

一、图线的线型及应用

绘图时应采用国家标准规定的图线线型，几种常用线型及其应用见表 1—3。

表 1—3　　常用线型及其应用

图线形式	图线名称	一般应用
	粗实线	可见轮廓线 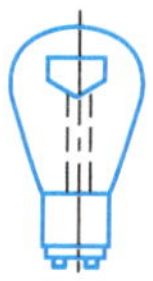
	细实线	尺寸线、尺寸界线、指引线、剖面线 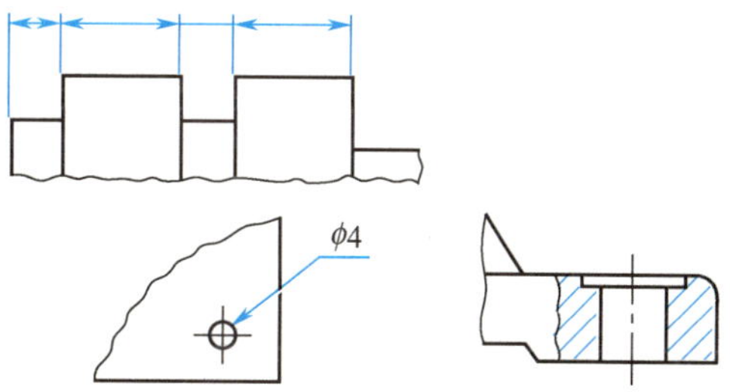
	波浪线	断裂处的边界线、视图和剖视图的分界线 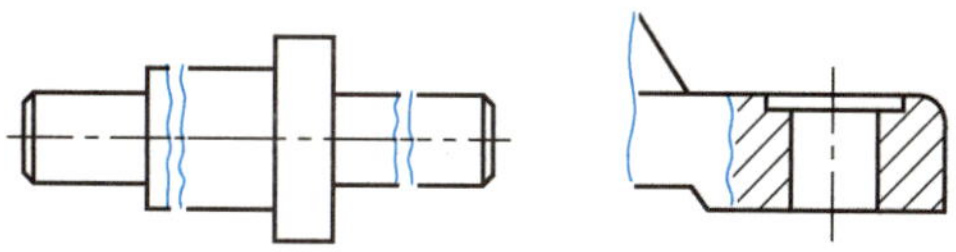

续表

图线形式	图线名称	一般应用
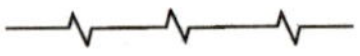	双折线	断裂处的边界线、视图和剖视图的分界线 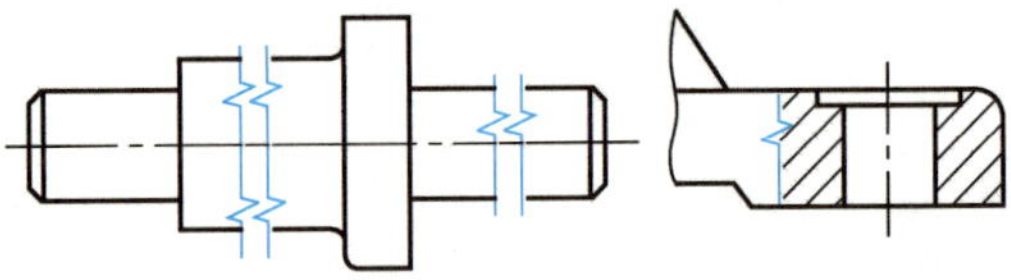
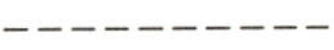	细虚线	不可见轮廓线 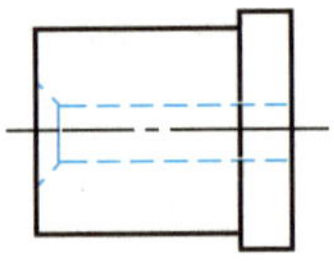
	细点画线	轴线、对称中心线 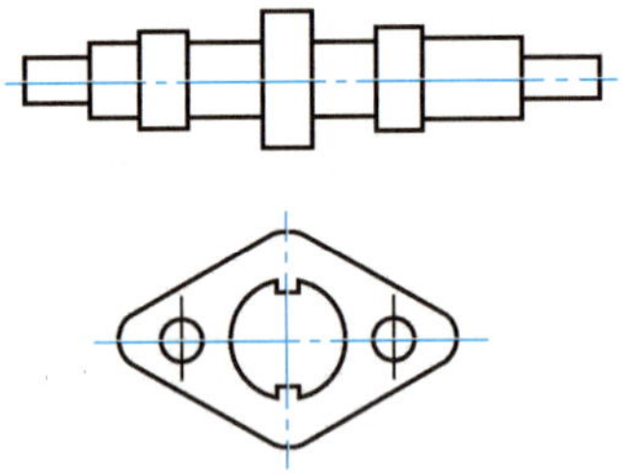
	粗点画线	限定范围表示线 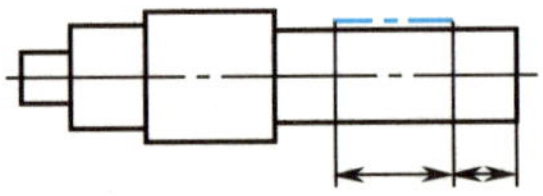
	细双点画线	相邻辅助零件的轮廓线、可动零件的极限位置的轮廓线 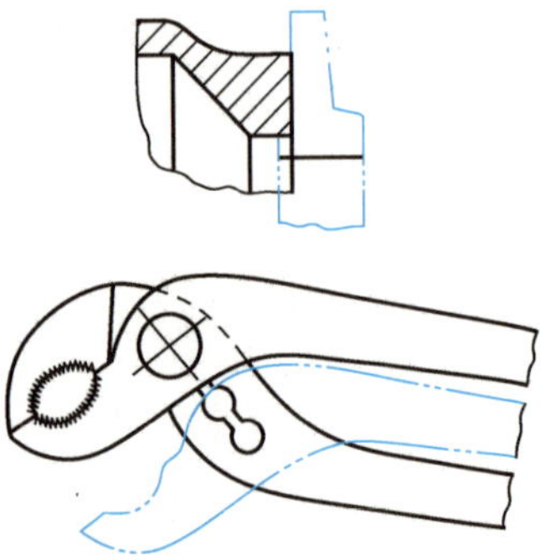

二、图线画法

1. 图线宽度

机械制图中通常采用粗、细两种线宽，它们之间的比例为 2∶1。粗线宽度优先采用 0.5 mm、0.7 mm。应尽量避免出现线宽小于 0.18 mm 的图线，以保证图样清晰、便于复制。粗实线和粗点画线为粗线型，其余均为细线型。同一图样中同类图线的宽度应基本一致。

2. 细虚线的画法

细虚线由画和短间隔组成，画的长度及短间隔的大小要适当。同一图样中所有细虚线的画的长度及短间隔应大致相同。

3. 细点画线的画法

细点画线由长画、点及短间隔（约 1 mm）组成。细点画线的两端应超出相应轮廓线 2～5 mm，且其首尾两端应为长画，而不是点。用细点画线绘制圆的中心线时，圆心应为长画的交点。当圆直径较小，中心线较短时，用细实线代替细点画线，如图 1—6 所示。

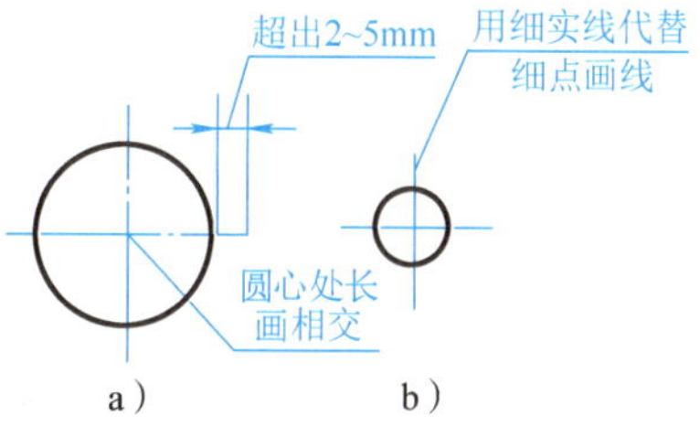

图 1—6　中心线的画法

4. 图线在相交、相接、相切时的画法

为避免歧义与误解，对各种图线在相交、相接、相切时的画法需做出一些规定和要求，具体内容见表 1—4。

表 1—4　常用图线的画法

项目	图例		说明
	正确	错误	
相交	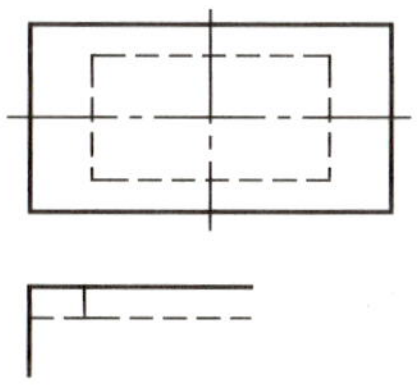	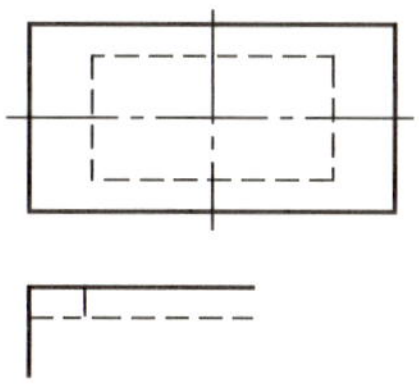	各种线型的图线相交时，都应以画或长画相交，而不应是点或短间隔
相接	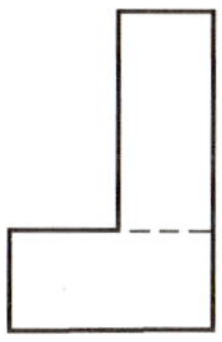	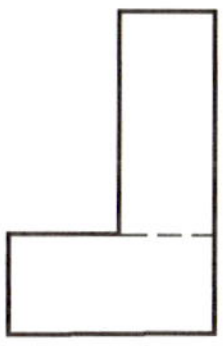	细虚线在粗实线的延长线上相接时，细虚线一侧应留出间隔

续表

项目	图例		说明
	正确	错误	
相切	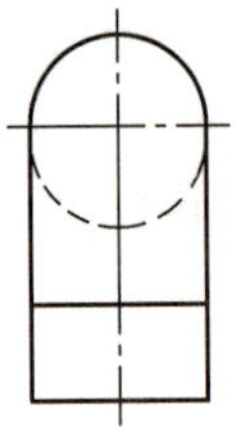	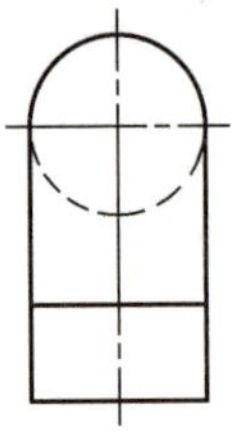	细虚线圆弧与粗实线相切时，细虚线圆弧一侧应留出间隔

§1—3 尺寸标注

学习目标

1. 掌握国家标准关于尺寸标注的基本规则。
2. 掌握尺寸的组成及常用尺寸的标注方法。

尺寸是图样的重要内容之一。在绘制、阅读图样时必须严格遵守国家标准中关于尺寸的标注原则和标注方法。

一、基本规则

(1) 机件的真实大小应以图样上所注的尺寸数值为依据，与图形的大小及绘图的准确度无关。

(2) 图样（包括技术要求和其他说明）中的尺寸以 mm 为单位时，不必标注计量单位的符号（或名称）。如采用其他单位，则必须注明相应的单位符号。

(3) 图样中所标注的尺寸为该图样所示机件的最后完工尺寸，否则应另加说明。

(4) 机件的每一尺寸一般只标注一次，并应标注在反映该结构最清晰的视图上。

二、尺寸的组成

完整的尺寸由尺寸界线、尺寸线和尺寸数字组成，见表 1—5。

表 1—5　　**尺寸的组成**

项目	图　例	说　明
尺寸界线	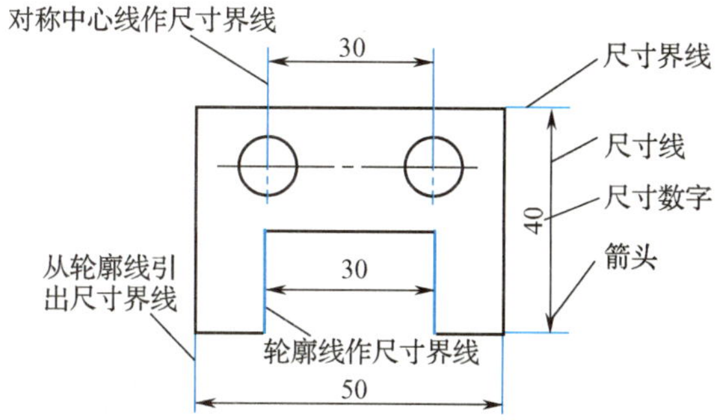	（1）尺寸界线表示尺寸的度量范围，用细实线绘制 （2）尺寸界线一般由图形的轮廓线、轴线或对称中心线引出，并超出尺寸线约 2 mm，有时也用轮廓线、轴线或对称中心线作为尺寸界线
尺寸线	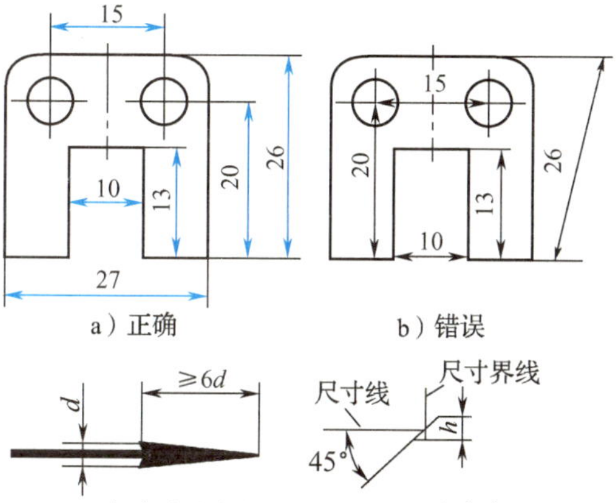a）正确　b）错误 d为粗实线的宽度　h为字高 c）尺寸线的终端	（1）尺寸线表示尺寸的度量方向，用细实线绘制 （2）尺寸线必须单独绘制，不能用其他图线代替，也不得与其他图线重合或画在其延长线上 （3）尺寸线终端有箭头和斜线两种形式。机械图样中一般采用箭头。箭头的尖端应与尺寸界线接触，不得超出或留有间隙。土木建筑图样中一般采用斜线
尺寸数字	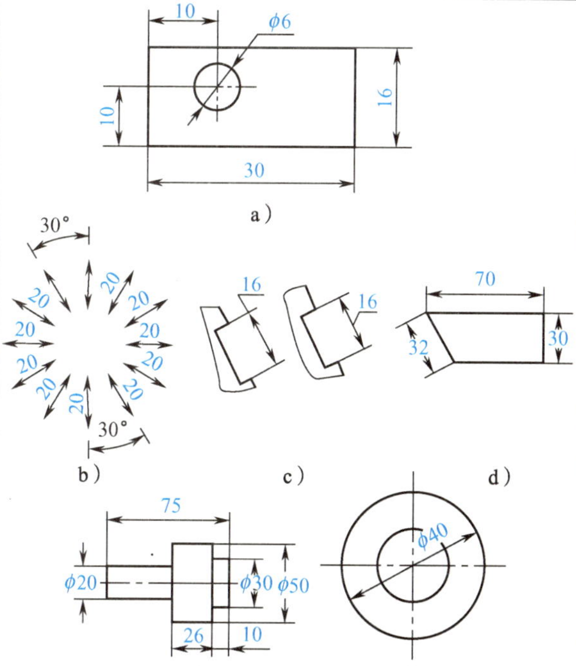a）　b）　c）　d）　e）　f）	（1）尺寸数字表示尺寸度量的大小 （2）线性尺寸的数字一般应写在尺寸线的上方且字头朝上（水平尺寸）或左侧且字头朝左（垂直尺寸）；倾斜方向上的尺寸，字头应有朝上的趋势，如图 b 所示。尽量避免在图 b 所示 30°范围内标注尺寸，当无法避免时可按图 c 的形式标注 （3）对于非水平方向的尺寸，其数字可水平注写在尺寸线的中断处（图 d、图 e）。同一张图样上尺寸数字的注写方法应一致 （4）尺寸数字不能被任何图线通过，否则必须将该图线断开（图 f）。在同一张图样中尺寸数字大小要一致

三、常用尺寸的标注（表 1—6）

表 1—6　　常用尺寸的标注方法

项目	图　例	说　明
角度	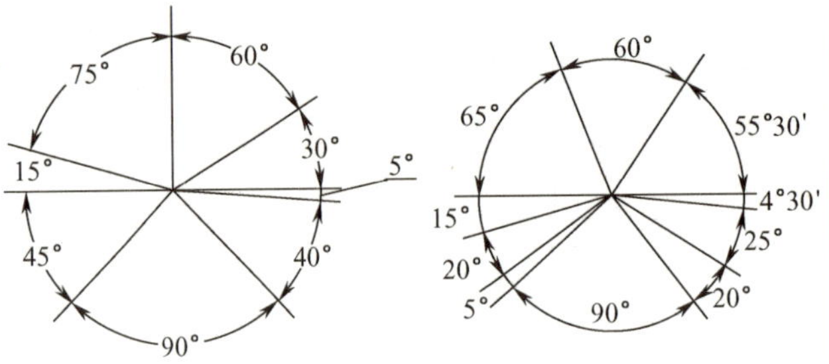	（1）角度尺寸的尺寸线应画成圆弧，其圆心是该角的顶点；尺寸界线应沿径向引出 （2）角度尺寸的尺寸数字一律写成水平方向，并应写在尺寸线的中断处，必要时允许写在外面或引出标注
圆和圆弧	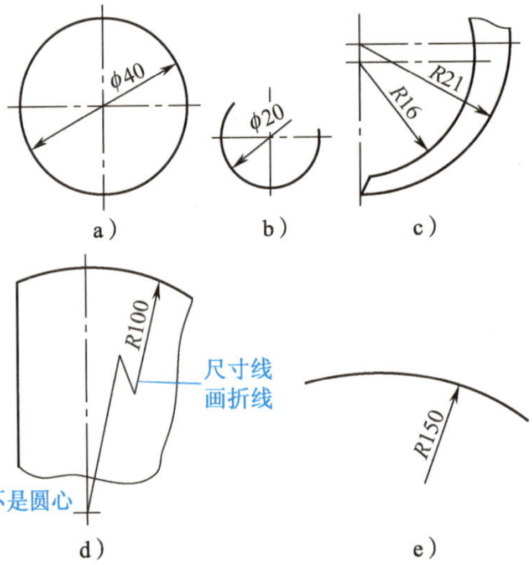	（1）整圆或大于半圆的圆弧应标注直径，且在直径数字前加“ϕ”，如图 a 和图 b 所示；半圆或小于半圆的圆弧标注半径，且在半径数字前加“*R*”，如图 c 所示 （2）当圆弧的半径过大或在图纸范围内无法标注其圆心位置时，可按图 d 的形式标注；若不需要标出其圆心位置，可按图 e 的形式标注
小尺寸	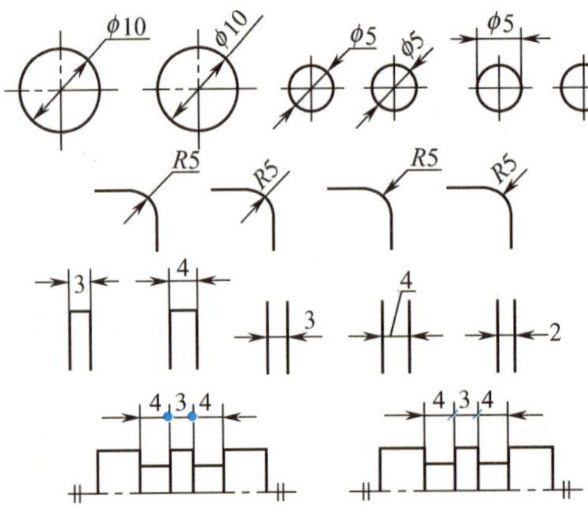	在没有足够的空间画箭头或注写数字时，可按左图形式标注；对于连续的小尺寸，允许用圆点或斜线代替箭头

续表

项目	图　例	说　明
球面	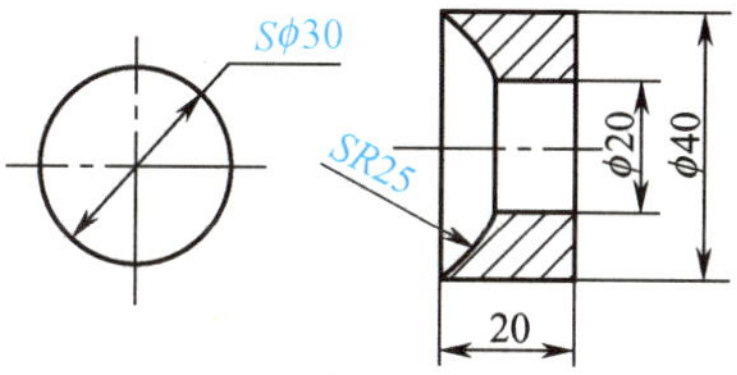	标注球面尺寸时，应在直径或半径数字前加“Sϕ”或“SR”

§1—4　简单平面图形

学习目标

1. 掌握圆周等分的作图方法。
2. 掌握斜度与锥度的画法及标注方法。
3. 了解简单平面图形的绘制方法。

一、几何作图

1. 圆周的等分

机械图样中，常用的圆周等分有三等分、四等分、五等分、六等分、八等分等，具体作图方法见表 1—7。

表 1—7　　圆周等分作图方法

种类	图示作图方法	说明
圆周四、八等分	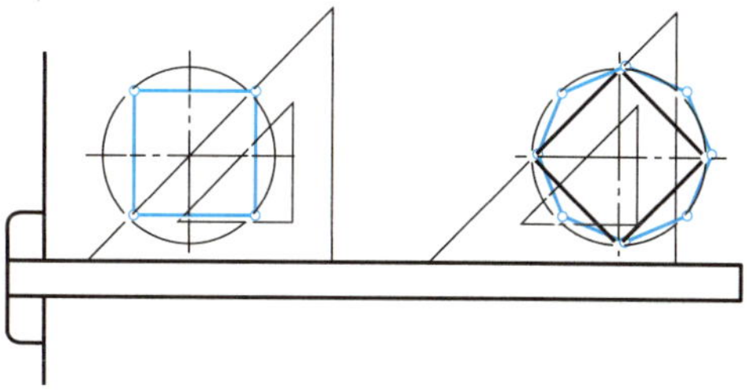	用 45°三角板与丁字尺配合或与另一只三角板配合作图，可直接分圆周为四、八等份，连接各等分点即可得到正四边形和正八边形

续表

种类	图示作图方法	说明
圆周三、六等分	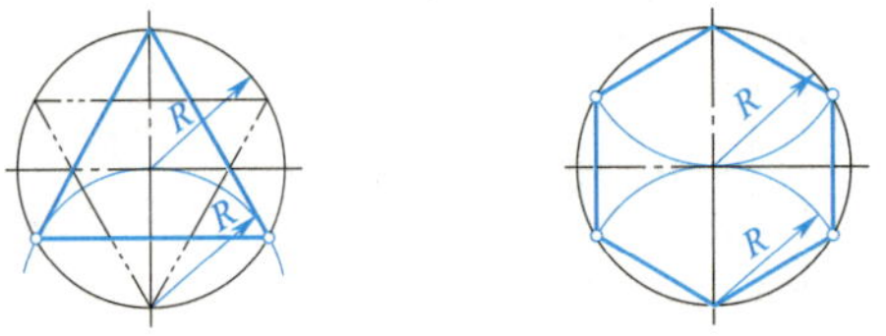	用圆规分圆周为三、六等份，连接各等分点，即可作出正三角形和正六边形
	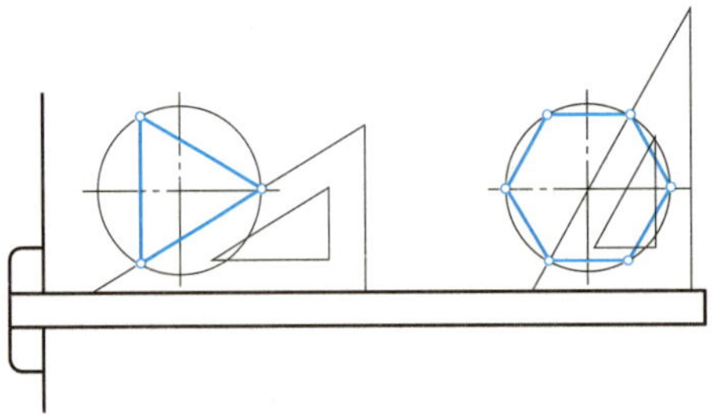	分别用 30°、60°三角板与丁字尺配合作图，可作出不同位置的正三角形或正六边形
圆周五等分	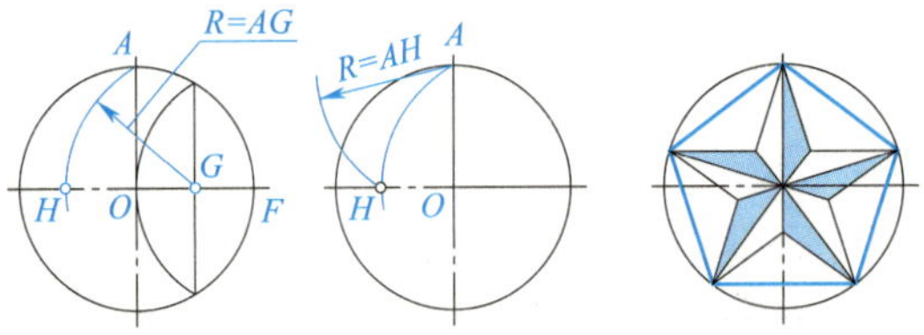	（1）作半径 OF 的中点 G （2）以 G 为圆心，AG 为半径画弧，与水平直径线交于点 H （3）以 AH 为半径，分圆周为五等份，顺次连接各等分点即可得到正五边形（或五角星）

2. 斜度和锥度

（1）斜度（K）

斜度是指一直线相对于另一直线或一平面相对于另一平面的倾斜程度。其大小用两直线或两平面间夹角的正切值来度量，如图 1—7 所示。关系式为

$$K=\tan\alpha=H/L=(H-h)/l$$

标注时将比值的前项化为 1，写成 1∶n 的形式，在图样上用符号“∠”或“⊾”表示。其画法及标注方法见表 1—8。

（2）锥度（C）

锥度是指正圆锥底圆直径与其高度之比，或圆锥台两底圆直径之差与其高度之比，如图 1—8 所示。关系式为

$$C=2\tan(\alpha/2)=D/L=(D-d)/l$$

锥度也以 1∶n 的形式标注，在图样上用符号“◁”或“▷”表示，其画法及标注方法见表 1—8。

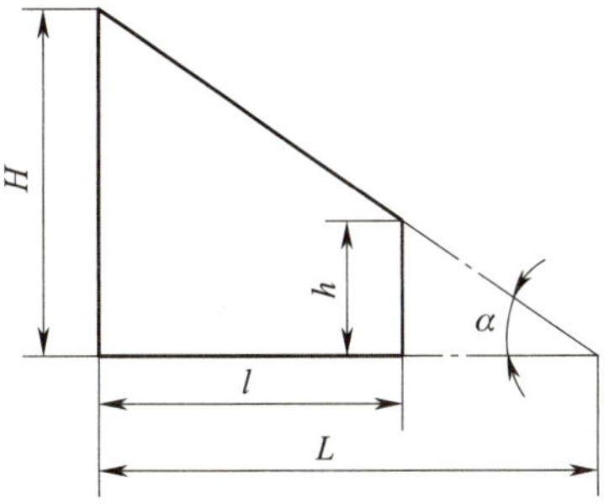

图 1—7　斜度

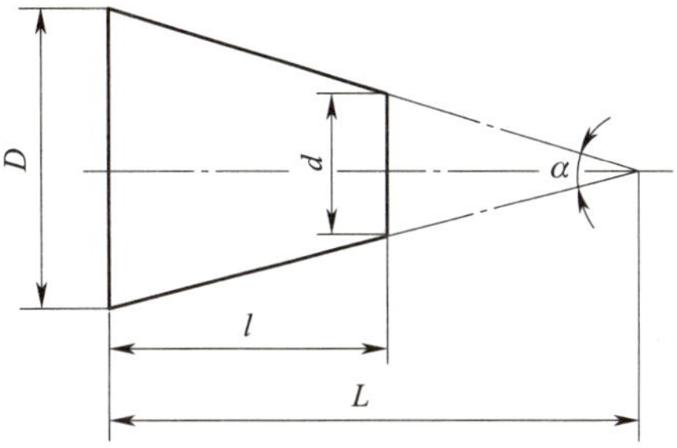

图 1—8　锥度

表 1—8　斜度与锥度的画法及标注方法

种类	图示作图方法	说明
斜度	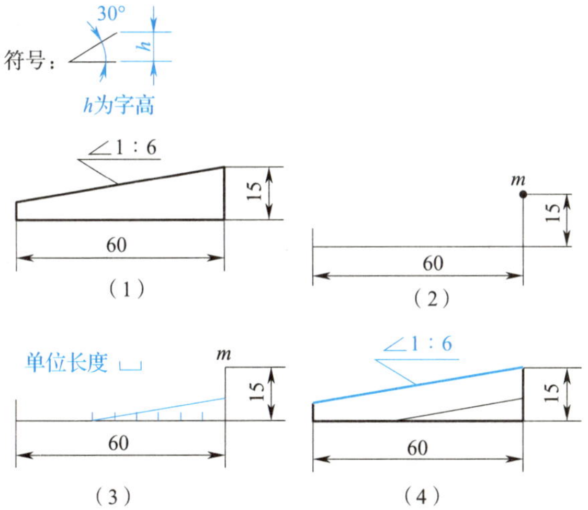	（1）已知图形 （2）由尺寸 60 和 15 作已知线段，得已知点 *m* （3）在水平方向取 6 单位长度，垂直方向取 1 单位长度，作斜度 1：6 的辅助线 （4）过已知点 *m* 作辅助线的平行线并完成全图，然后修整、描深、标注 注意：斜度符号要与斜度方向一致
锥度	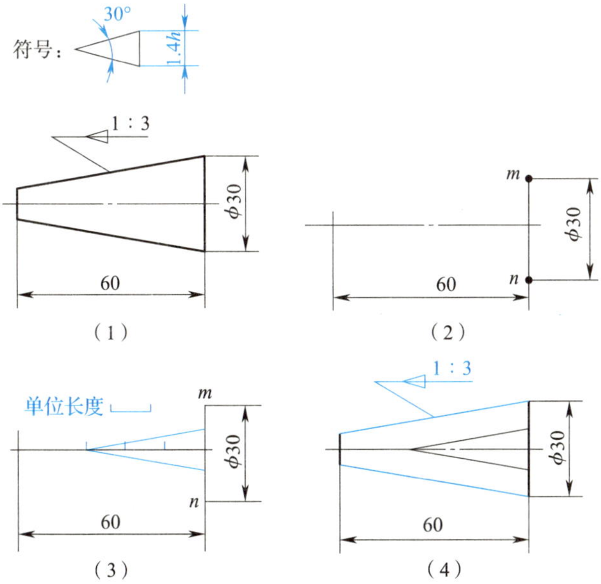	（1）已知图形 （2）由尺寸 60 和 $\phi 30$ 作已知线段，得已知点 *m*、*n* （3）在水平方向取 3 单位长度，垂直方向取 1 单位长度，作锥度 1：3 的辅助线 （4）分别过已知点 *m*、*n* 作辅助线的平行线并完成全图，然后修整、描深、标注 注意：锥度符号要与锥度方向一致

二、简单平面图形的绘制方法

平面图形的绘制应按一定的方法和步骤进行。绘图时一般按先主后次的顺序，先画主要部分，后画次要部分；先画圆或圆弧，后画直线；先进行底图绘制，底图绘制完成后擦除多余的图线再进行描深。以图 1—9 所示支架为例，其绘制方法和步骤见表 1—9。

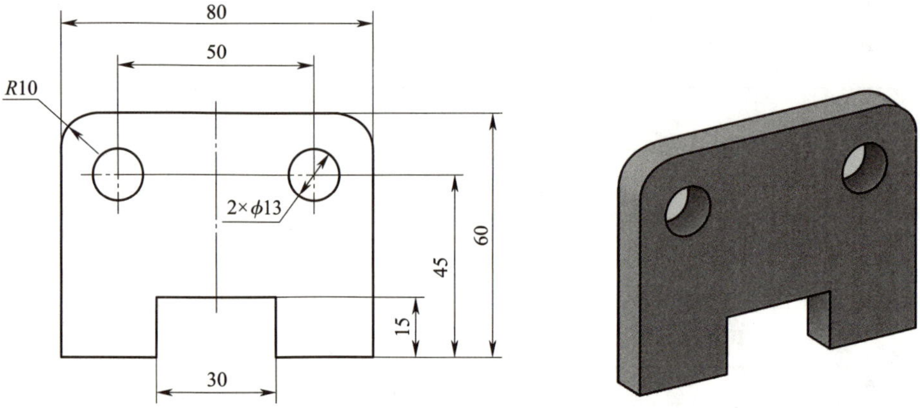

图 1—9　支架

表 1—9　简单平面图形的绘制方法和步骤

步骤	图例	说明
1. 绘制基准线	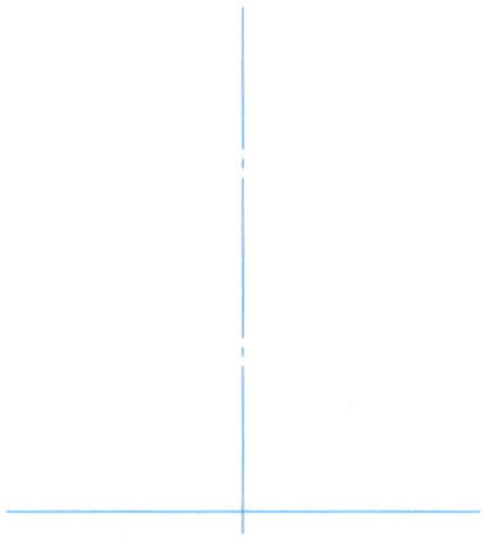	基准线就是量尺寸的起点
2. 画主要轮廓线	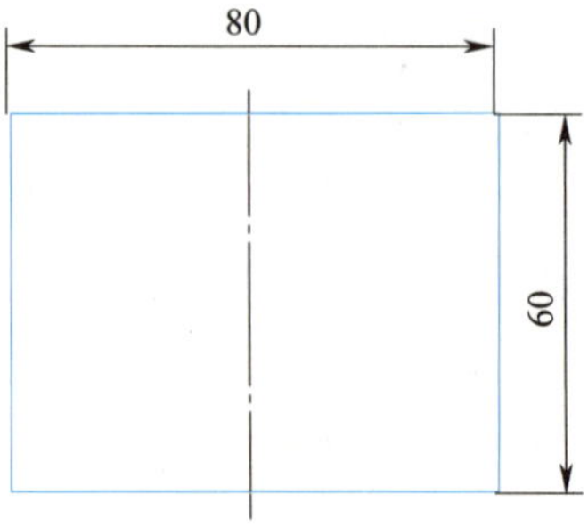	在水平基准线上，以细点画线为起点左右各量取长 40 mm，定总长；在细点画线上，以水平基准线为起点，向上量取 60 mm，定总高

续表

步骤	图例	说明
3. 画圆孔及圆角	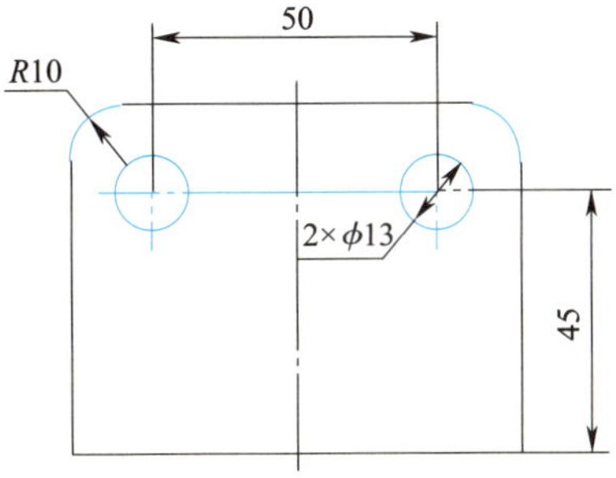	用同样的方法找出两圆孔及圆角的圆心，然后用圆规画圆及圆弧
4. 画方槽	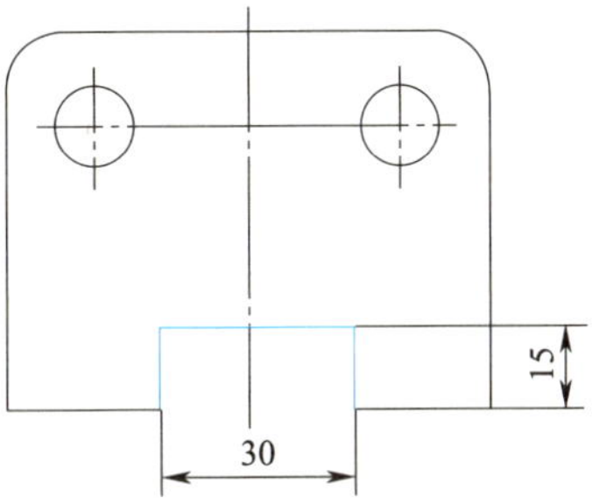	用同样的方法画出方槽
5. 检查描深，完成全图	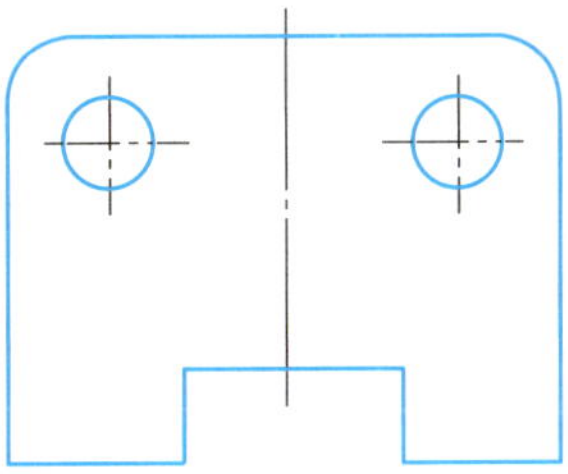	擦去多余图线，按标准描深图线

思考并作图

1. 非对称图形应如何绘制？
2. 设计图 1—10 的绘图步骤并绘制图形。

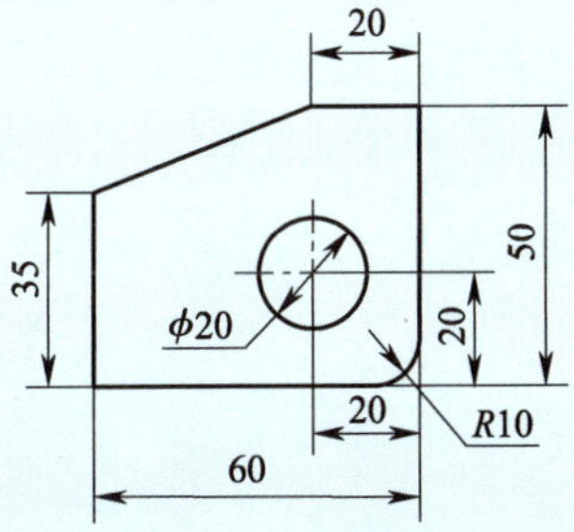

图 1—10　平面图形

第二章

正投影作图

§2—1 三 视 图

学习目标

1. 理解正投影的原理及其基本性质。

2. 理解三视图的形成过程，掌握三视图的概念和三视图的投影规律。

3. 初步掌握三视图的绘图方法，能运用三视图投影规律绘制和识读较简单形体的三视图。

4. 通过绘制和识读较简单形体的三视图，初步培养空间思维能力。

一、正投影

在生活中，投影现象随处可见，如灯光下物体的影子、阳光下人的影子等。这种投影现象启发了人们，可用影子来反映物体的形状，由此形成了投影法。

投影法就是投射线通过物体向选定的面投射，并在该面上得到图形的方法。投影法可分为中心投影法和平行投影法。

1. 中心投影法

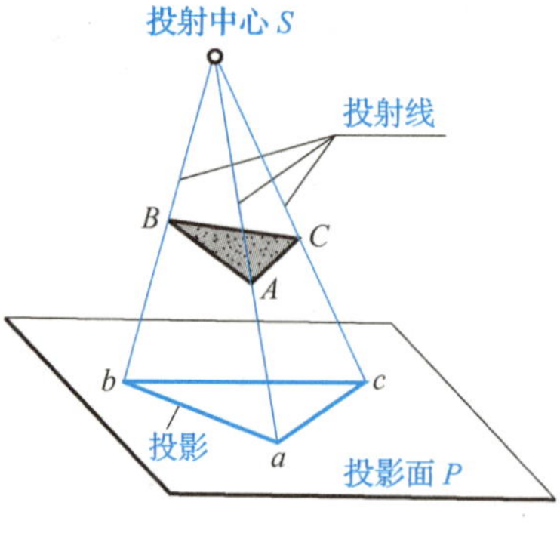

图 2—1 中心投影法

投射线汇交于一点的投影方法称为中心投影法。如图 2—1 所示，光源 S 称为投射中心，P 称为投影面，SA、SB、SC 称为投射线，a、b、c 称为 A、B、C 在 P 面上的投影，则△abc 就是△ABC 在 P 面上的投影。

2. 平行投影法

假设将图 2—1 中的投射中心 S 移到离投影面无穷远处，则投射线相互平行。这种投射线相互平行的投影方法，称为平行投影法，如图 2—2 所示。在平行投影法中，投射线与投影面倾斜的平行投影法称为斜投影法，如图 2—2a 所示；投射线垂直于投影面的平行投影法称为正投影法，如图 2—2b 所示。根据正投影法得到的图形称为正投影（正投影图）。

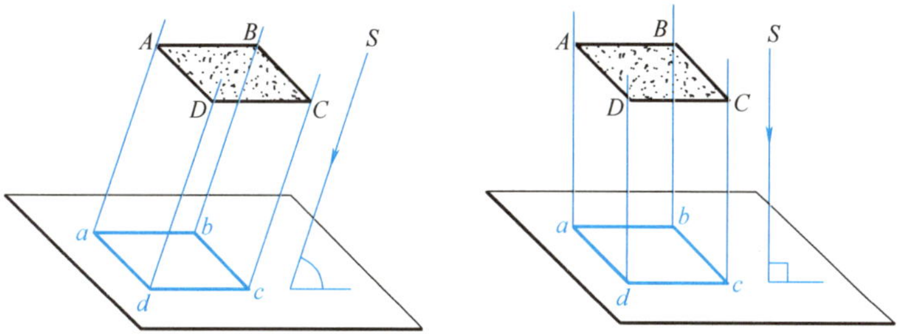

a）　　　　b）

图 2—2　平行投影法

a）斜投影法　b）正投影法

正投影能完整而真实地表达物体的形状和大小，作图方便、准确，是绘制机械图样的基本方法。

二、正投影的基本性质

作物体的正投影，实际上就是作该物体所有轮廓线或所有表面的正投影。掌握直线和平面的正投影性质，对于绘制和识读物体的正投影至关重要。

直线和平面正投影的基本性质见表 2—1。

表 2—1　　直线和平面正投影的基本性质

基本性质	图　例	说　明
真实性	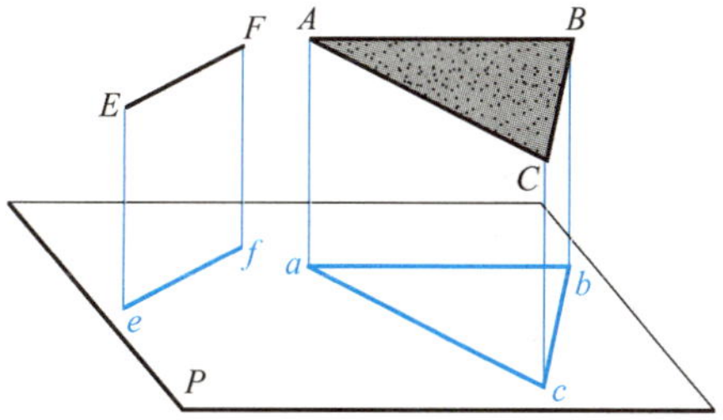	直线或平面平行于投影面时，其投影反映实长或实形

续表

基本性质	图 例	说 明
积聚性	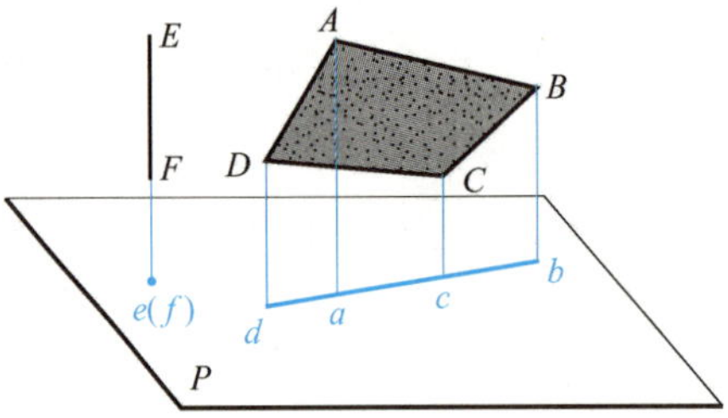	直线或平面垂直于投影面时，其投影积聚为一点或一条直线
类似性	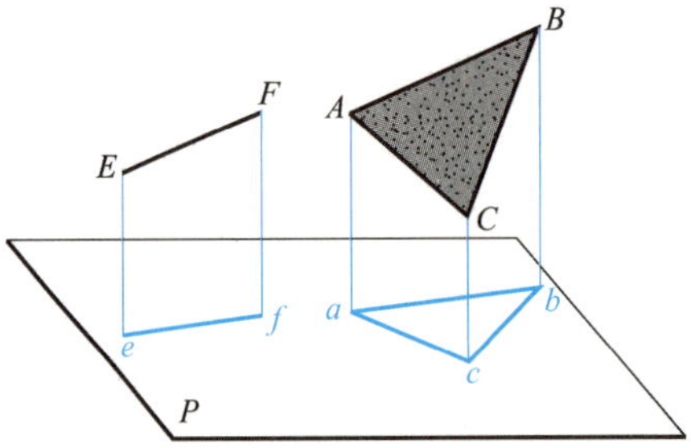	直线或平面倾斜于投影面时，其投影变短或变小，投影的形状与原来形状相类似

演示

以铅笔为直线段，以三角板为平面，以课桌为投影面，演示正投影的三种投影特性。

三、三视图的形成及其投影规律

用正投影法绘制的物体的图形称为视图，如图 2—3 所示。

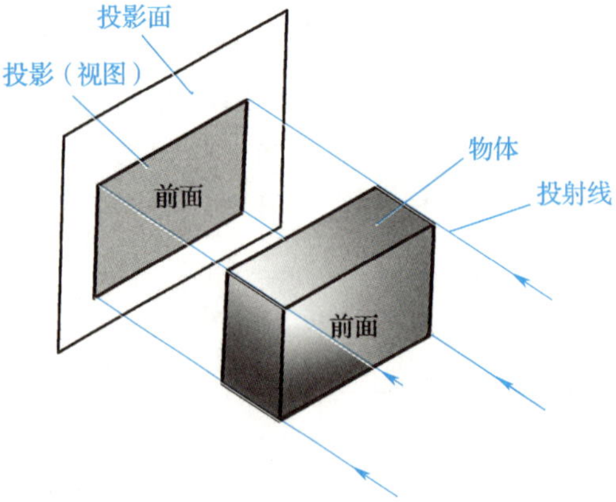

图 2—3　正投影与视图

物体的一面投影往往不能准确完整地表达物体的形状，如图 2—4 所示，不同的物体在一个投影面上的视图完全相同。因此，通常采用三面投影来反映物体的形状。

1. 三视图的形成

（1）建立三投影面体系

三投影面体系是由三个互相垂直的投影面组成，如图 2—5 所示。

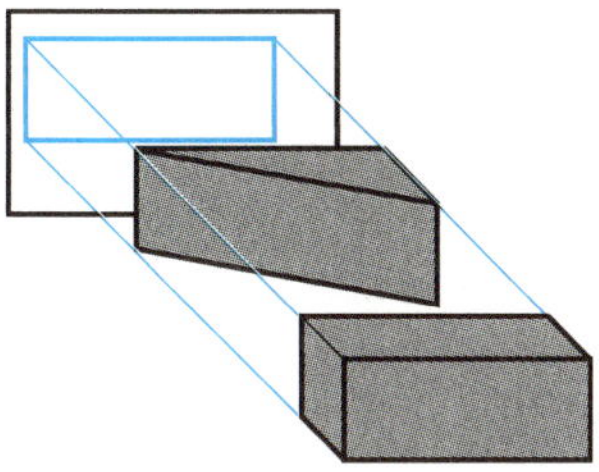

图 2—4　物体的一个视图

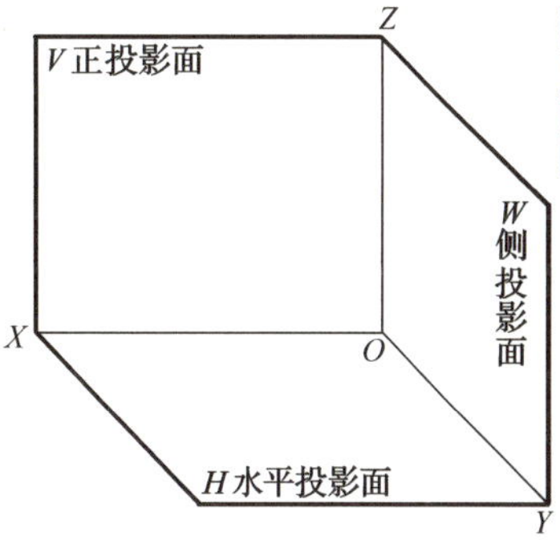

图 2—5　三投影面体系

三个投影面如下：

正投影面，用 V 表示。

水平投影面，用 H 表示。

侧投影面，用 W 表示。

投影面的交线 OX、OY、OZ 称为投影轴。三个投影轴的交点 O 称为原点。

X 轴代表长度方向，Y 轴代表宽度方向，Z 轴代表高度方向。

（2）三视图的形成

将物体置于三投影面体系内，并使其处于观察者与投影面之间，按正投影法分别向三个投影面投射，即可得到物体的三视图，如图 2—6a 所示。

由前向后投射，在 V 面上得到的视图，称为主视图。

由上向下投射，在 H 面上得到的视图，称为俯视图。

由左向右投射，在 W 面上得到的视图，称为左视图。

为了画图和看图的方便，需将三个相互垂直的投影面展开摊平在同一平面上。其展开方法是：正投影面不动，将水平投影面绕 OX 轴向下旋转 90°，侧投影面绕 OZ 轴向右旋转 90°，使其分别与正投影面在同一个平面上，如图 2—6b、c 所示。

水平投影面和侧投影面旋转后，OY 轴被分为两处，分别用 OY_H 和 OY_W 表示。

在作图时，不必画出投影面的范围，因为它的大小与视图无关。去掉投影面边框和投影轴后，物体的三视图如图 2—6d 所示。

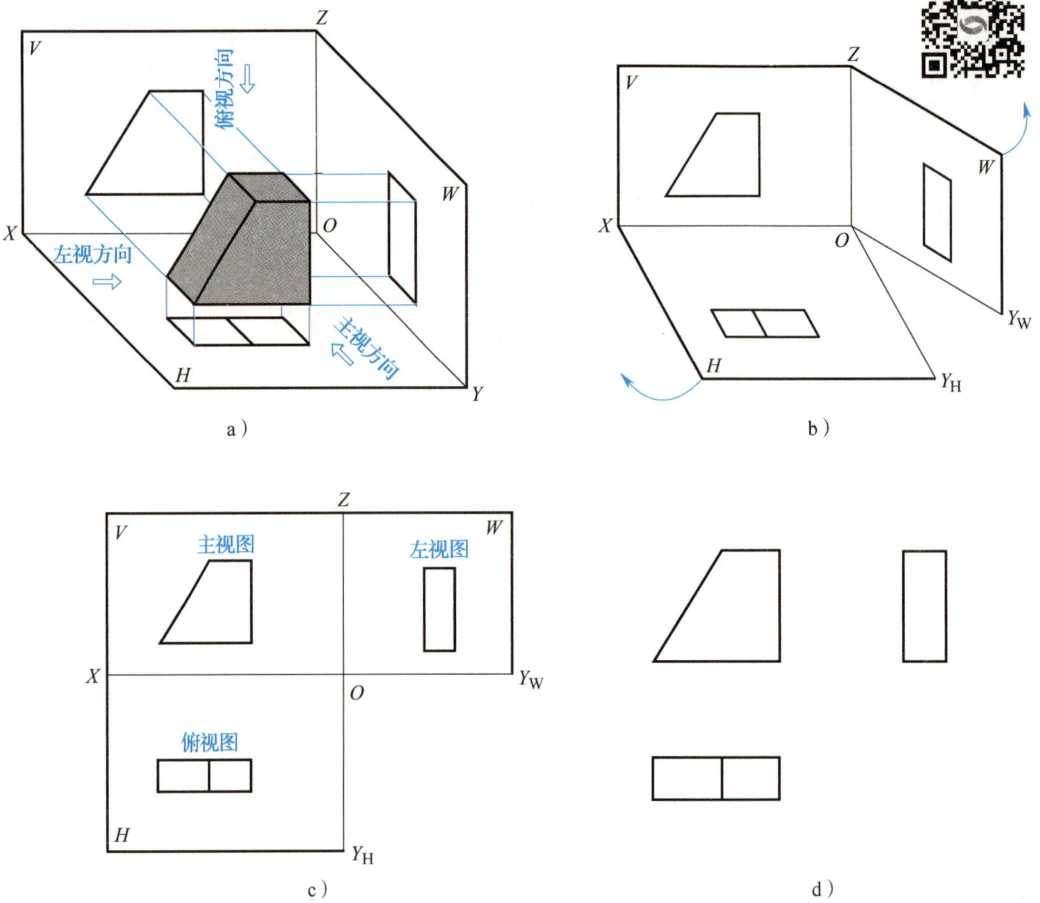

图 2—6 三视图的形成

2. 三视图之间的对应关系

由三视图的形成过程，可总结出三视图之间有以下几种对应关系。

(1) 位置关系

在三视图中，以主视图为基准，俯视图在它的下方，左视图在它的右方。画三视图时，应按上述位置配置，且不需要标注其名称，如图 2—6d 所示。

(2) 尺寸关系

任何物体都有长、宽、高三个方向的尺寸，从图中可看出，每个视图都反映物体两个方向的尺寸：

主视图反映物体的长度和高度。

俯视图反映物体的长度和宽度。

左视图反映物体的宽度和高度。

由于三个视图反映的是同一个物体，所以相邻两个视图同一方向的尺寸必须相等，即主、俯视图等长，主、左视图等高，俯、左视图等宽，如图 2—7 所示。又由于物体是在同一个位置进行投射而获得的三视图，因此可得出：

主、俯视图长对正。

主、左视图高平齐。

俯、左视图宽相等。

三视图之间存在的“长对正、高平齐、宽相等”的“三等”规律，对于任何一个物体，不论是整体还是局部，都保持不变。

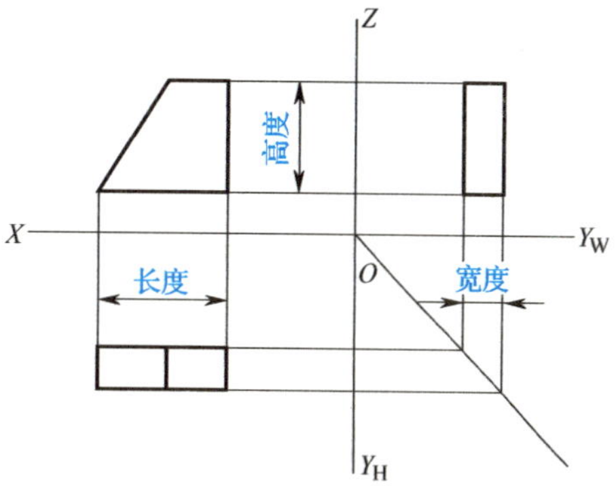

图 2—7　视图间的“三等”关系

在作图时，常借助于分规（或圆规）或 45°辅助线来实现“俯、左视图宽相等”的对应关系，如图 2—7 所示。

(3) 方位关系

物体具有左、右、上、下、前、后六个方位。当物体的主视图投射方向确定后，其六个方位也就确定下来，如图 2—8 所示。

主视图反映物体左、右和上、下的相对位置关系。

俯视图反映物体左、右和前、后的相对位置关系。

左视图反映物体前、后和上、下的相对位置关系。

由图 2—8 可知，俯、左视图靠近主视图的一边表示物体的后面，远离主视图的一边表示物体的前面。

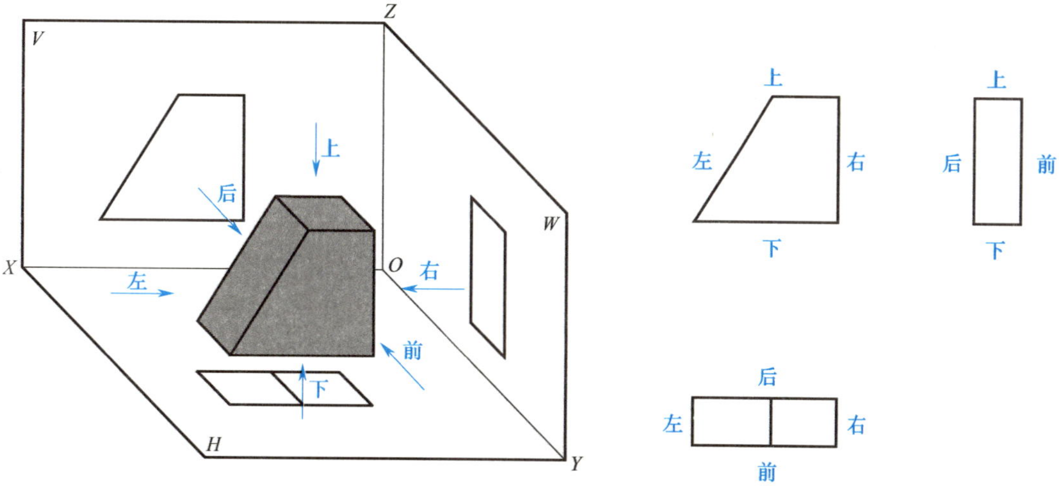

图 2—8　视图与物体的方位关系

小制作

1. 用橡皮泥或其他塑性材料制作图 2—8 所示物体模型。

2. 用适当大小的方形硬纸板，经适当折叠和剪切，制作三投影面体系。将做好的模型放到三投影面体系中进行投影，并画出三视图，然后展开，以此加深对三视图投影规律的理解。

四、三视图画法

如图 2—9 所示物体由相互垂直的底板和竖板两部分组成，这两部分皆为长方体，且竖板上方开有方槽。该物体在三投影面体系中的放置位置及投射方向如图 2—9 所示。

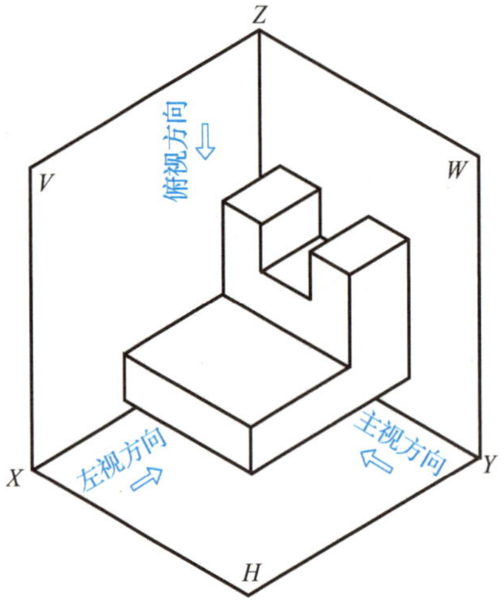

图 2—9　物体的三视图

物体三视图的具体作图步骤见表 2—2。

表 2—2　物体三视图的具体作图步骤

步　骤	图　例	说　明
1. 画基准线	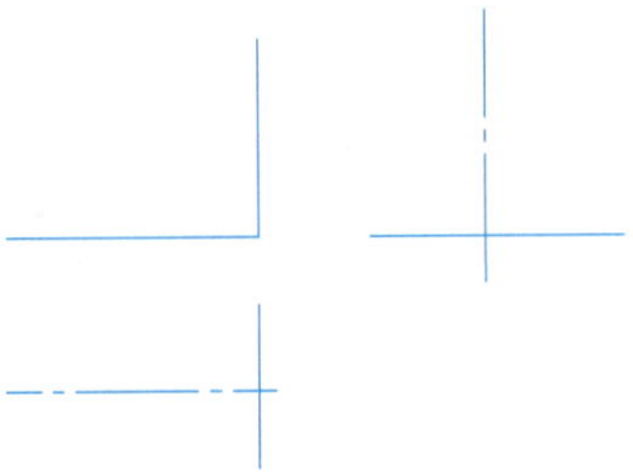	三个视图应同时进行，且符合“三等”规律（以下各步皆应遵照此项说明）

续表

步　骤	图　例	说　明
2. 画底板主要轮廓	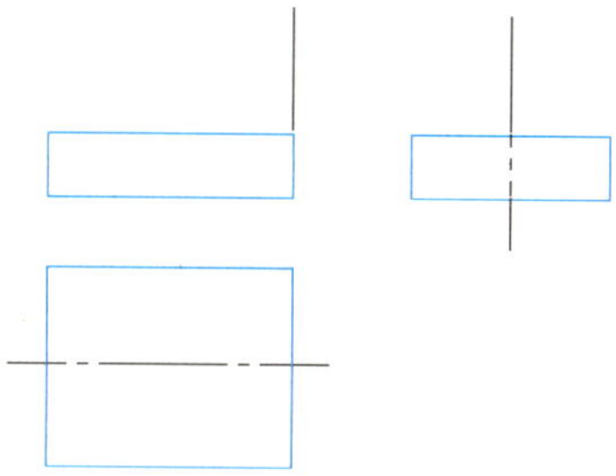	可用分规量取或借助于45°辅助线，来实现俯、左视图“宽相等”的对应关系
3. 画竖板主要轮廓	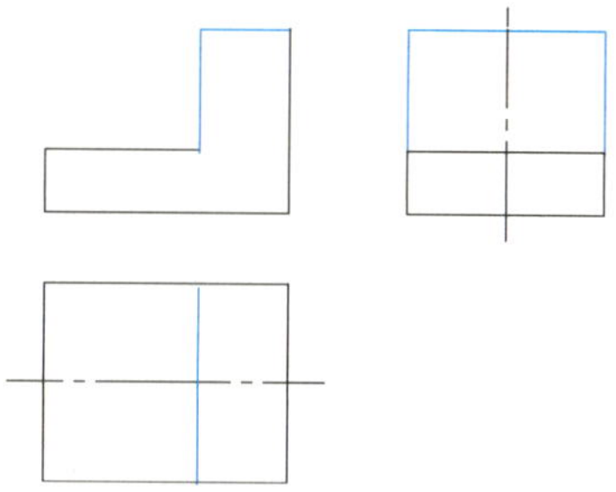	注意：擦去主视图中底板和竖板之间多余的图线
4. 画方槽的投影	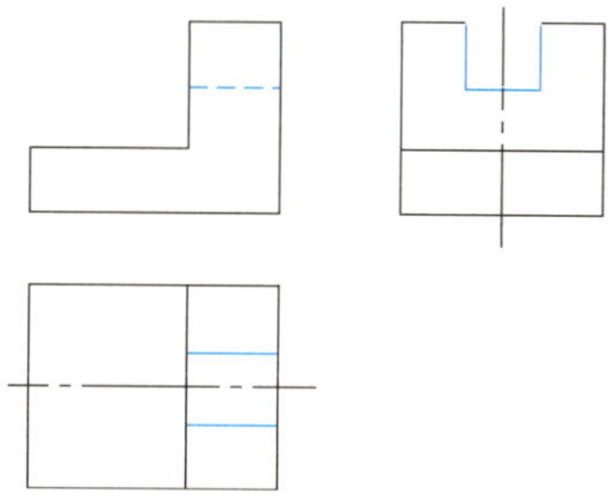	应先从左视图入手，量取槽深和槽宽，确定矩形线框，再画主、俯视图的投影 注意：擦去左视图中方槽切口上的图线
5. 检查，描深	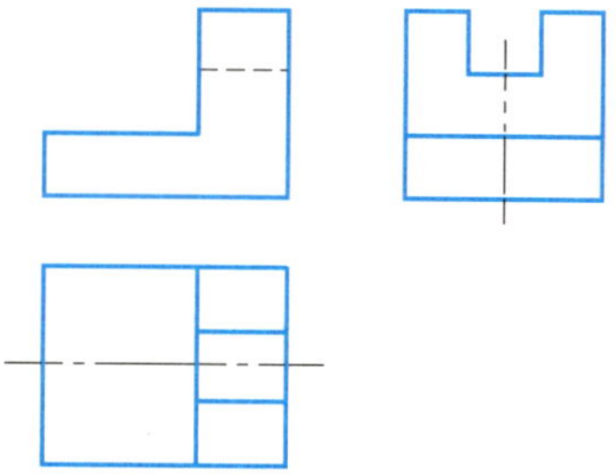	注意：各种线型要符合国家标准规定

五、识读三视图

绘制三视图就是将立体转化成视图，识读三视图是通过三视图想象出立体形状。而这两个过程都必须在熟练掌握三视图及其投影规律的基础上才能完成。

对三视图的识读，通常以“补视图”和“补缺线”的方式进行考核。

1. 根据两视图补画第三视图

如图 2—10 所示为一物体的主视图和俯视图，试补画其左视图。

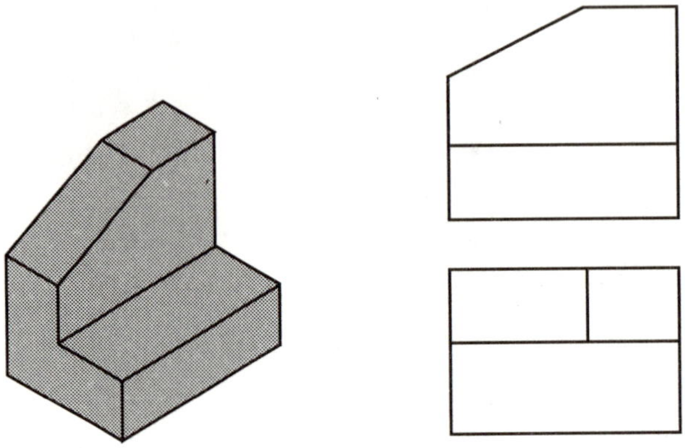

图 2—10　补画第三视图

分析：由主、俯视图不难想象出，该物体是由均为长方体的底板和竖板组成，竖板左上角有三角形切口。由主、俯视图补画左视图的作图步骤见表 2—3。

表 2—3　根据两视图补画第三视图的作图步骤

步　骤	图　例	说　明
1. 画基准线	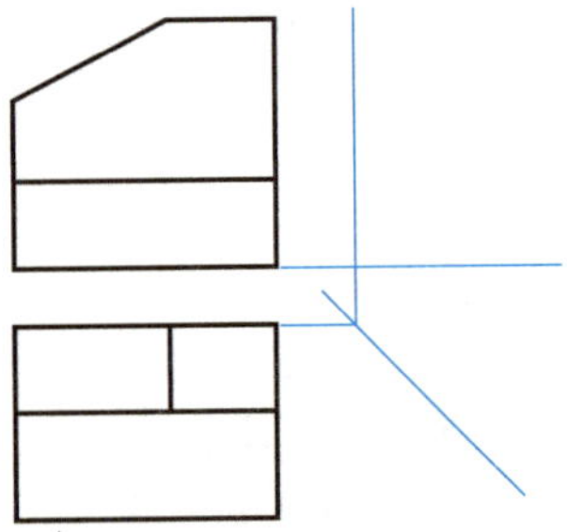	（1）在主、左视图间留出适当距离，画宽度基准线 （2）高度基准线要与主视图“高平齐”
2. 画底板主要轮廓的投影	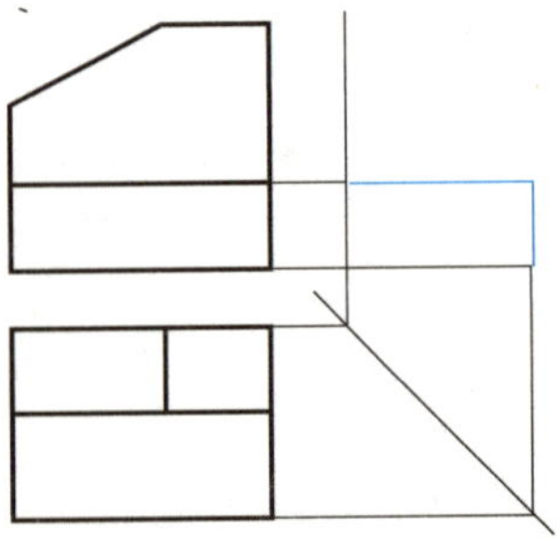	注意：要与底板的主、俯视图保持“高平齐、宽相等”

续表

步　骤	图　例	说　明
3. 画竖板主要轮廓的投影	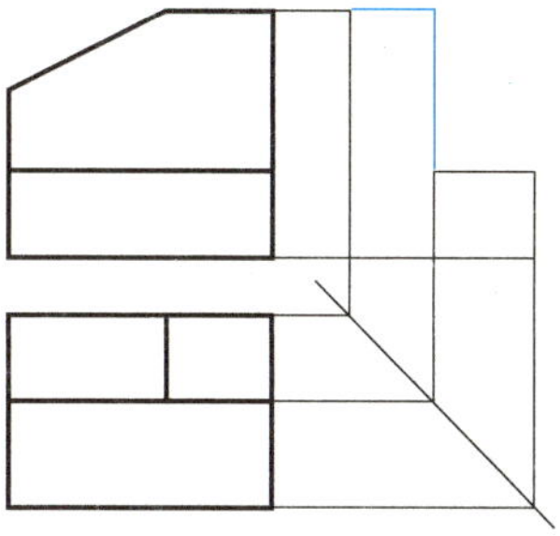	（1）要与竖板的主、俯视图保持“高平齐、宽相等” （2）擦去底板和竖板之间多余的图线
4. 画竖板上切口的投影	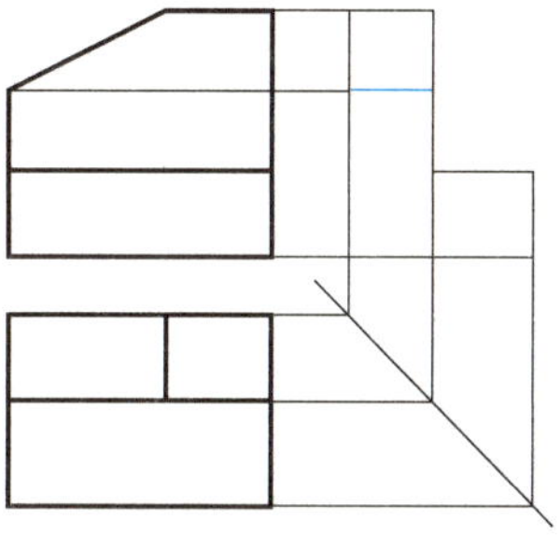	注意：与主视图保持“高平齐”
5. 检查，描深	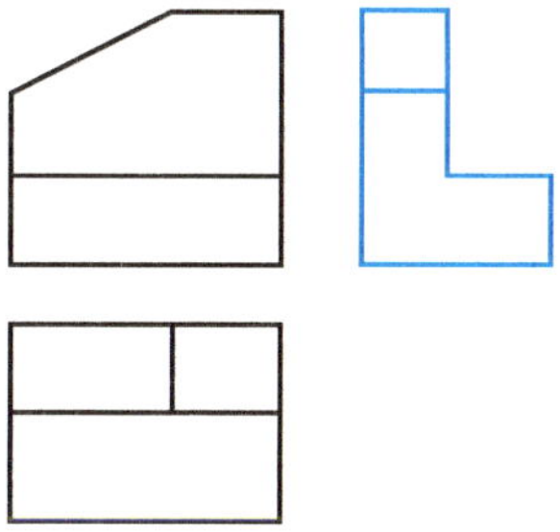	擦去多余图线，按标准描深

2. 补画三视图中所缺的图线

如图 2—11 所示物体的三视图中有漏画的图线，试将其补齐。

分析：由三视图现有图线不难看出，该物体由均为长方体的底板和竖板组成，竖板上方左右各有一方形缺口。补画三视图中所缺图线的作图步骤见表 2—4。

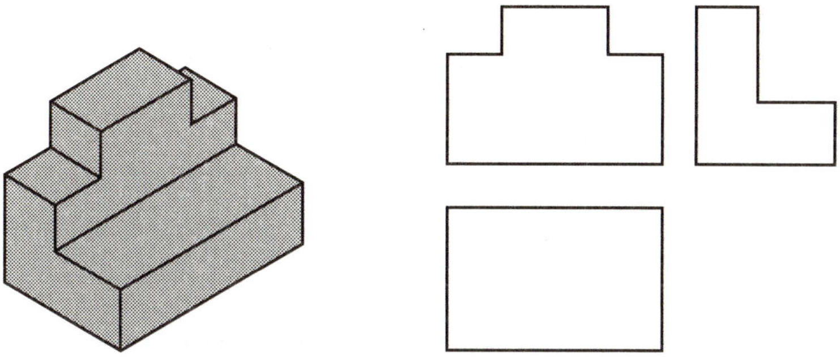

图 2—11　补画三视图中所缺的图线

表 2—4　　补画三视图中所缺图线的作图步骤

步　骤	图　例	说　明
1. 补画底板和竖板的主要轮廓	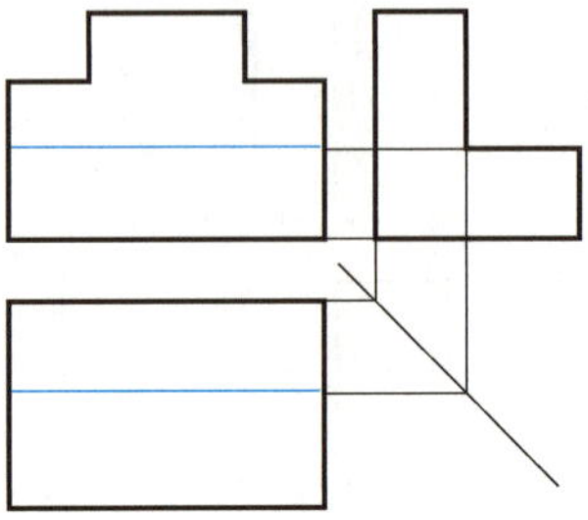	注意“三等”关系
2. 补画俯、左视图中竖板上两缺口铅垂面和水平面的投影	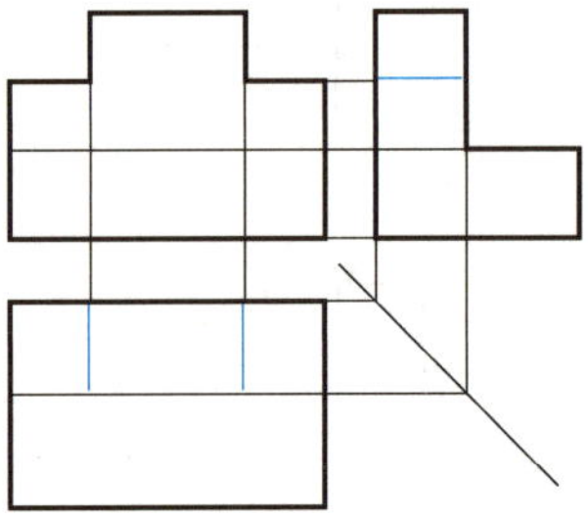	注意“长对正、高平齐”
3. 检查，描深	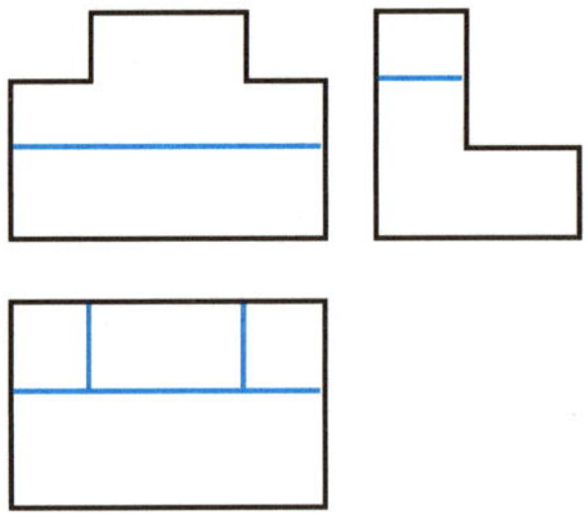	擦去多余图线，按标准描深

§2—2　基　本　体

学习目标

1. 熟悉基本体的结构特点。
2. 能绘制基本体的三视图并能标注尺寸。
3. 能运用基本体三视图特征，正确识读各种基本体的三视图。

任何复杂的机件，一般都可以看成是由棱柱、棱锥、圆柱、圆锥、圆球等基本体按一定的方式组合而成的，如图 2—12 所示。掌握基本体的三视图画法及尺寸标注，能为后续内容的学习打好基础。

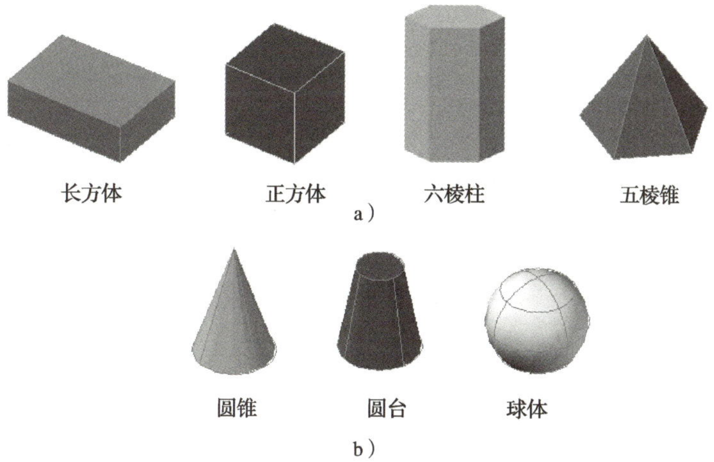

图 2—12　基本体示例

a）平面立体　b）曲面立体

基本体是由各种不同形状的面所围成的，根据其表面性质的不同，基本体可分为平面立体和曲面立体。

一、平面立体

表面均由平面构成的物体，称为平面立体。平面立体上相邻表面的交线称为棱线。平面立体主要包括棱柱和棱锥两大类。

1. 棱柱

（1）棱柱结构分析

常见的棱柱多为直棱柱，即侧棱垂直于底面的棱柱，有三棱柱、四棱柱、五棱柱、六棱柱等。底面为正多边形的直棱柱称为正棱柱（下文所称棱柱均指直棱柱）。棱柱的表面均由相互平行的两个底面和若干个侧面组成，底面为多边形，侧面为矩形，如图 2—13 所示。

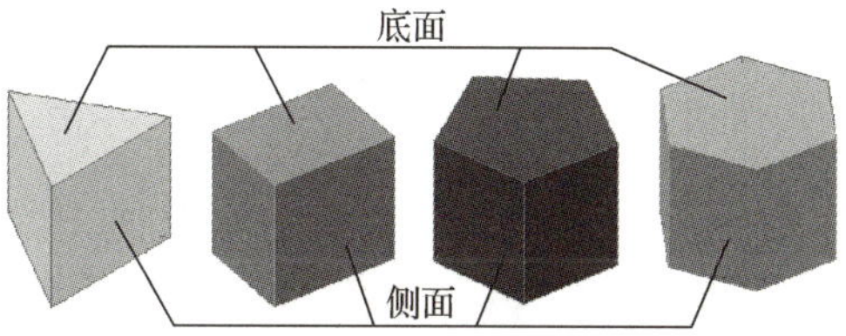

图 2—13　棱柱结构分析

(2) 棱柱三视图及其画法

下面以正六棱柱为例介绍棱柱的三视图画法及其特征。正六棱柱的两个底面为正六边形，六个侧面均为矩形，其三视图的形成如图 2—14 所示。

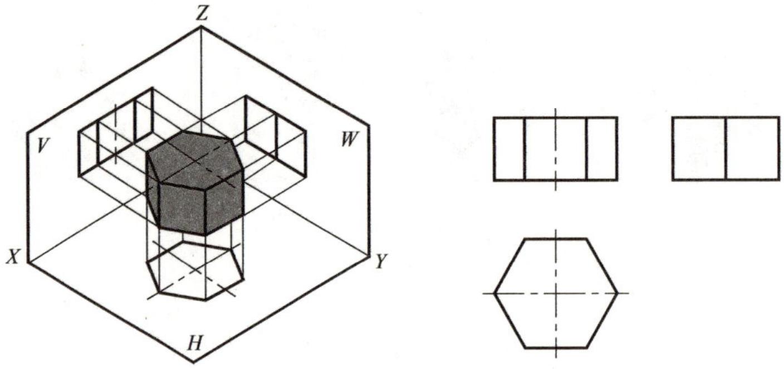

a)　　　b)

图 2—14　正六棱柱三视图

正六棱柱三视图的具体作图步骤见表 2—5。

表 2—5　正六棱柱三视图的具体作图步骤

步　骤	图　例	说　明
1. 画基准线	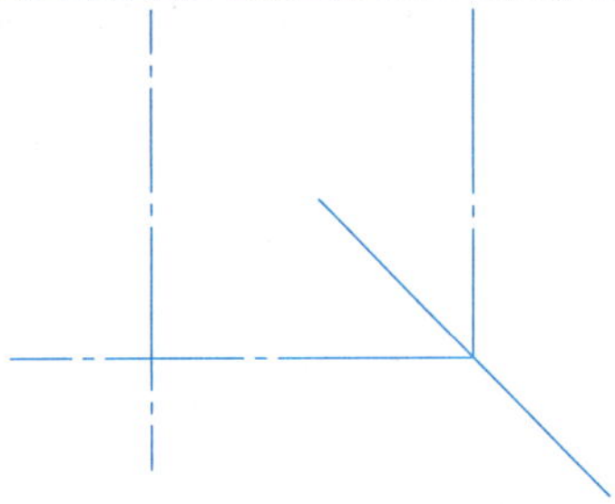	(1) 该图基准线主要是对称线 (2) 在整个绘图过程中，三个视图应同时进行
2. 画正六棱柱两底面的投影	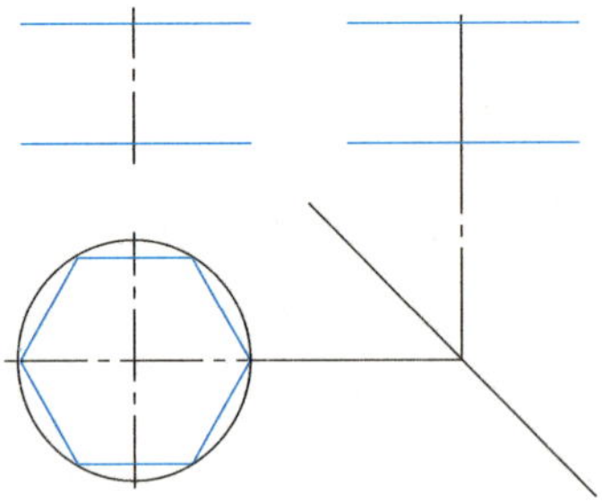	(1) 两底面在俯视图中为正六边形且反映底面的实形 (2) 两底面在主视图和左视图中均积聚为直线，两直线间的距离为正六棱柱的高 注意“高平齐”
3. 画六个侧面（侧棱线）的投影	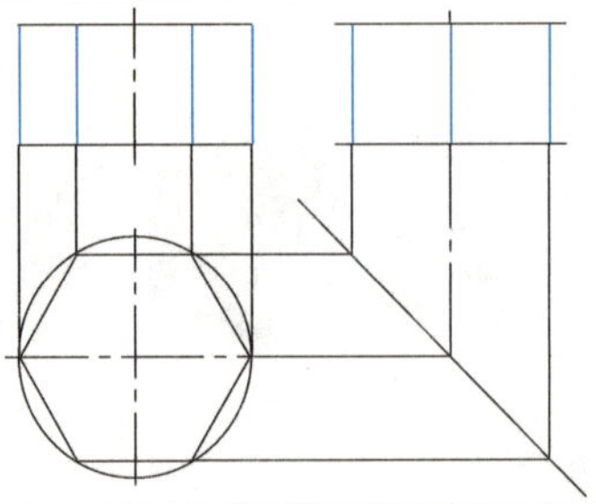	(1) 前、后侧面在主视图上反映实形，在俯视图和左视图上积聚为两直线 (2) 其余四个侧面的主视图和左视图均为原实形的类似形，俯视图积聚为直线 注意“长对正，宽相等”

续表

步　骤	图　例	说　明
4. 检查，描深	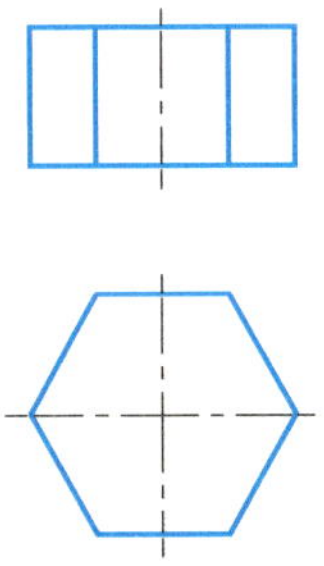	擦去多余图线，按标准描深
棱柱三视图特征：一面投影为一多边形，反映棱柱形状特征，另两面投影为矩形		

思考并作图

想一想，六棱柱两底面平行于 V 面、W 面时三视图分别是什么形状，并画出其三视图。

2. 棱锥与棱台

(1) 棱锥

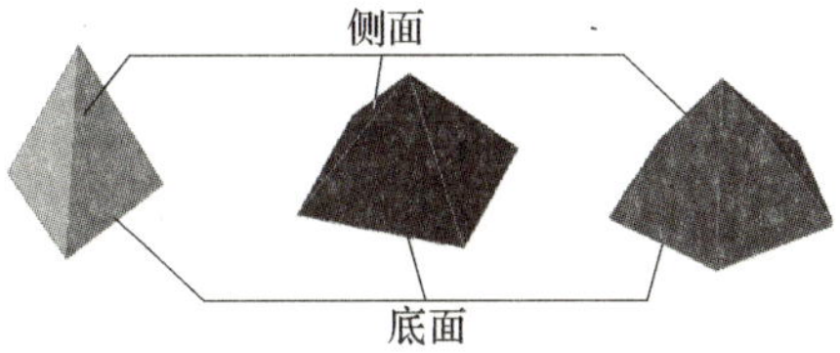

图 2—15　棱锥结构分析

1) 棱锥结构分析。棱锥结构多样，常见的棱锥多为直棱锥，即棱锥的顶点和底面中心的连线垂直于底面，有三棱锥、四棱锥、五棱锥、六棱锥等。底面为正多边形的直棱锥为正棱锥（下文所称棱锥均指直棱锥）。棱锥的表面均由一个底面和若干个侧面组成，底面为多边形，侧面为三角形，所有的侧面共有一个顶点，如图 2—15 所示。

2) 棱锥三视图及其画法。下面以四棱锥为例介绍棱锥的三视图画法及其特征。

四棱锥的底面为四边形，四个侧面均为三角形，其三视图的形成如图 2—16 所示。

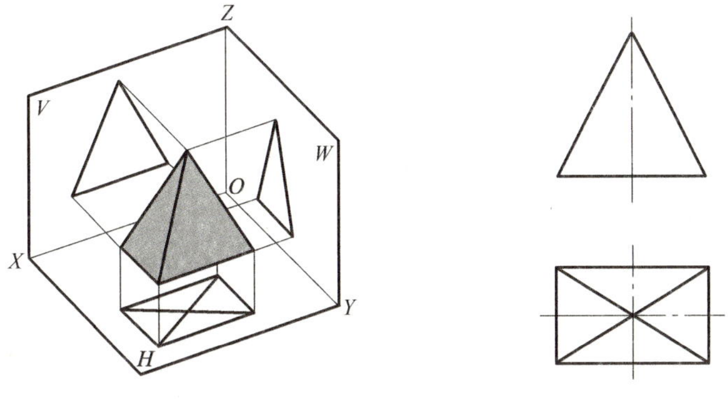

a)　　b)

图 2—16　四棱锥三视图

四棱锥三视图的具体作图步骤见表 2—6。

表 2—6　　四棱锥三视图的具体作图步骤

步　骤	图　例	说　明
1. 画基准线	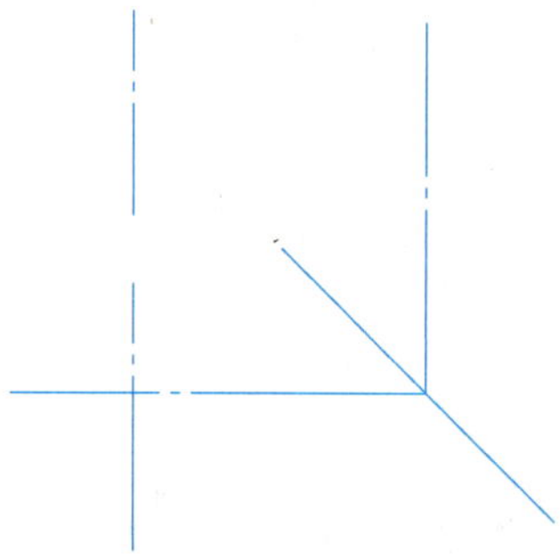	（1）该图基准线主要是对称中心线 （2）在整个绘图过程中，三个视图应同时进行
2. 画底面的三面投影	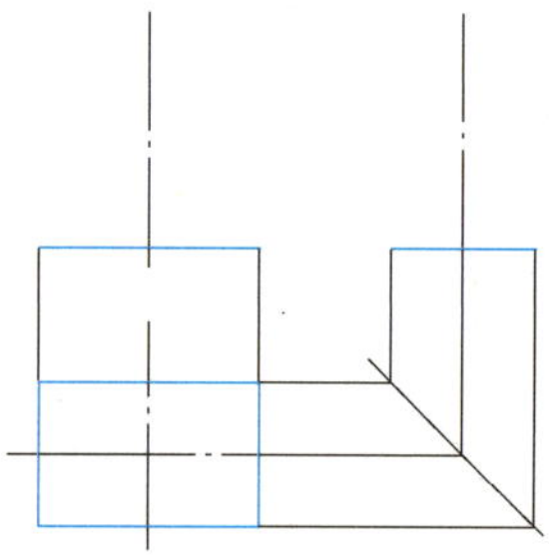	底面在俯视图中为四边形且反映实形，在主视图和左视图中积聚为直线
3. 确定四棱锥顶点的三面投影	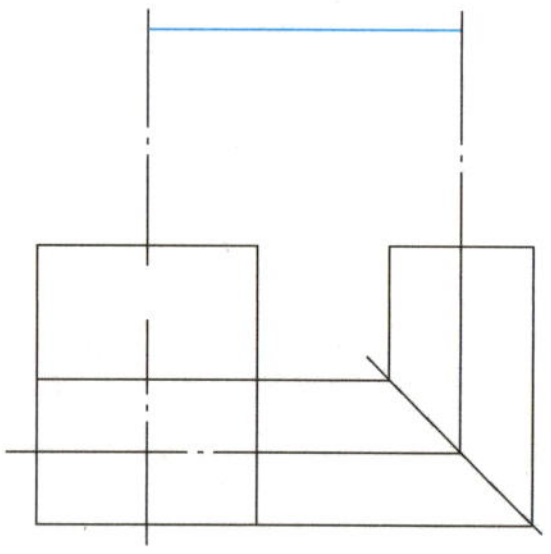	（1）顶点在俯视图上的投影为四边形的中心 （2）在主、左视图中量取四棱锥的高度，确定顶点的正面和侧面投影
4. 画四棱锥各侧面的投影	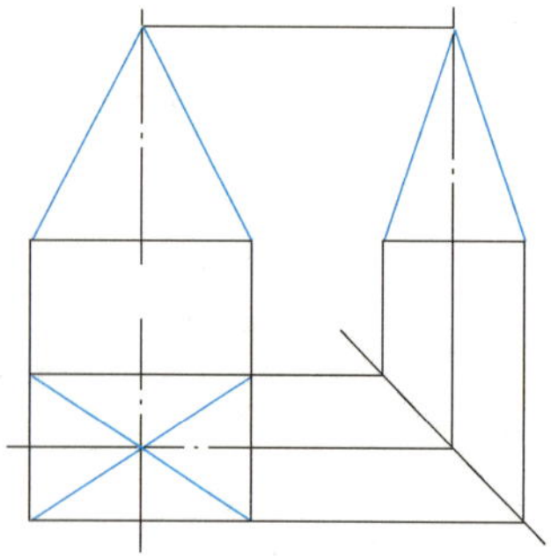	（1）四棱锥共四个侧面：前、后两个侧面在左视图中分别积聚为一条直线，在主、俯视图中为原实形的类似形；左、右两个侧面在主视图中分别积聚为一条直线，在俯、左视图中均为原实形的类似形 （2）将顶点与底面各点的同面投影连接，即得各侧面的三面投影

续表

步　骤	图　例	说　明
5. 检查，描深	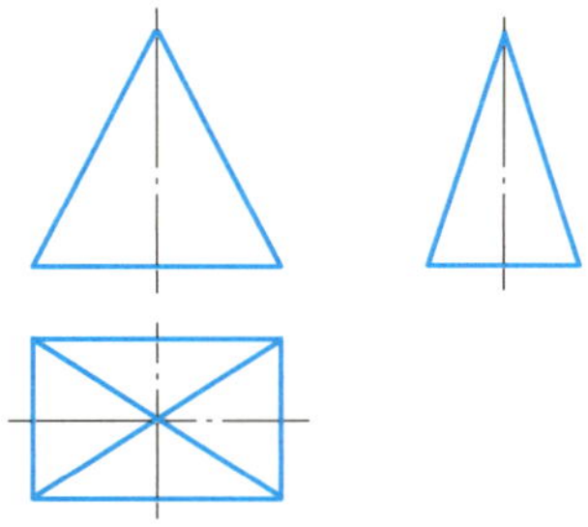	擦去多余图线，按标准描深
棱锥三视图特征：一面投影的外轮廓为多边形（其内部包含各侧面的投影），另两面投影为三角形		

思考并作图

想一想，四棱锥底面平行于 V 面、W 面时三视图分别是什么形状，并画出其三视图。

（2）棱台

棱台是由棱锥截去一个小棱锥而形成的，工程上四棱台最为常见。

1）四棱台结构分析。如图 2—17 所示四棱台，可看成是由四棱锥用平行于底面的平面截去一个小四棱锥而形成的。它由两个底面和四个侧面组成，两个底面为矩形，四个侧面均为等腰梯形。

2）四棱台三视图及其画法。四棱台三视图的具体作图步骤见表 2—7。

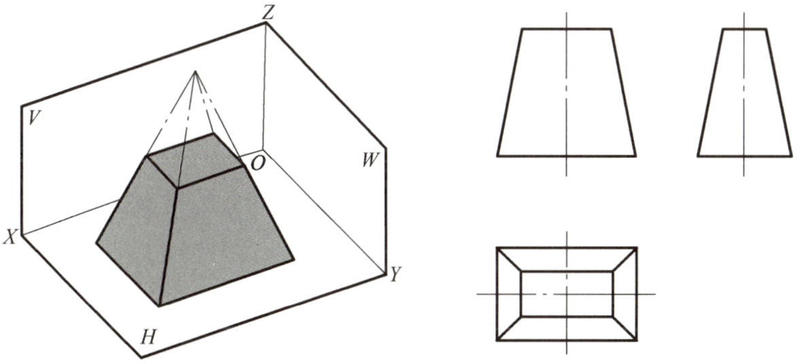

a）　　b）

图 2—17　四棱台三视图

表 2—7　　四棱台三视图的具体作图步骤

步　骤	图　例	说　明
1. 画基准线	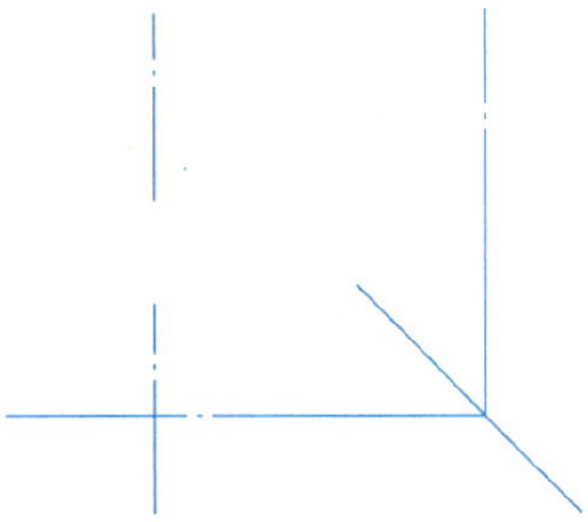	（1）该图基准线主要是对称中心线 （2）在整个绘图过程中，三个视图应同时进行
2. 画两底面的投影	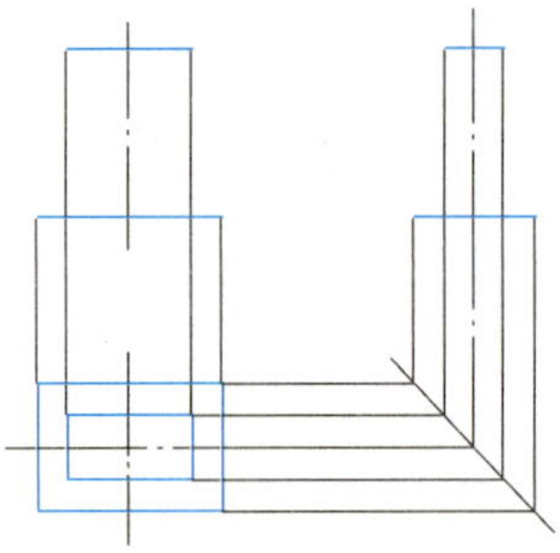	四棱台两底面在俯视图中为四边形且反映实形，在主视图和左视图中均积聚为直线，两直线间的距离为四棱台的高 注意“长对正、高平齐、宽相等”
3. 画四棱台各侧面的投影	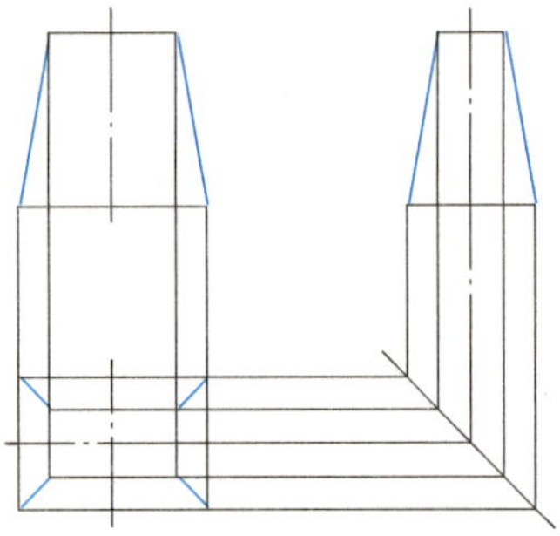	（1）四棱台共四个侧面：前、后两个侧面在左视图中分别积聚为一条斜直线，在主、俯视图中为原实形的类似形；左、右两个侧面在主视图中分别积聚为一条斜直线，在俯、左视图中均为原实形的类似形 （2）将两底面各对应点的同面投影连接，即得各侧面的三面投影
4. 检查，描深	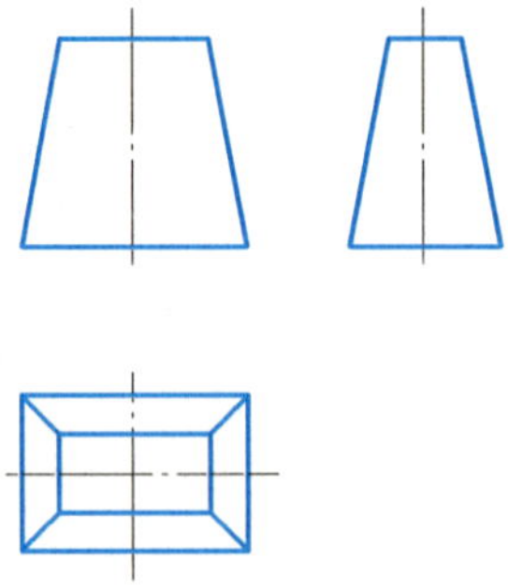	擦去多余图线，按标准描深

四棱台三视图特征：一面投影的外轮廓为多边形（其内部包含各侧面的投影），另两面投影为等腰梯形

思考并作图

想一想，四棱台两底面平行于 V 面、W 面时三视图分别是什么形状，并画出其三视图。

二、曲面立体

由曲面或曲面与平面围成的立体称为曲面立体。在机件中常见的曲面立体是回转体，如圆柱、圆锥、圆球等。

1. 圆柱

(1) 圆柱面的形成及圆柱结构分析

如图 2—18 所示，圆柱面可看作由一条直线 AA_1 围绕与它平行的轴线 OO_1 回转而成。OO_1 称为回转轴，AA_1 称为母线，圆柱面上任一垂直连接两底面的直线称为素线。

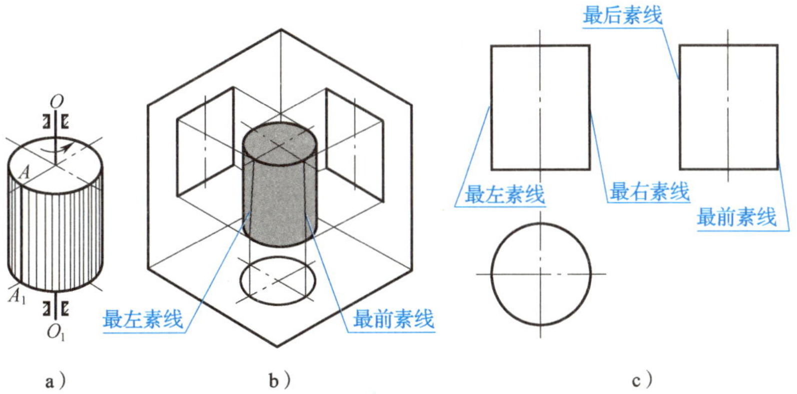

图 2—18　圆柱面的形成及圆柱三视图

圆柱由三个面组成：两个底面和一个圆柱面。

(2) 圆柱三视图及其画法

圆柱三视图的具体作图步骤见表 2—8。

表 2—8　圆柱三视图的具体作图步骤

步　骤	图　例	说　明
1. 画基准线	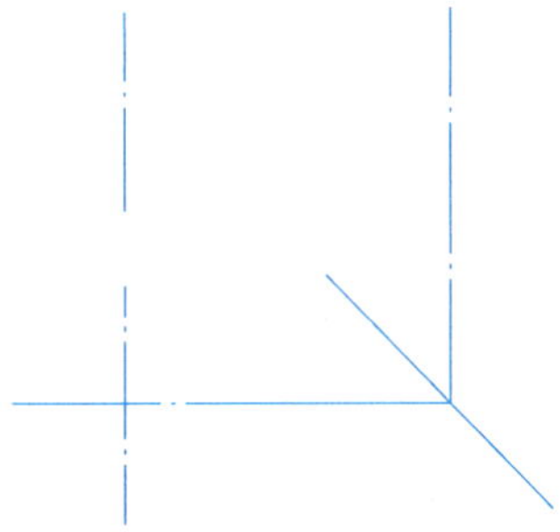	(1) 该图基准线主要包括轴线、中心线 (2) 在整个绘图过程中，三个视图应同时进行

续表

步　骤	图　例	说　明
2. 画两底面的投影	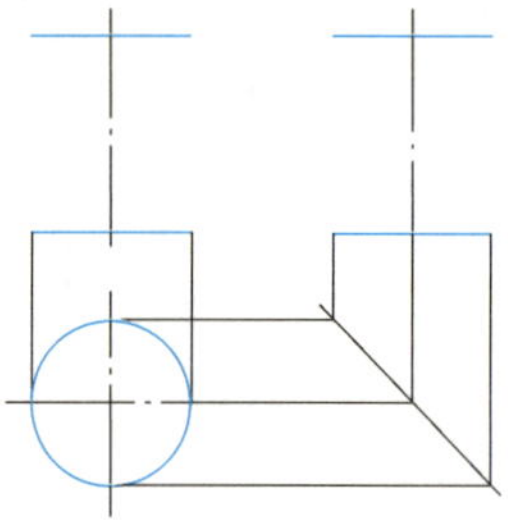	两底面在俯视图中为圆且反映实形，在主视图和左视图中均积聚为一条直线，两直线间的距离为圆柱的高
3. 画圆柱面的投影	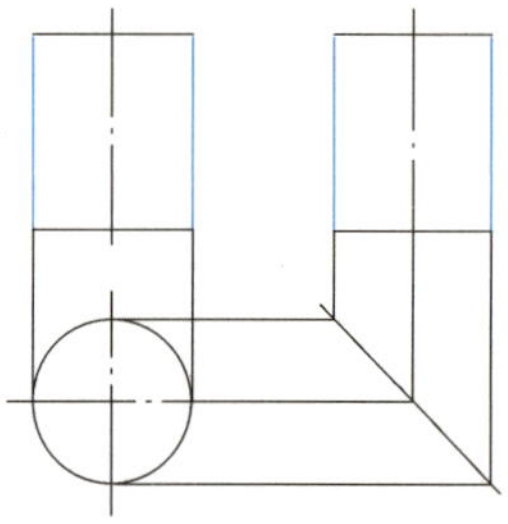	（1）圆柱面在俯视图中的投影积聚为圆（已画出） （2）在主视图中，前、后两半圆柱面的投影重合为一矩形，矩形的两条竖线分别是圆柱最左、最右素线的投影 （3）在左视图中，左、右两半圆柱面的投影重合为一矩形，矩形的两条竖线分别是圆柱最前、最后素线的投影
4. 检查，描深	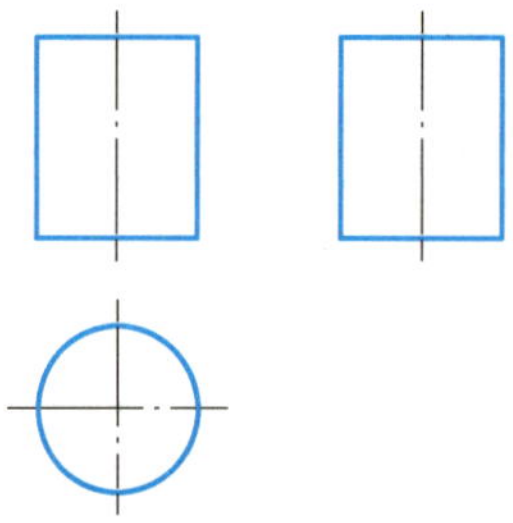	擦去多余图线，按标准描深
圆柱三视图特征：一面投影为圆，另两面投影为矩形		

思考并作图

想一想，圆柱两底面平行于 V 面、W 面时三视图分别是什么形状，并画出其三视图。

2. 圆锥与圆台

(1) 圆锥

1）圆锥面的形成及圆锥结构分析。如图 2—19 所示，圆锥面可看成由一条直母线 SA 围绕与它相交的轴线 OO_1 回转而成。在圆锥面上通过锥顶 S 的任一直线称为圆锥的素线。

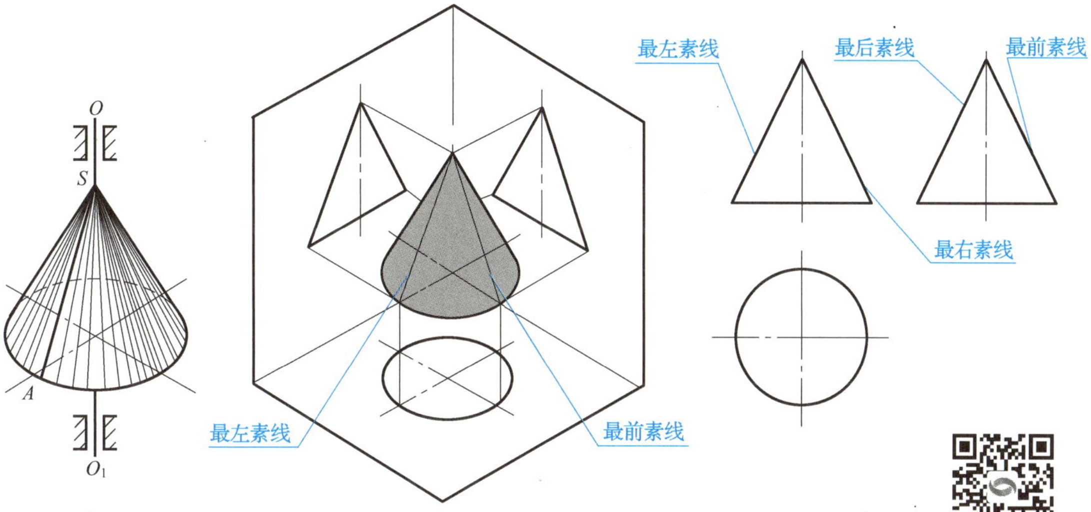

a)　　　b)　　　c)

图 2—19　圆锥面的形成及圆锥三视图

圆锥由两个面组成：底面和圆锥面。

2）圆锥三视图及其画法。圆锥三视图的具体作图步骤见表 2—9。

表 2—9　　圆锥三视图的具体作图步骤

步　骤	图　例	说　明
1. 画基准线	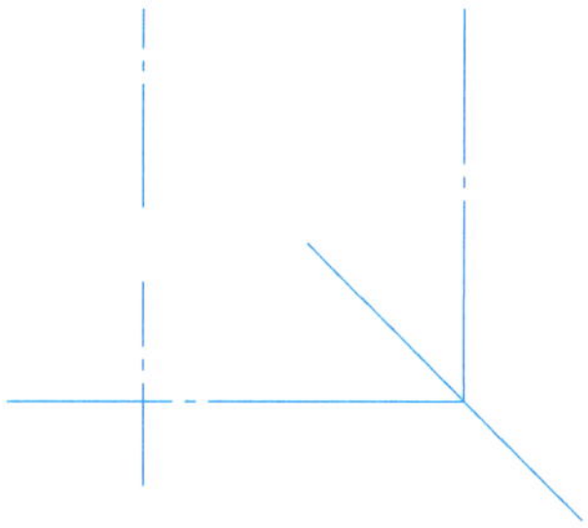	（1）该图基准线主要包括轴线、中心线 （2）在整个绘图过程中，三个视图应同时进行
2. 画底面的投影	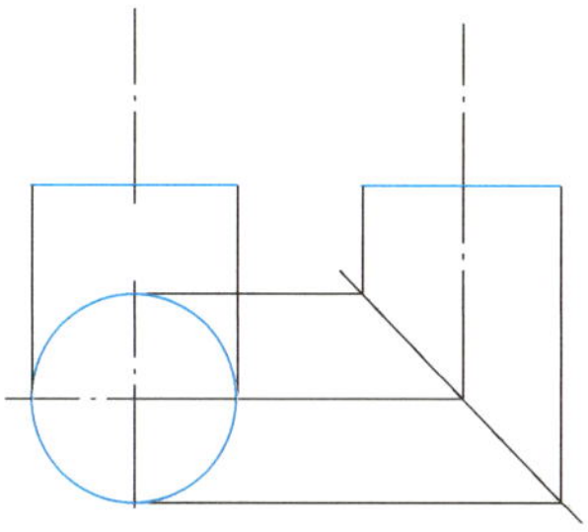	底面在俯视图中为圆且反映底面的实形，在主、左视图中均积聚为直线

续表

步骤	图例	说明
3. 确定顶点的投影	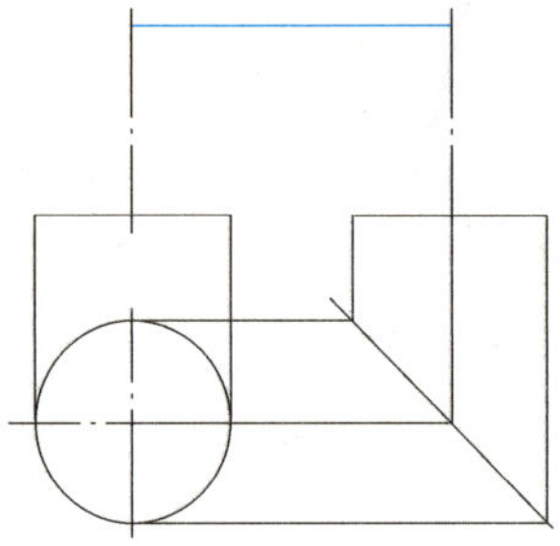	（1）顶点的俯视图为底圆中心 （2）在主、左视图中量取圆锥的高度，确定顶点的正面和侧面投影
4. 连线	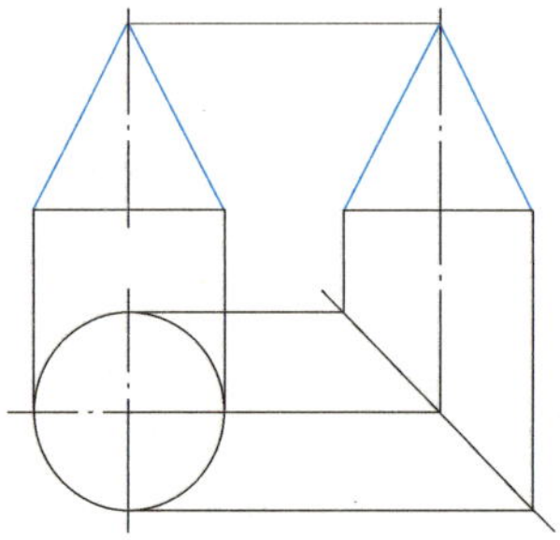	（1）圆锥面的三面投影均无积聚性，其俯视图与底面的水平投影重合 （2）在主视图中，前、后两半圆锥面的投影重合为一等腰三角形，三角形的两腰分别是圆锥最左、最右素线的投影 （3）在左视图中，左、右两半圆锥面的投影重合为一等腰三角形，三角形的两腰分别是圆锥最前、最后素线的投影
5. 检查，描深	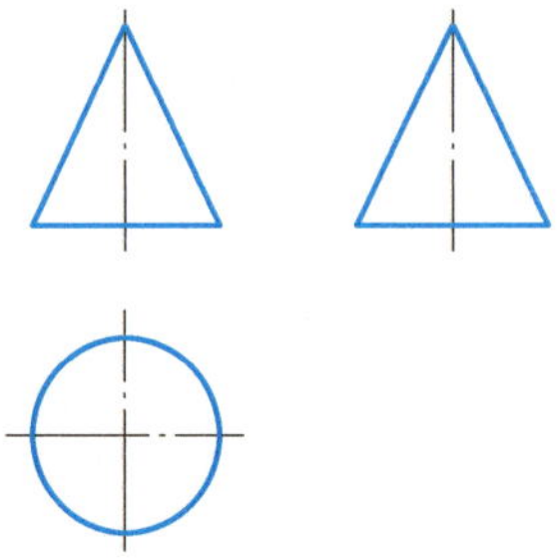	擦去多余图线，按标准描深
圆锥三视图特征：一面投影为圆，另两面投影为三角形		

思考并作图

想一想，圆锥底面平行于 V 面、W 面时三视图分别是什么形状，并画出其三视图。

（2）圆台

圆台可看作由圆锥截去一个小圆锥而形成。它由三个面组成：两个底面和一个圆锥面，如图 2—20a 所示。

其三视图特征：一面投影为两个同心圆，另两面投影为等腰梯形，如图 2—20b 所示（试自行设计作图步骤）。

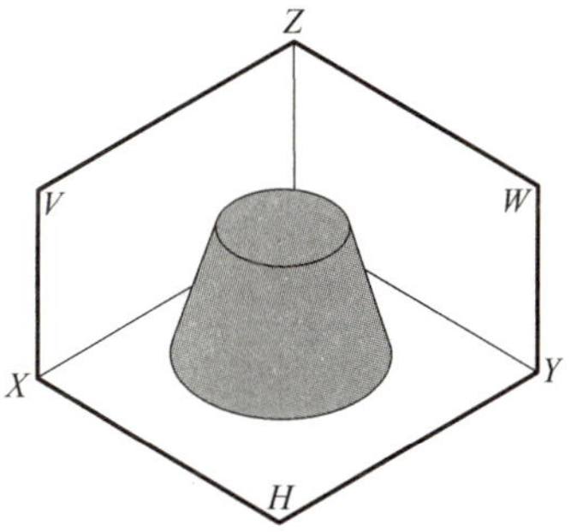

a）

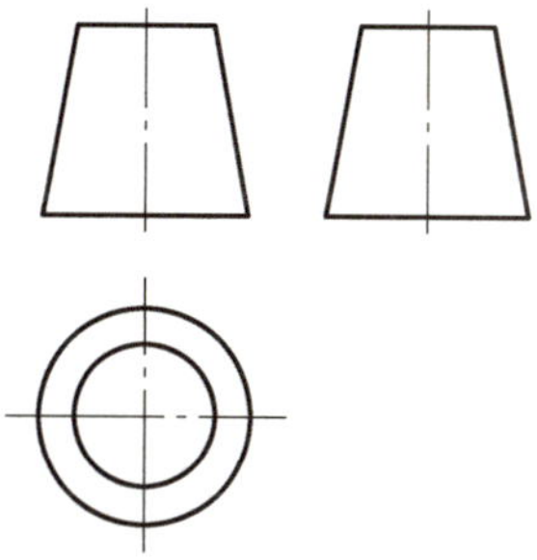

b）

图 2—20 圆台及其三视图

3. 圆球

（1）圆球面的形成及圆球结构分析

如图 2—21a 所示，圆球面可看成由一个圆（母线）绕其直径回转而成。构成圆球的只有一个面，即圆球面。圆球面上有三条特殊位置的素线圆 A、B、C。A 为平行于正投影面的前、后半球分界线，B 为平行于水平投影面的上、下半球分界线，C 为平行于侧投影面的左、右半球分界线，如图 2—21b 所示。

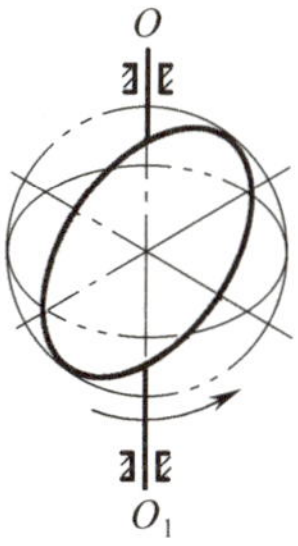

a）

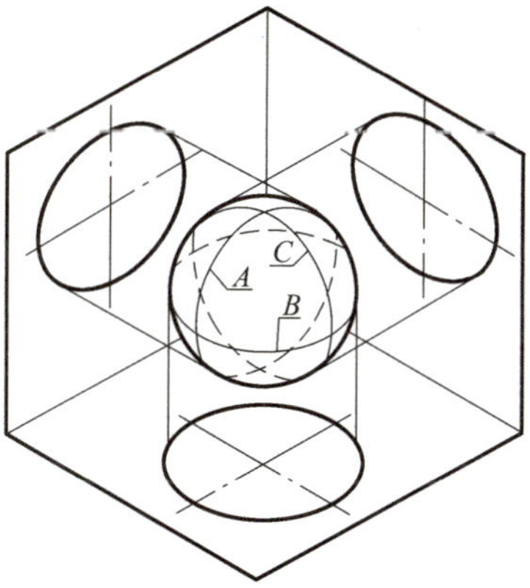

b）

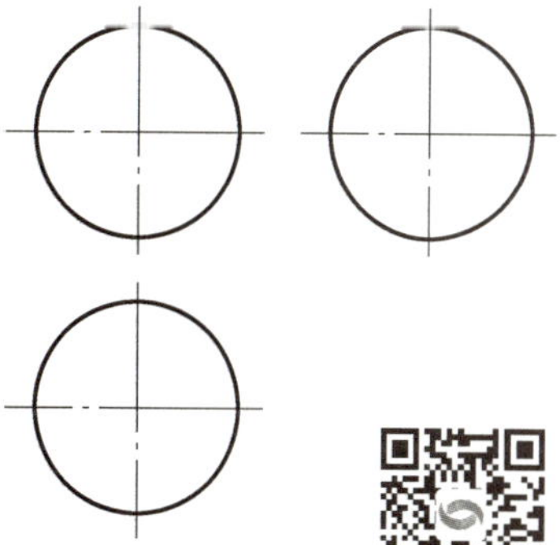

c）

图 2—21 圆球面的形成及圆球的三视图

（2）圆球三视图及其画法

圆球三视图的具体作图步骤见表 2—10。

表 2—10　　　　圆球三视图的具体作图步骤

步　骤	图　例	说　明
1. 画基准线	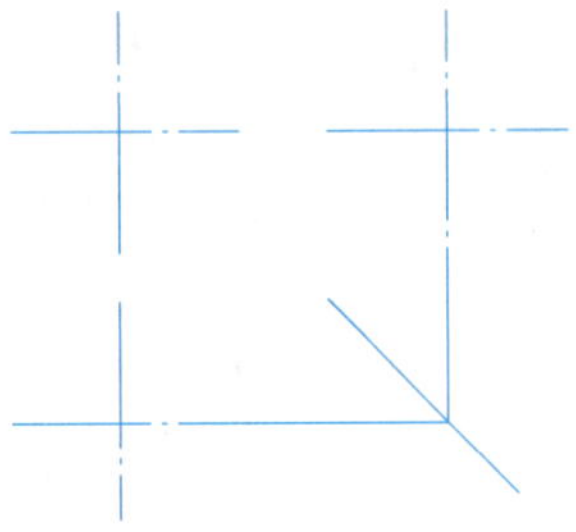	（1）画中心线 （2）在整个绘图过程中，三个视图应同时进行
2. 画圆球三视图	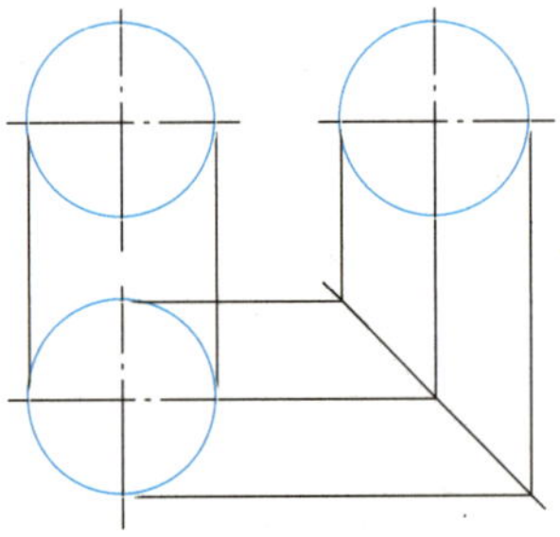	（1）球面无积聚性。其正面投影的轮廓圆是前、后两半球面的分界线；水平投影的轮廓圆是上、下两半球面的分界线；侧面投影的轮廓圆是左、右两半球面的分界线 （2）量取圆球半径画三个等直径圆
3. 检查，描深	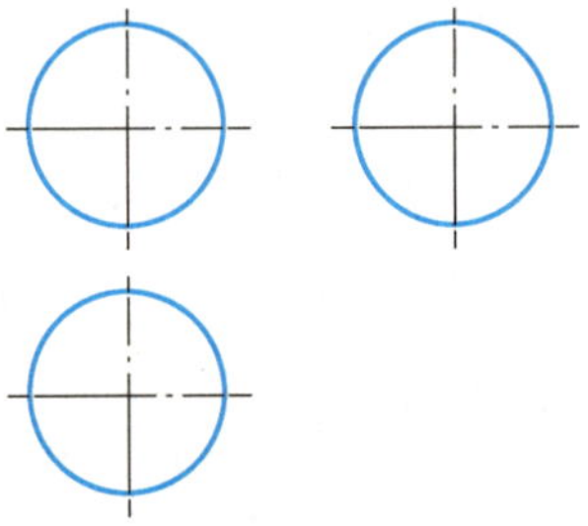	擦去多余图线，按标准描深
圆球三视图特征：三面投影均为与圆球直径相等的圆		

三、基本体的尺寸标注

视图只用来表达物体的形状，而物体的大小则由视图上所标注的尺寸数字来确定。

任何物体都有长、宽、高三个方向的尺寸。在视图上标注基本体的尺寸时，应将三个方向的尺寸标注齐全，既不能缺少，也不能重复。对于回转体只需标注出轴向尺寸和径向尺寸，一个径向尺寸包含两个方向的尺寸。

在基本体三视图中，尺寸应尽量标注在反映基本体形状特征的视图上，而圆的直径一般标注在投影为非圆的视图上。表 2—11 所列为一些常见基本体及其尺寸标注方法。

表 2—11　　常见基本体及其尺寸标注方法

基本体	标注方法	基本体	标注方法
 三棱柱	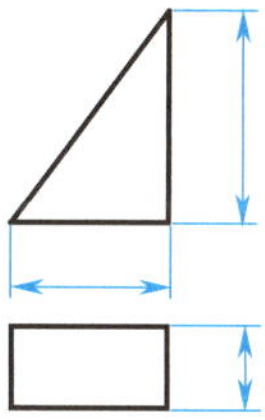	 圆柱	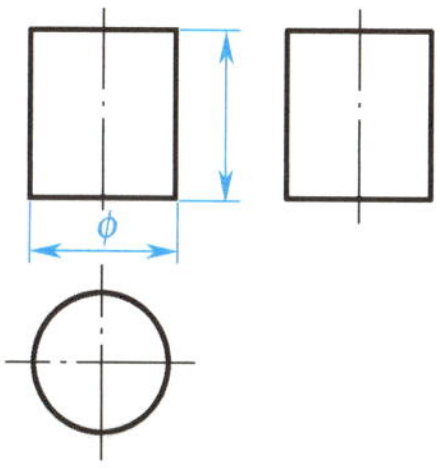
 正六棱柱	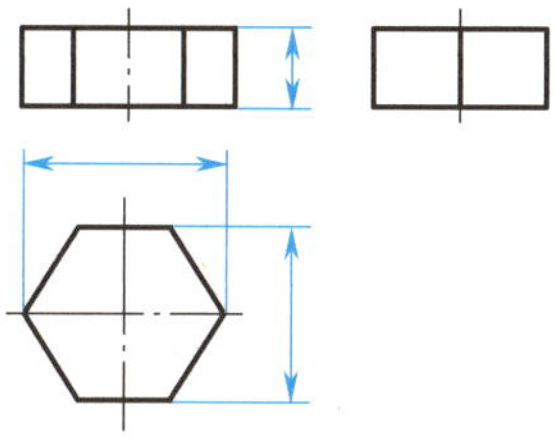	 圆锥	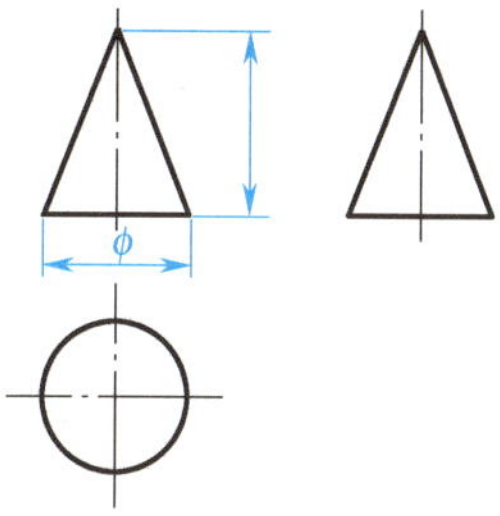
 正四棱锥	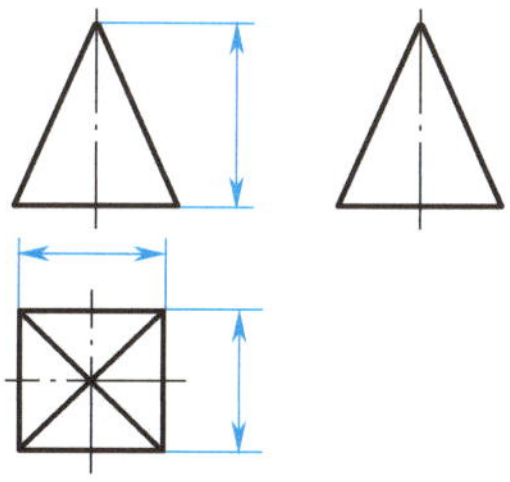	 圆台	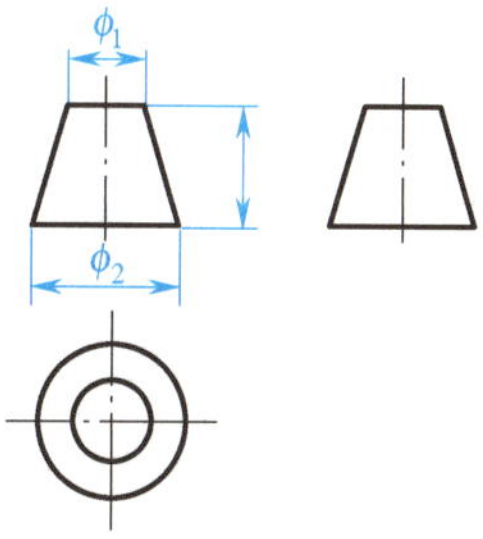
 四棱台	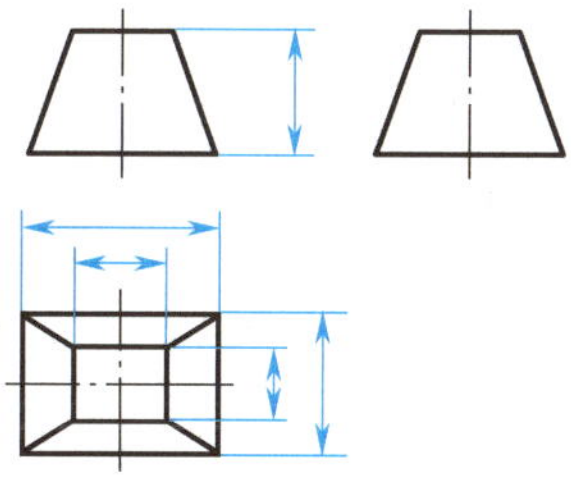	 球	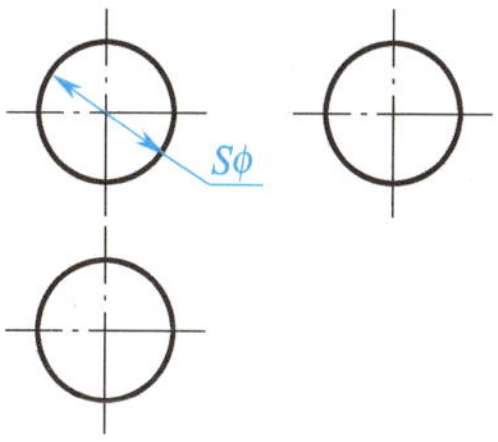

思考并讨论

1. 表达基本体的形状一定要用三个视图吗？是否可以省略一个或两个视图？举例说明。

2. 识读图 2—22，分析该机件是由哪几种基本体组成的。

3. 补画图 2—22 所示机件的俯视图和左视图。

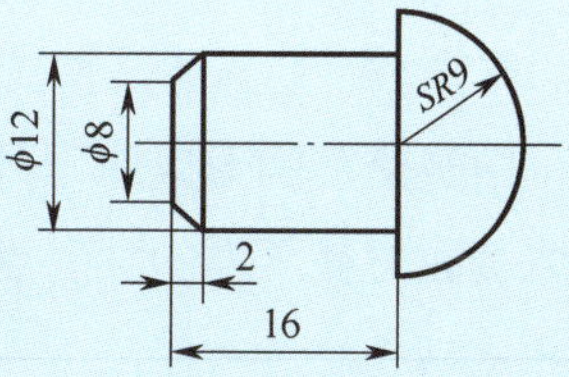

图 2—22　机件的主视图

§2—3　圆柱的截割与相贯

学习目标

1. 能绘制并识读图形中的圆柱截交线及相贯线。
2. 进一步提高绘图及读图能力。

在机器中，许多机件是由基本体经过截割或叠加形成的。基本体被平面截割，其表面产生的交线，称为截交线，如图 2—23a 所示；两个或两个以上的基本体相交称为相贯，其表面的交线称为相贯线，如图 2—23b 所示。不同的基本体，其截交线和相贯线的形状及特点也不相同。其中，最为常见也是最基本的是圆柱的截交线与相贯线。

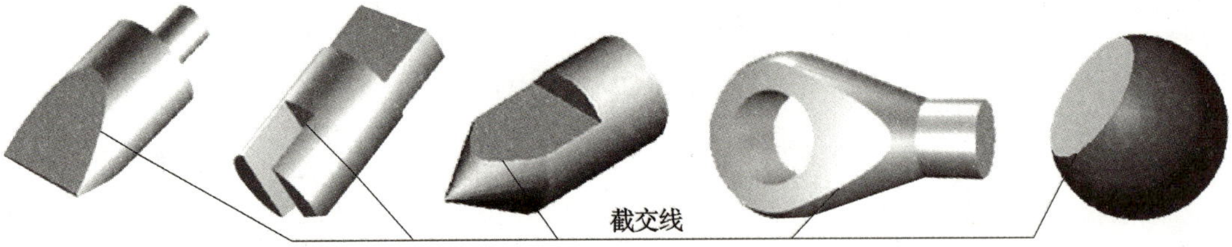

a）

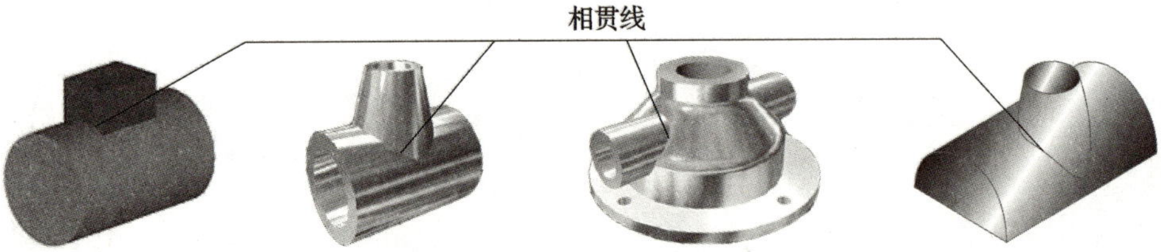

b）

图 2—23　截交线和相贯线示例

一、圆柱截交线

根据截平面与圆柱轴线的相对位置不同，圆柱截交线有三种不同的形状，见表 2—12。

由截交线的形成原理可知，截交线是立体表面与截平面的共有线，截交线上的点是立体表面与截平面的共有点。因此，截交线的作法就是：求出共有点，形成共有线，从而完成截交线的作图。

表 2—12　　圆柱截交线

截平面与圆柱轴线的相对位置	截平面平行于轴线	截平面垂直于轴线	截平面倾斜于轴线
立体图	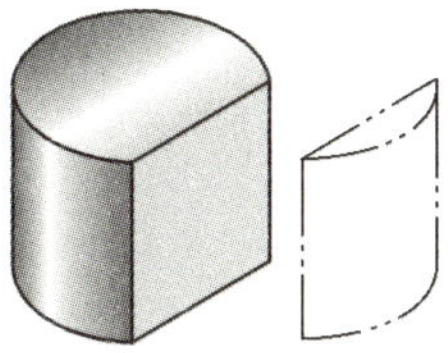	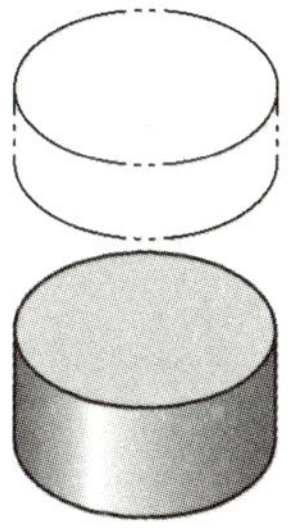	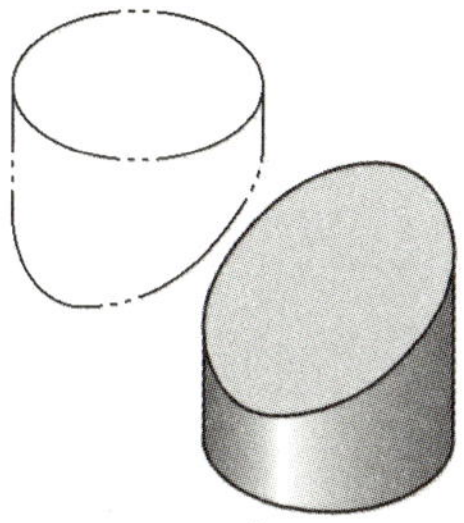
投影图	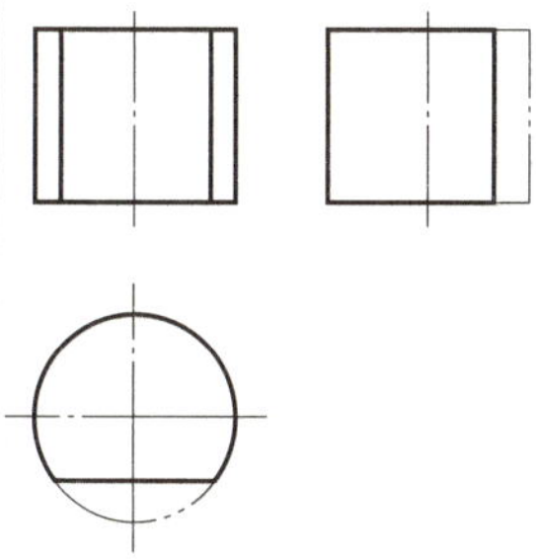	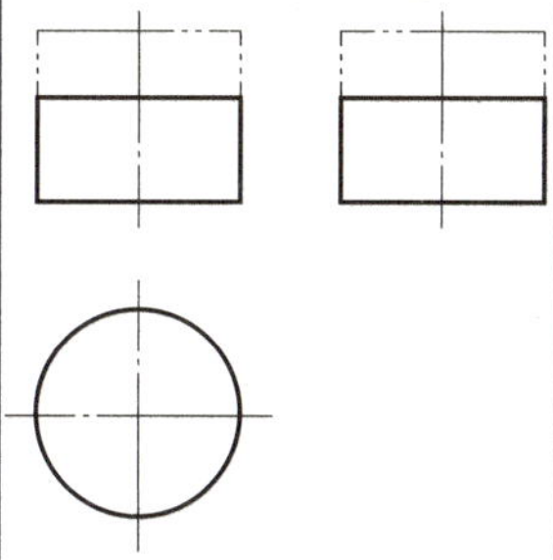	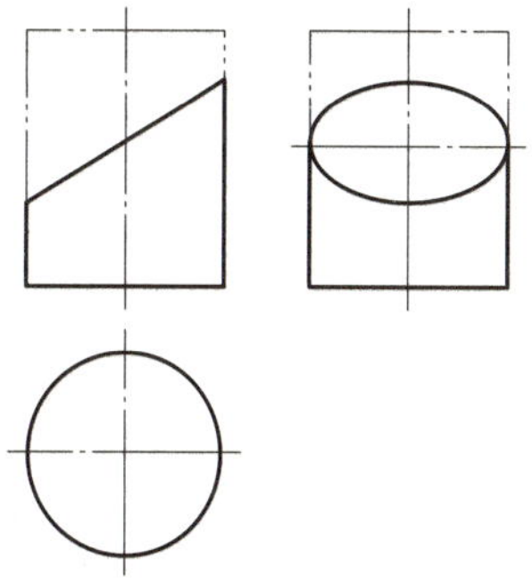
截交线形状	矩形	圆	椭圆

【例 2—1】 画专用垫圈的投影图。

分析：如图 2—24 所示为一中心穿孔、左右各有切口的圆柱体。切口分别用平行于圆柱轴线的 *P* 面和垂直于圆柱轴线的 *T* 面切割而成。*P* 面所切的截面形状为矩形，该矩形在主、俯视图上的投影积聚为直线，在左视图上反映实形；*T* 面所切的截面形状为弓形（圆的一部分），该弓形在主、左视图上的投影积聚为直线，在俯视图上反映实形。作图步骤见表 2—13。

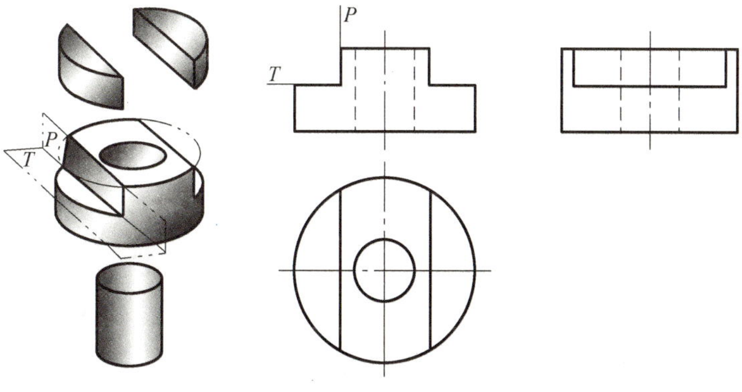

图 2—24　专用垫圈的投影图

表 2—13　　专用垫圈投影图的作图步骤

步　骤	图　例	说　明
1. 画圆筒三视图	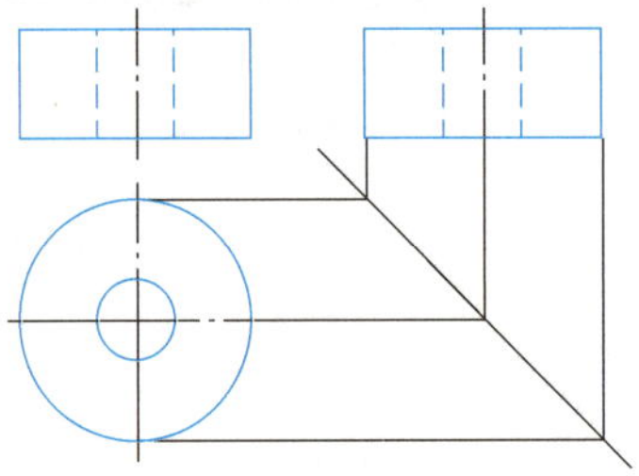	按图 2—24 所示位置，圆柱轴线垂直于水平投影面
2. 按尺寸确定截面位置，画截面的积聚性投影	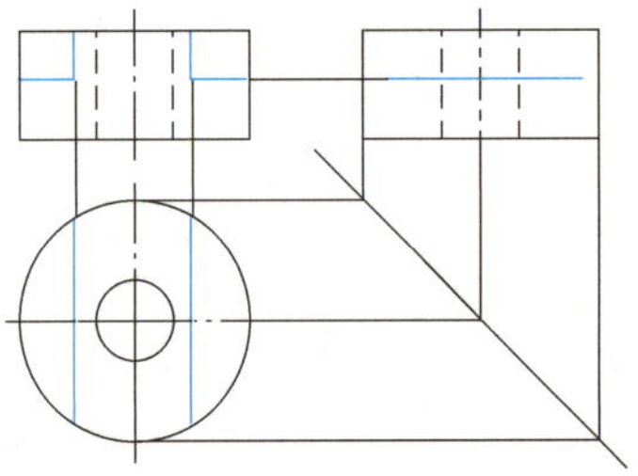	(1) 完成截面的积聚性投影后，弓形自然形成 (2) 擦去切掉的轮廓线后即形成切口
3. 确定左视图中矩形截面宽度，并完成矩形	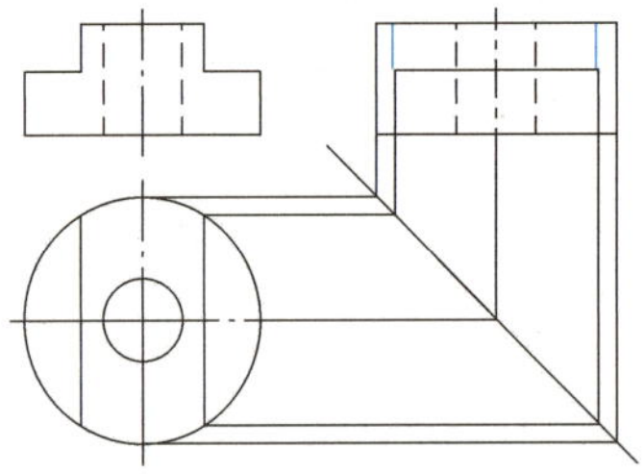	(1) 由俯视图确定左视图上矩形截面宽度 (2) 由于两切口对称，故其形成的两个矩形截面大小相同，其投影在左视图中重合
4. 检查，描深	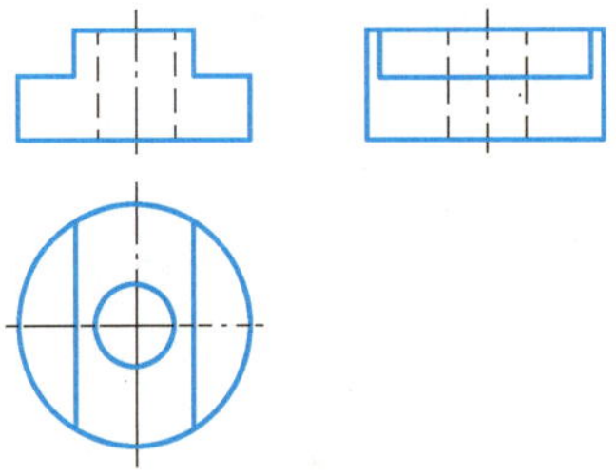	擦去多余图线，按标准描深

【例 2—2】 画切方槽圆柱体的三视图。

分析：如图 2—25 所示为切方槽的圆柱体。方槽在圆柱左端中间位置，上下贯通且对称。该方槽可看作是由两个平行于圆柱轴线的截面和一个垂直于圆柱轴线的截面截割而成，从而形成两个对称的矩形截面和一个不完整的圆形截面。两个矩形截面在俯、左视图中均表现为积聚性，在主视图中反映实形；一个不完整的圆形截面在主、俯视图中均表现为积聚性，在左视图中反映实

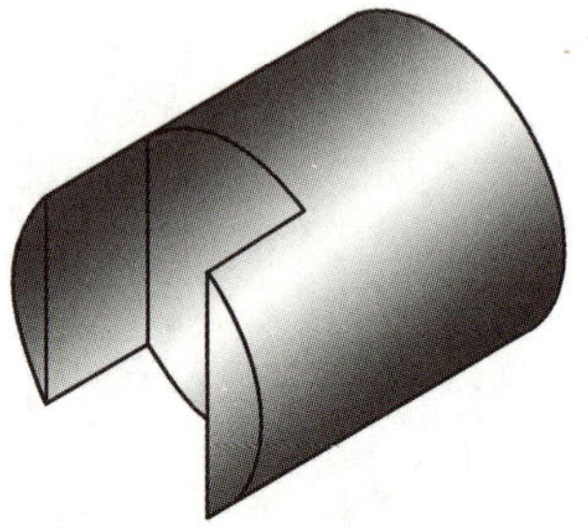

图 2—25　切方槽的圆柱体

形。作图步骤见表 2—14。

表 2—14　　切方槽圆柱体的作图步骤

步　骤	图　例	说　明
1. 画圆柱体三视图	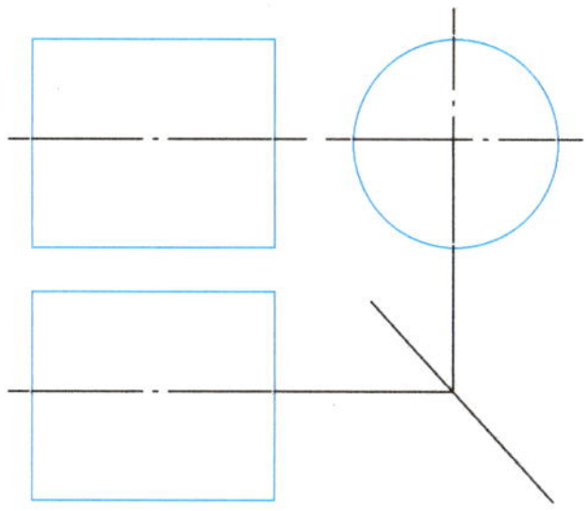	按图 2—25 所示位置，圆柱轴线垂直于侧投影面
2. 按尺寸确定截面位置，画截面的积聚性投影	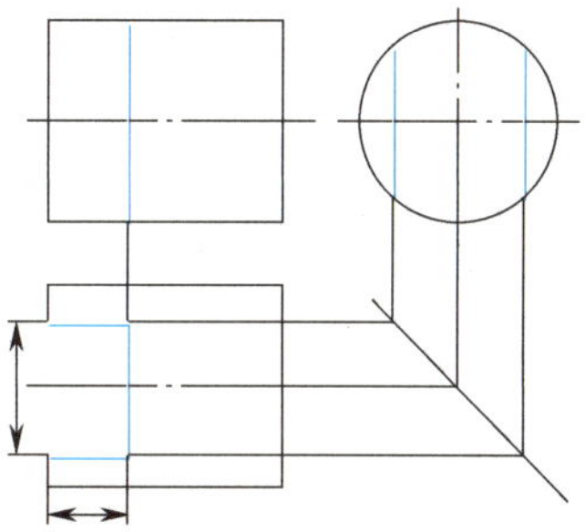	（1）完成截面的积聚性投影后，不完整的圆形截面自然形成 （2）擦去俯视图中切掉的图线，形成槽口
3. 确定主视图中矩形截面高度，并完成矩形	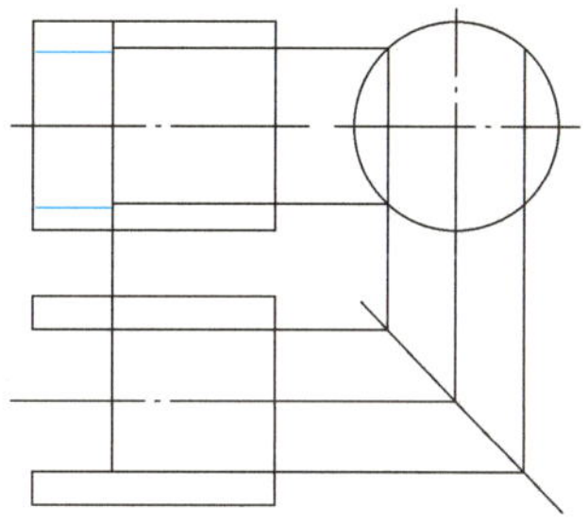	（1）由左视图确定主视图中矩形截面高度 （2）由于方槽对称，故其形成的两个矩形截面大小相同，其投影在主视图中重合
4. 检查，描深	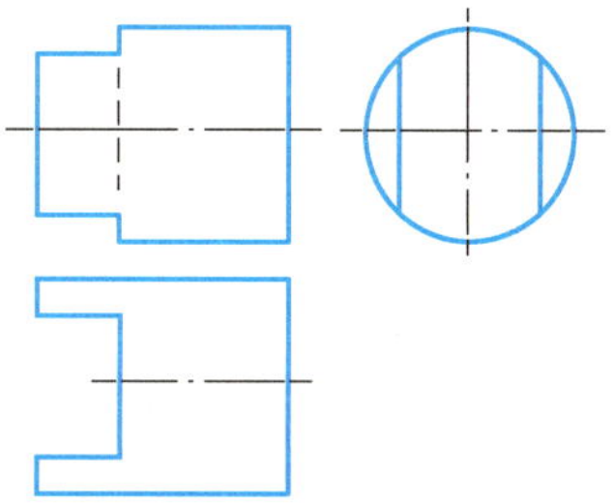	（1）最上、最下素线左部被切掉 （2）在主视图中，与圆柱轴线垂直的截面中间部分不可见 （3）擦去多余图线，按标准描深

【例 2—3】画斜切圆柱的截交线。

分析：如图 2—26 所示为一斜切圆柱，由于截平面与圆柱轴线倾斜，所以其截交线形状为椭圆。又由于截平面垂直于 V 面，所以截交线在 V 面上有积聚性；圆柱面的 H 面投影积聚为圆，故截交线的水平投影也为圆；截交线的侧面投影一般情况下仍为椭圆。具体作图步骤见表 2—15。

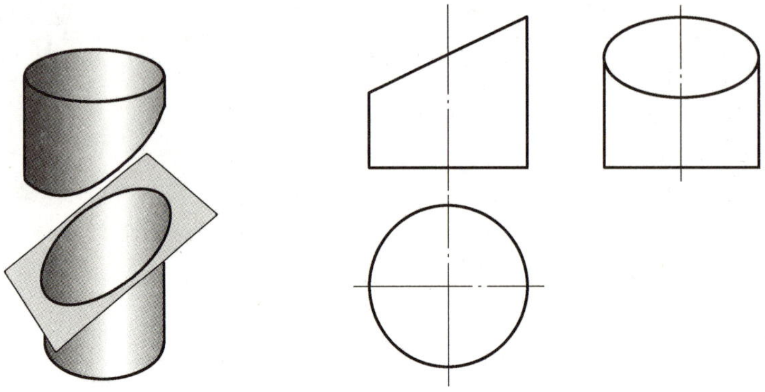

图 2—26　斜切圆柱的截交线

表 2—15　斜切圆柱截交线的作图步骤

步　骤	图　例	说　明
1. 求特殊位置点Ⅰ、Ⅱ、Ⅲ、Ⅳ的投影	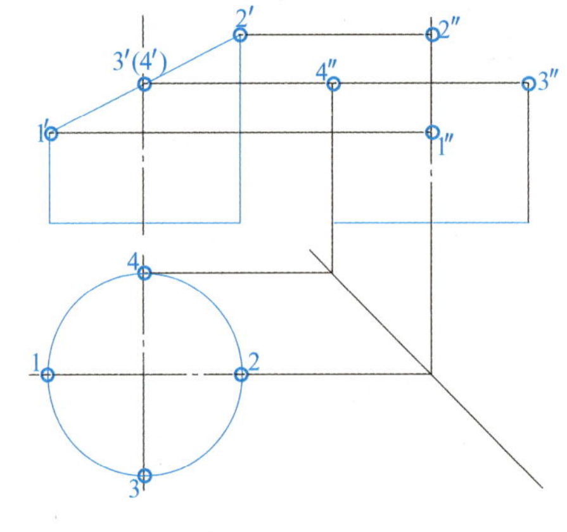	（1）Ⅰ、Ⅱ、Ⅲ、Ⅳ点既是椭圆的四个顶点，又是圆柱最左、最右、最前、最后素线上的点 （2）通常空间点用大写字母或罗马数字表示，点的水平投影用相应小写字母或阿拉伯数字表示，正面投影在相应小写字母或阿拉伯数字右上角加“′”，侧面投影在相应小写字母或阿拉伯数字右上角加“″”
2. 求一般位置点Ⅴ、Ⅵ、Ⅶ、Ⅷ的投影	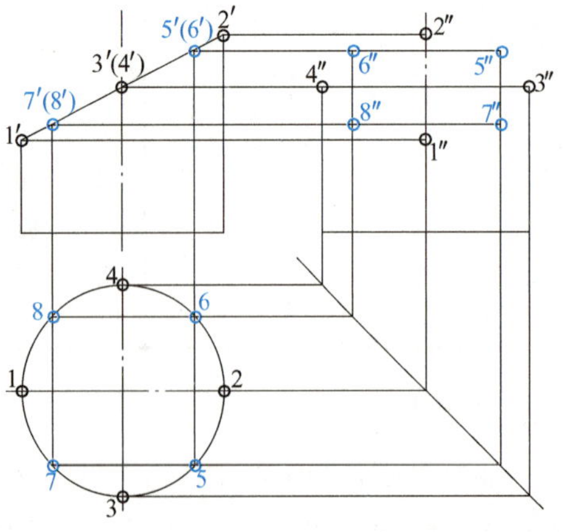	求一般位置点的投影是为了作图更加准确，其数量可自行确定

续表

步　骤	图　例	说　明
3. 连接各点完成椭圆	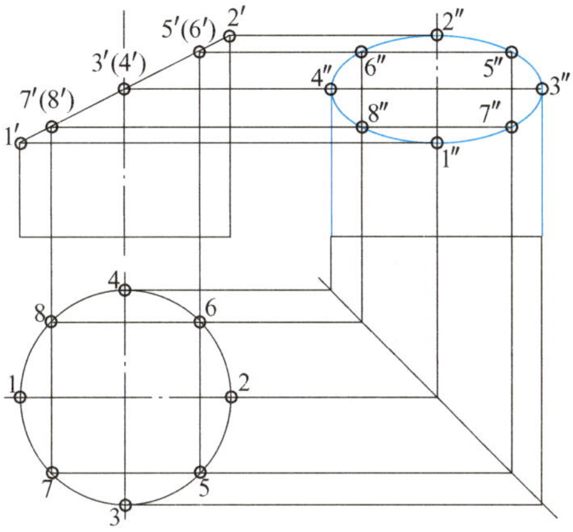	（1）要光滑连接各点，力求椭圆曲线流畅匀称，符合标准 （2）圆柱的轮廓线在 3″、4″ 处与椭圆相切
4. 检查，描深	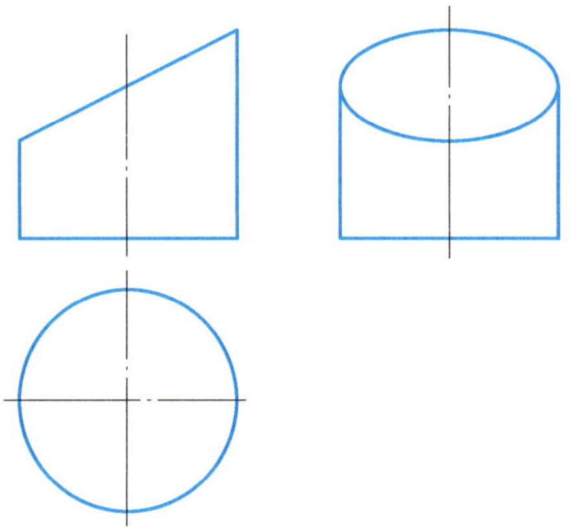	擦去多余图线，按标准描深切割后的图形轮廓

二、圆柱相贯线

由相贯线的形成原理可知，相贯线是相交两立体表面的共有线，相贯线上的点是相交两立体表面的共有点。求作相贯线的方法，就是求一系列的共有点再连接即可。

两圆柱垂直相交称为正交，两圆柱正交是工程上最常见的，如图 2—27 所示三通管即两圆柱正交表面形成相贯线的实例。本部分内容仅就两圆柱正交展开讨论。

图 2—27　三通管

1. 不等径圆柱相贯

（1）如图 2—28 所示为两个直径不相等的圆柱相贯，且二者的轴线分别垂直于相应投影面，所以相贯线的水平投影和侧面投影分别积聚在它们的圆周上。因此，根据已知的水平投影和侧面投影即可求出相贯线的正面投影。

(2) 相贯线前后对称，在其正面投影中，可见的前半部分与不可见的后半部分重合，且左右对称。因此，其正面投影只需作出前面的一半。

具体作图步骤见表 2—16。

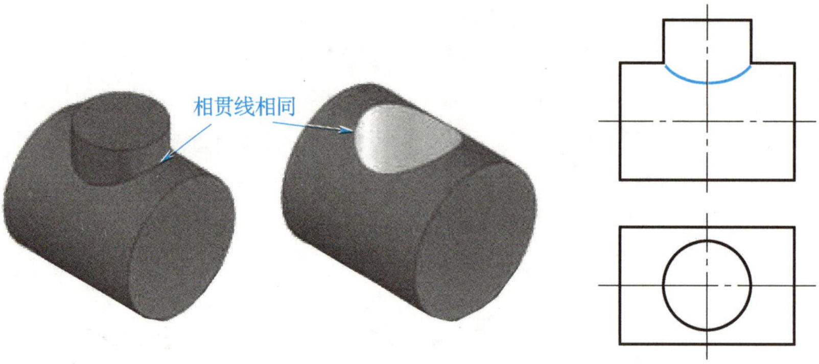

图 2—28 不等径圆柱相贯

表 2—16 圆柱相贯线的作图步骤

步骤	图例	说明
1. 求特殊位置点Ⅰ、Ⅱ、Ⅲ的投影	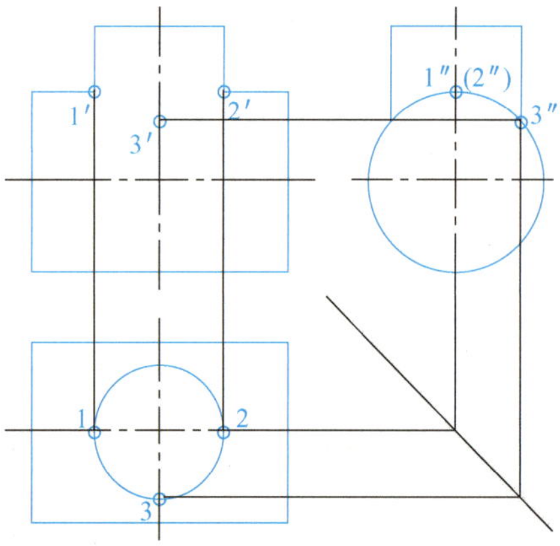	Ⅰ、Ⅱ、Ⅲ点既是小圆柱最左、最右、最前素线上的点，又是大圆柱相应素线上的点；Ⅰ、Ⅱ点是相贯线的最高点，也是相贯线的最左、最右点；Ⅲ点是相贯线的最低点，也是相贯线的最前点
2. 求一般位置点Ⅳ、Ⅴ的投影	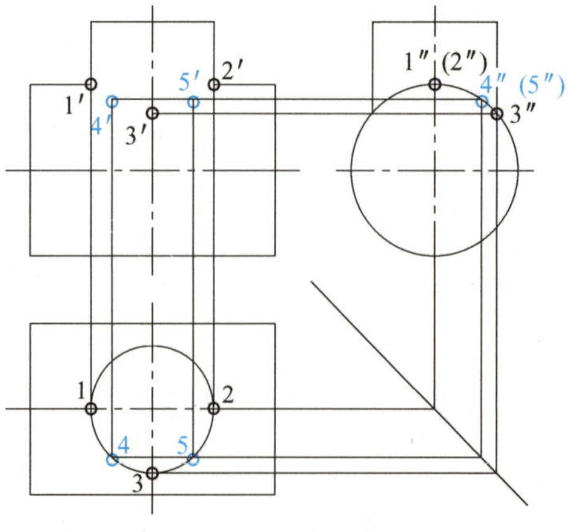	求一般位置点的投影是为了作图更加准确，其数量可自行确定

续表

步　骤	图　例	说　明
3. 连接各点	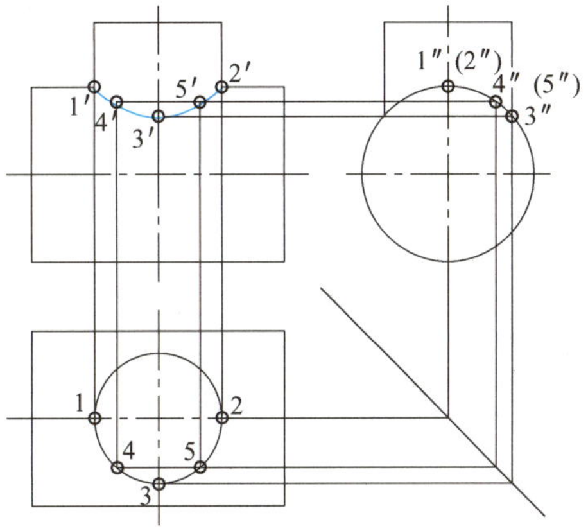	光滑连接各点，力求相贯线流畅匀称，符合标准
4. 检查，描深	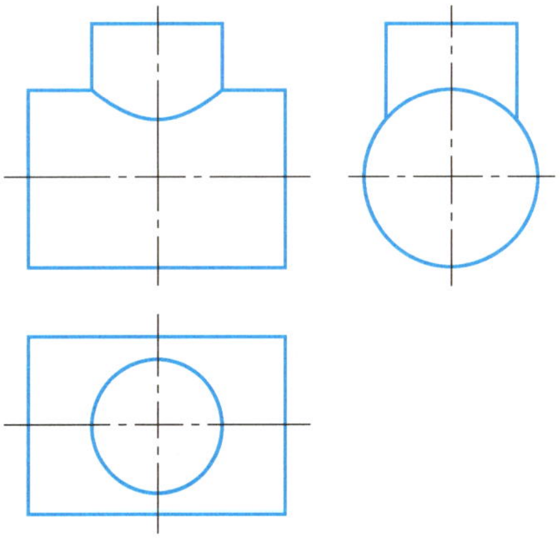	擦去多余图线，按标准描深

2. 等径圆柱相贯

直径相等的两圆柱相贯，其相贯线在空间上为两相交椭圆，其正面投影为两相交直线，如图 2—29 所示。

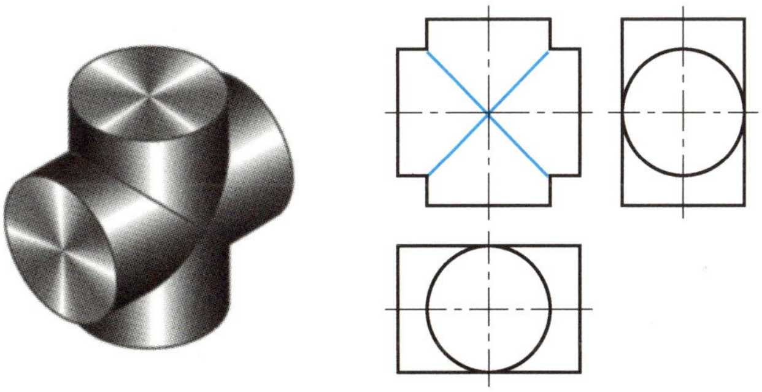

图 2—29　等径圆柱相贯

3. 圆柱穿孔相贯

以上所述为两外圆柱面相交，此外，还有圆柱穿孔，相当于两圆柱外表面与内表面相交或两内表面相交，其相贯线的形状以及作图方法均相同，具体内容见表 2—17。

表 2—17　　常见圆柱穿孔的相贯线

形式	圆柱与圆柱孔相贯	不等径圆柱孔相贯	等径圆柱孔相贯
立体图	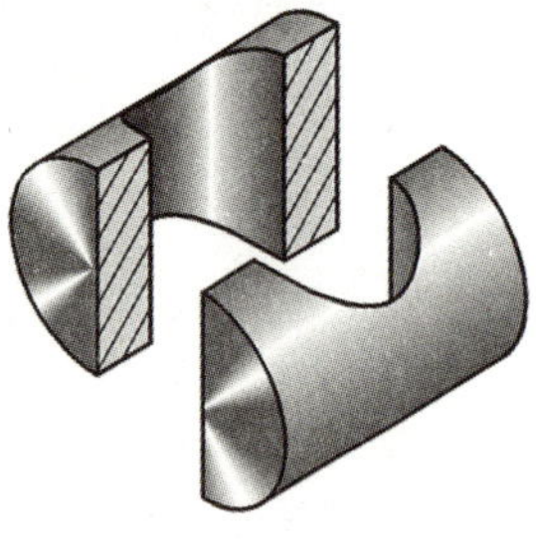	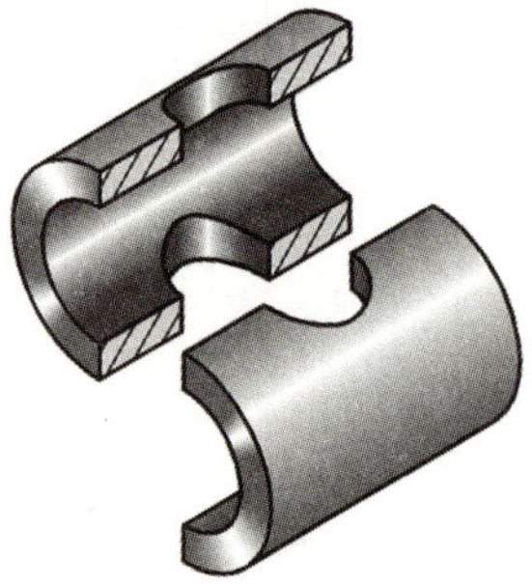	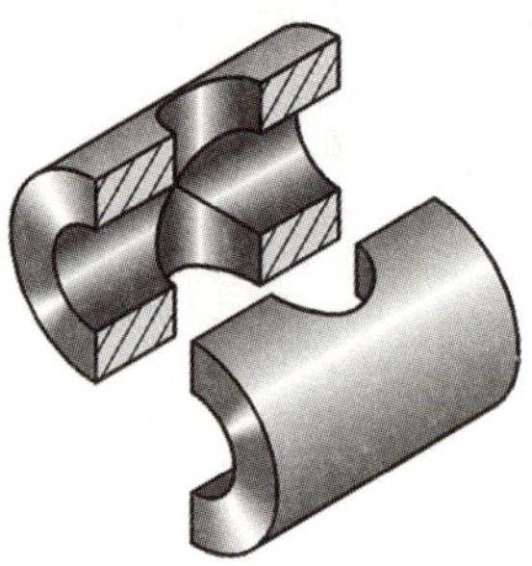
投影图	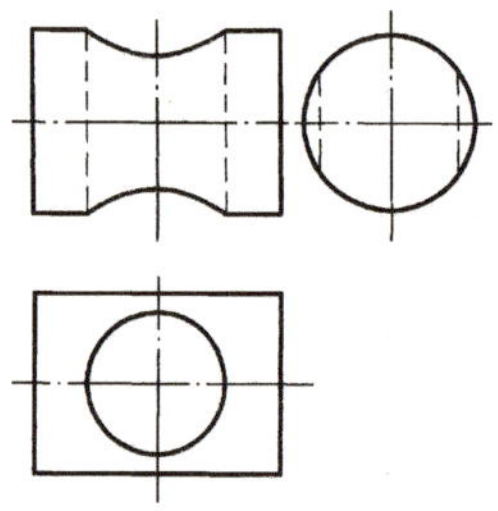	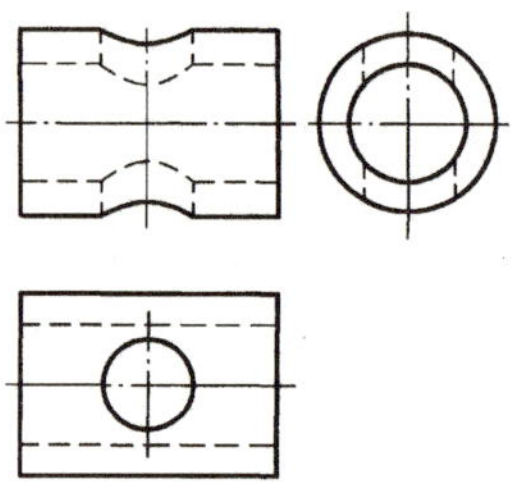	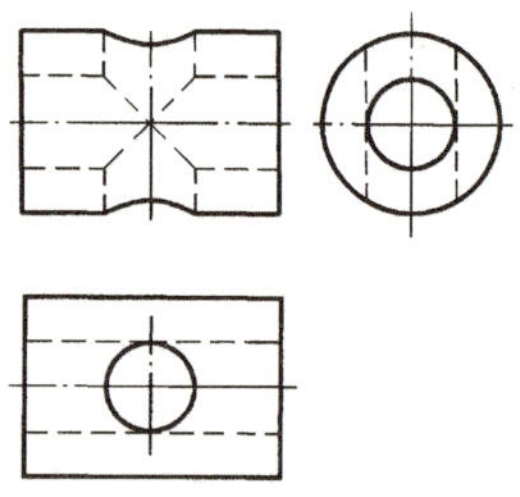

§2—4　轴　测　图

学习目标

1. 了解轴测图的形成和基本性质。
2. 能绘制并识读简单形体的正等轴测图及斜二轴测图。
3. 进一步提高绘图能力及空间想象能力。

工程上应用最广的图样是多面正投影图，它能准确表达物体的形状，而且绘图简便，但缺乏立体感。轴测图是物体在平行投影下形成的一种单面投影图，它能同时反映出物体的长、宽、高三个方向的形状，富有立体感，直观性强。但它不能完全表达物体的真实形状，且作图较为烦琐，因而在工程上常作为辅助图样，用来表达机器的外观、工作原理，以及复杂的管路布置等。

轴测图是培养空间构思能力的手段之一，通过画轴测图可以帮助人们想象物体的形状，培养空间想象能力。本节仅简单介绍最常用的正等轴测图和斜二轴测图。

一、轴测图基本知识

1. 轴测图的形成

轴测图是将物体连同其直角坐标系，沿不平行于任一坐标面的方向，用平行投影法将其投射在单一投影面上所得的具有立体感的图形，如图 2—30 所示。该单一投影面称为轴测投影面，直角坐标轴 OX、OY、OZ 在轴测投影面上的投影 O_1X_1、O_1Y_1、O_1Z_1 称为轴测轴。轴测轴之间的夹角$\angle X_1O_1Y_1$、$\angle X_1O_1Z_1$、$\angle Y_1O_1Z_1$ 称为轴间角，三根轴测轴的交点 O_1 称为原点。轴测轴的单位长度与相应直角坐标轴单位长度的比值称为轴向伸缩系数。X_1 向、Y_1 向、Z_1 向的轴向伸缩系数分别用 p_1、q_1、r_1 表示，简化的轴向伸缩系数分别用 p、q、r 表示。

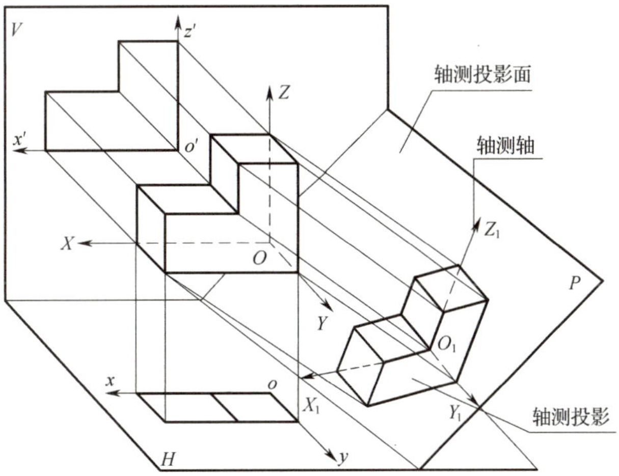

图 2—30　轴测图的形成

2. 轴测投影的基本性质

(1) 平行性

物体上互相平行的线段，其轴测投影仍互相平行。平行于坐标轴的直线段，其轴测投影仍然平行于相应的轴测轴，且伸缩系数与相应的轴向伸缩系数相同。

(2) 度量性

物体上与轴测轴平行的线段的尺寸，可沿轴向直接量取。所谓“轴测”，就是指沿轴向进行测量的意思。物体上不平行于轴测投影面的平面图形，在轴测图上变成原图形的类似形。如正方形的轴测投影为菱形，圆的轴测投影为椭圆等。

二、正等轴测图

1. 轴间角和轴向伸缩系数

当物体上三个坐标轴与轴测投影面的夹角均相等时，用正投影法得到的投影称为正等轴测图，简称正等测，如图 2—31a 所示。轴间角 $\angle X_1O_1Y_1=\angle X_1O_1Z_1=\angle Y_1O_1Z_1=120°$。作图时，将 O_1Z_1 轴画成铅垂线，O_1X_1、O_1Y_1 轴分别与水平线成 30°角，如图 2—31b 所示。

正等轴测图各轴向伸缩系数均相等，即 $p_1=q_1=r_1=0.82$。为作图方便，通常采用简化的轴向伸缩系数，即 $p=q=r=1$。即作图时，沿各轴向量取的尺寸等于物体上相应轴向线段的实长。这样画出的正等轴测图虽略有放大，但对表达物体的形状并无影响。

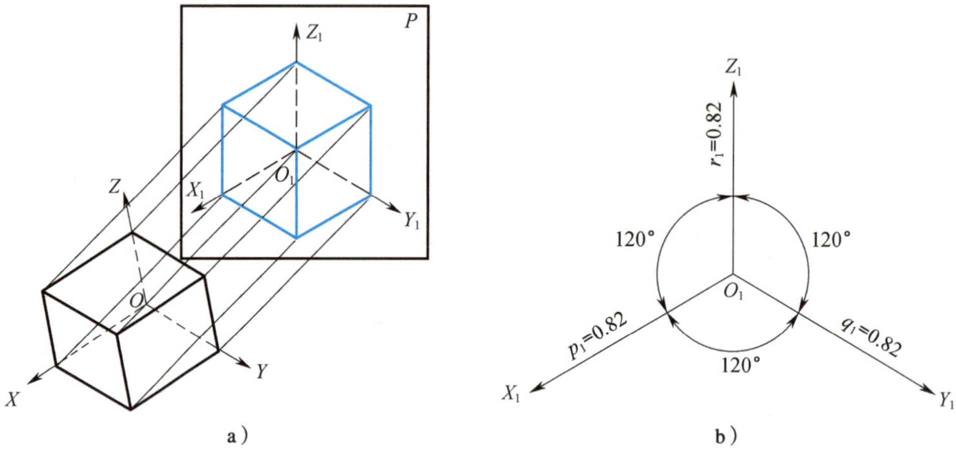

图 2—31　正等轴测图的轴间角和轴向伸缩系数

2. 正等轴测图画法

通常采用坐标法来作轴测图。首先，对物体进行形体分析，在正投影图上确定坐标轴和坐标原点，然后作轴测轴，按物体表面上各顶点或线段端点的坐标作出其轴测投影，再连接相关各点，完成轴测图。

应注意的是：在确定坐标轴和坐标原点时，要考虑作图简便，有利于按坐标关系定位和度量。画轴测图时，一般只画出可见部分，必要时才用细虚线画出不可见部分。

(1) 平面立体正等轴测图画法

【例 2—4】 画出斜铁块的正等轴测图。

分析：如图 2—32 所示为斜铁块的三

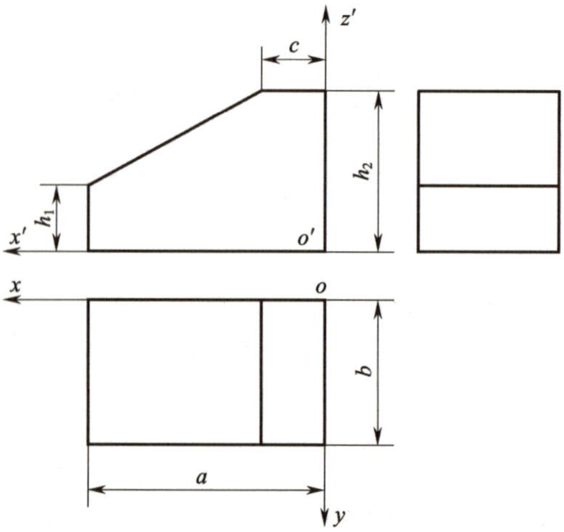

图 2—32　斜铁块三视图

视图，它是由长方体切割而成。选取右后下角作为坐标原点，经过原点的三条棱线与三个坐标轴重合。作图步骤见表 2—18。

表 2—18 斜铁块正等轴测图作图步骤

步 骤	图 例	说 明
1. 画轴测轴，作斜铁块下底面	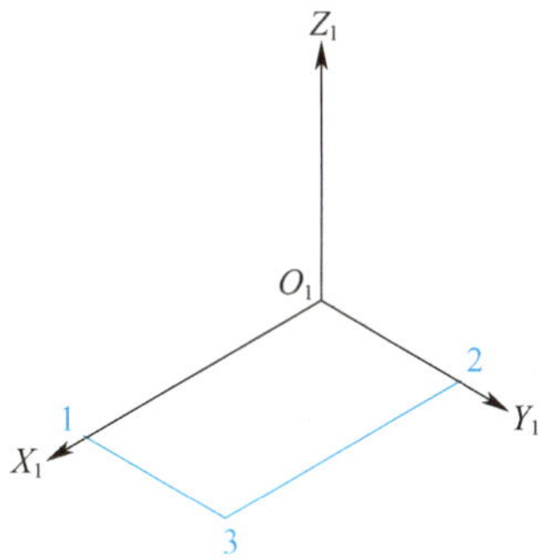	（1）在 O_1X_1 轴上截取 a 得点 1，在 O_1Y_1 轴上截取 b 得点 2 （2）分别过点 1、2 作 O_1Y_1、O_1X_1 轴的平行线，使之相交得点 3
2. 作斜铁块各侧棱	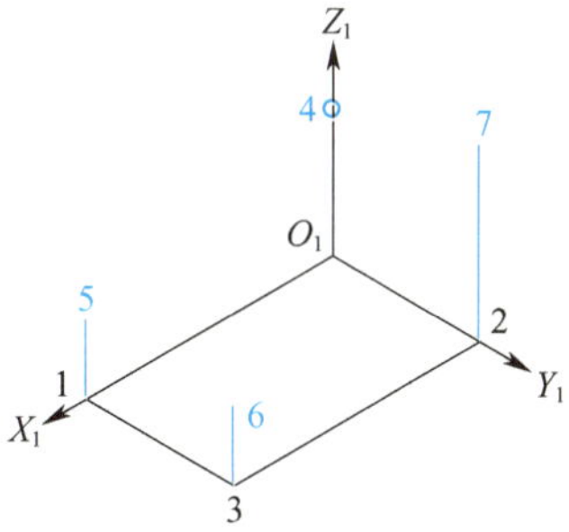	分别过点 1、2、3 作 O_1Z_1 轴的平行线，并分别截取高度 h_1、h_2 和 h_1，得点 5、7、6，在 O_1Z_1 轴上截取 h_2 得点 4
3. 完成斜铁块	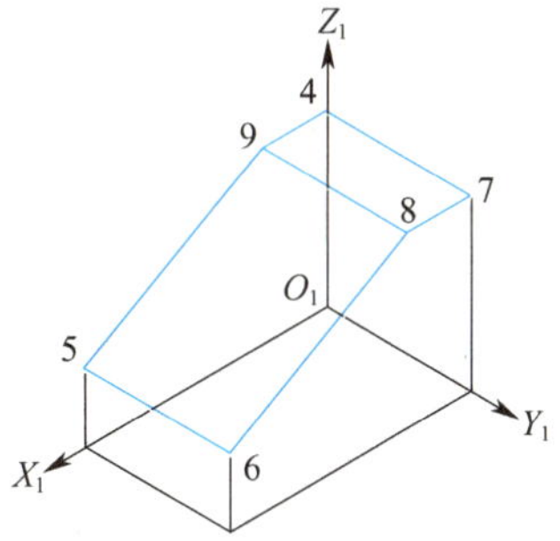	（1）分别过点 4、7 作 O_1X_1 轴的平行线，并分别截取长度 c，得点 9、8 （2）分别连接点 5、6，点 8、9，点 4、7，点 5、9，点 9、4，点 6、8 和点 8、7，完成全图
4. 检查，描深	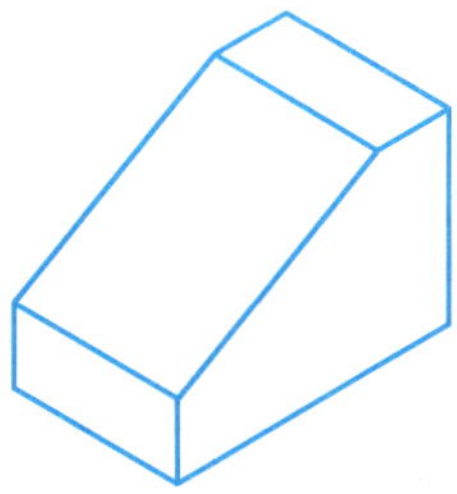	擦去多余图线，按标准描深

【例 2—5】 画正六棱柱的正等轴测图。

分析：如图 2—33 所示为正六棱柱的三视图。为作图简便，将坐标原点定在上底面的中心，并确定如图 2—33 所示坐标轴。作图步骤见表 2—19。

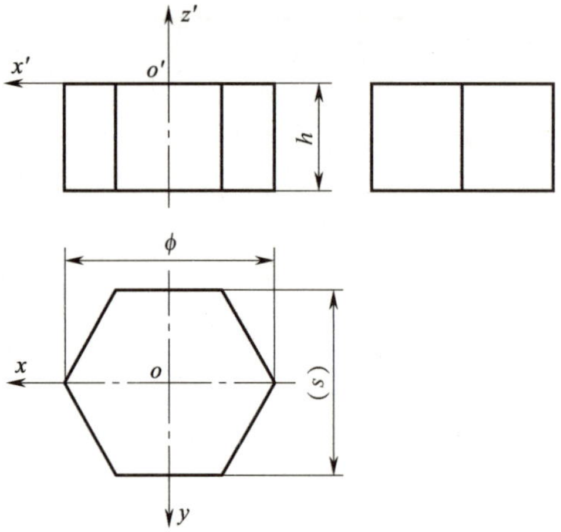

图 2—33　正六棱柱三视图

表 2—19　　正六棱柱正等轴测图作图步骤

步　骤	图　例	说　明
1. 画轴测轴，确定正六棱柱上底面上的点 1、2、3、4	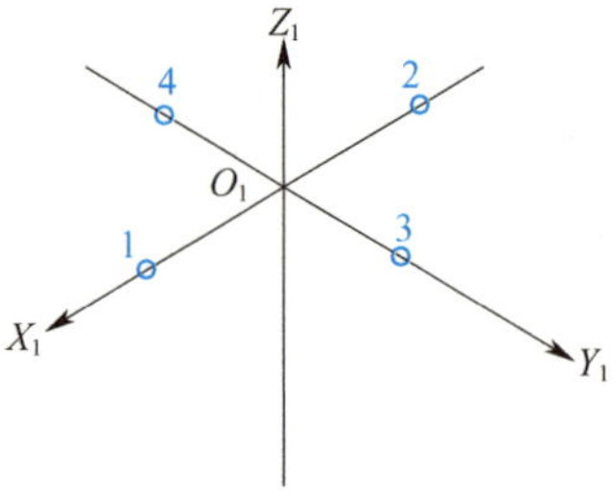	（1）在 O_1X_1 轴上自 O_1 左右各取 $\phi/2$ 得点 1、2 （2）在 O_1Y_1 轴上自 O_1 前后各取 $s/2$ 得点 3、4
2. 完成上底面的轴测图	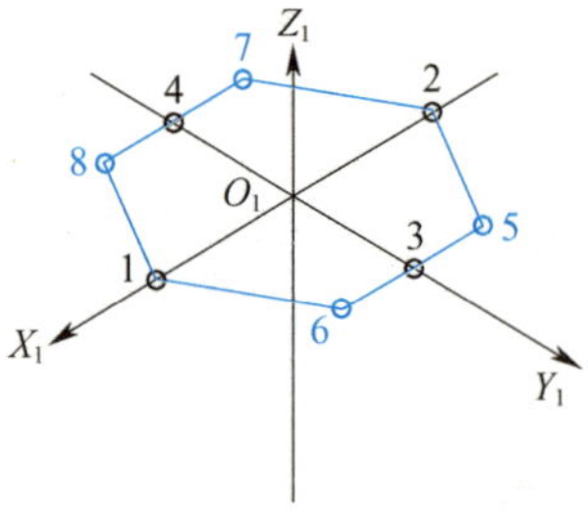	（1）分别过点 3、4 作 O_1X_1 轴的平行线，并分别自 3、4 左右各取边长的一半得点 5、6、7、8 （2）依次连接点 1、6、5、2、7、8 完成六边形
3. 作正六棱柱各侧面	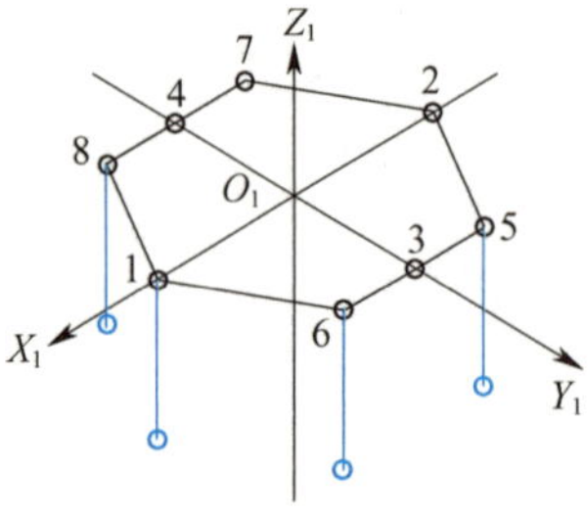	分别过点 8、1、6、5 向下作 O_1Z_1 轴的平行线，并分别截取柱高 h，得下底面各顶点（不可见点不作）

续表

步　骤	图　例	说　明
4. 完成下底面的轴测图	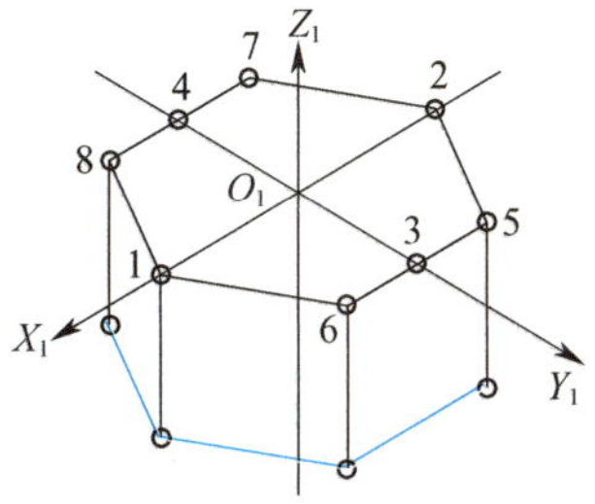	连接下底面各顶点，完成全图
5. 检查，描深	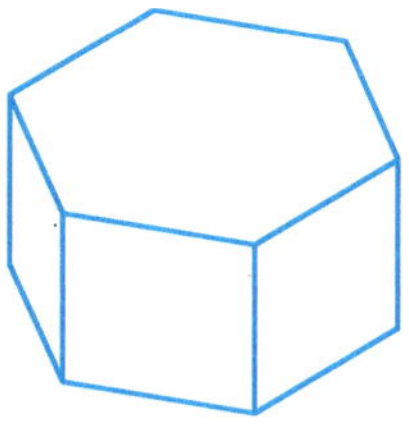	擦去多余图线，按标准描深

【例 2—6】 画四棱台正等轴测图。

分析：如图 2—34 所示为四棱台两视图。为作图简便，将坐标原点定在上底面的中心，并确定如图 2—34 所示坐标轴。作图步骤见表 2—20。

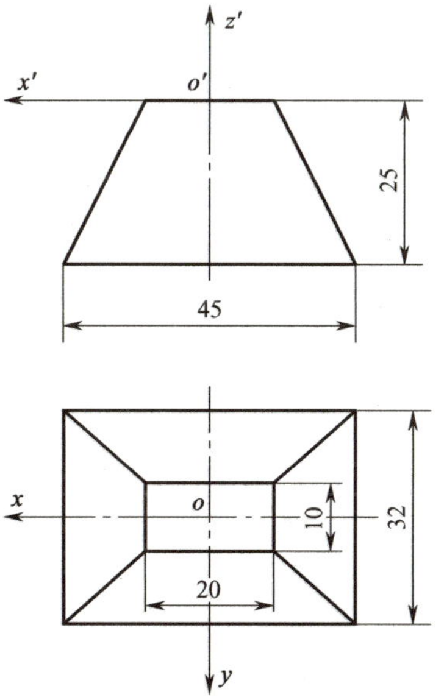

图 2—34　四棱台两视图

表 2—20　　四棱台正等轴测图作图步骤

步　骤	图　例	说　明
1. 画轴测轴，作四棱台上底面	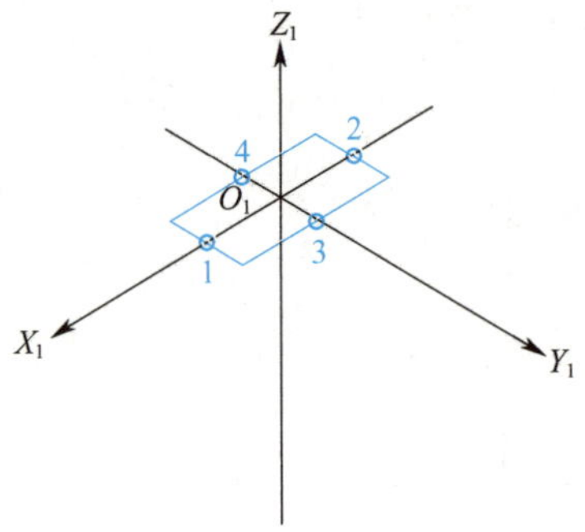	（1）在 O_1X_1 轴上自 O_1 左右各取 10 mm（20 mm/2）得点 1、2，在 O_1Y_1 轴上自 O_1 前后各取 5 mm（10 mm/2）得点 3、4 （2）分别过点 1、2 作 O_1Y_1 轴的平行线，过点 3、4 作 O_1X_1 轴的平行线，得到上底面的轴测图
2. 作四棱台下底面	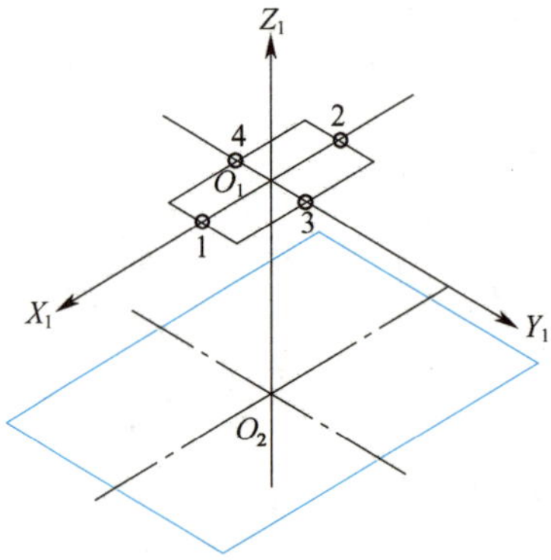	（1）在 O_1Z_1 轴上自点 O_1 向下截取台高 25 mm，得下底面中心 O_2，并作下底面的对称中心线 （2）用相同的方法以长45 mm、宽 32 mm 作出下底面轴测图
3. 作四棱台各侧面并完成全图	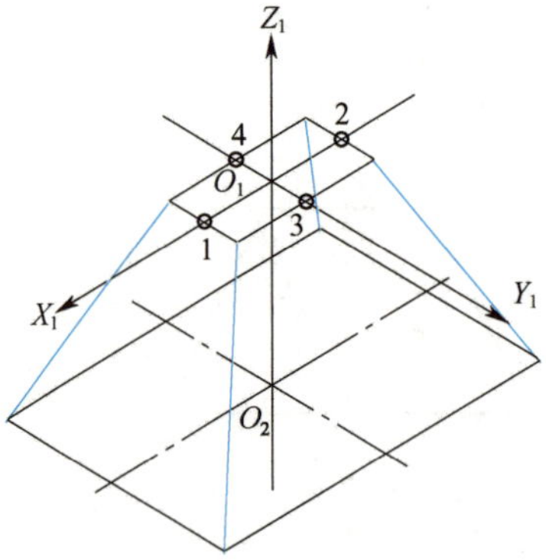	连接上、下底面各对应顶点
4. 检查，描深	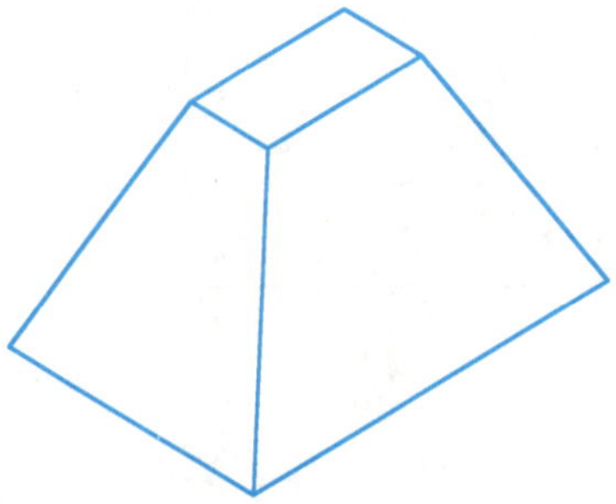	擦去多余图线，按标准描深

(2) 回转体正等轴测图画法

回转体往往具有圆形表面。凡平行于某投影面的圆，其正等轴测图都是椭圆。在作图时，一般不要求准确地画出椭圆曲线，而是采用“菱形法”画近似椭圆。

【例 2—7】画圆柱正等轴测图。

分析：如图 2—35 所示为一直立圆柱，其轴线垂直于 H 面，上、下底面为两个与水平投影面平行且大小相同的圆，在轴测图中均为椭圆。可据其尺寸 ϕ、h 作出两个形状和大小相同、中心距为 h 的椭圆，再作两椭圆的公切线。

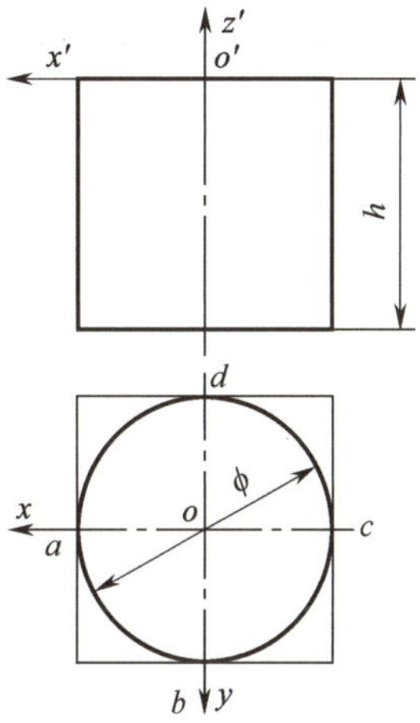

图 2—35　圆柱的两视图

将坐标原点定在圆柱上底面的中心，并确定如图 2—35 所示坐标轴及作圆的外切正方形。作图步骤见表 2—21。

表 2—21　圆柱正等轴测图作图步骤

步　骤	图　例	说　明
1. 画轴测轴，作上底面外切正方形轴测图（菱形）	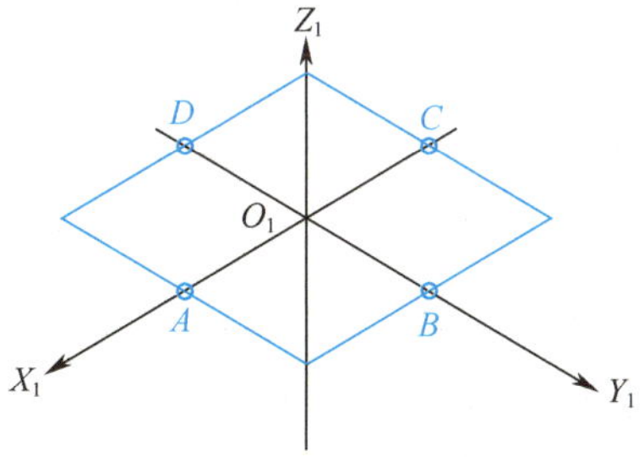	(1) 根据直径 ϕ 在 O_1X_1、O_1Y_1 轴上定出四个切点 A、B、C、D (2) 过四点分别作 O_1X_1、O_1Y_1 轴的平行线，得到菱形
2. 确定椭圆四段圆弧的圆心	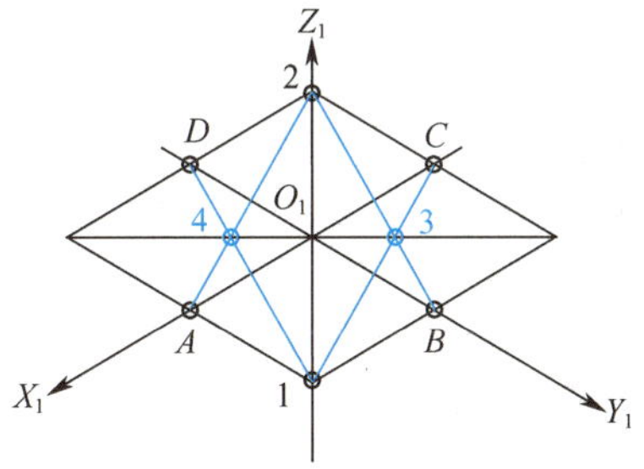	(1) 连接 1C、2B 得交点 3，连接 1D、2A 得交点 4 (2) 1、2、3、4 即为近似椭圆的四段圆弧的圆心
3. 完成上底面椭圆	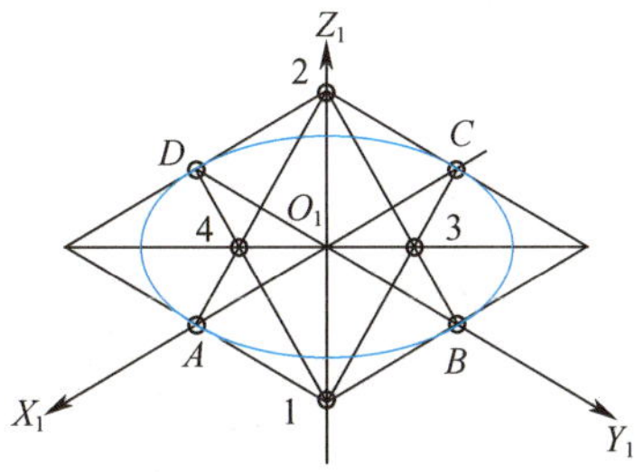	(1) 分别以 1、2 为圆心，以 1C 为半径作 $\overset{\frown}{CD}$ 和 $\overset{\frown}{AB}$ (2) 分别以 3、4 为圆心，以 3B 为半径作 $\overset{\frown}{BC}$ 和 $\overset{\frown}{AD}$

续表

步骤	图例	说明
4. 作下底面椭圆	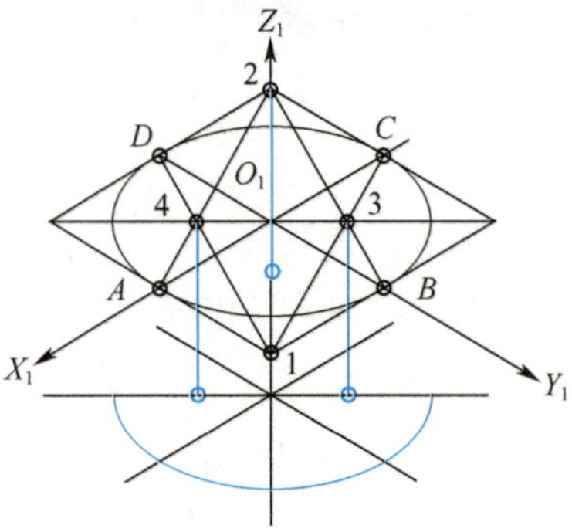	将三个圆心 2、3、4 沿 O_1Z_1 轴向下平移距离 h，作出下底面椭圆（只画可见圆弧）
5. 作两椭圆公切线，完成圆柱轴测图	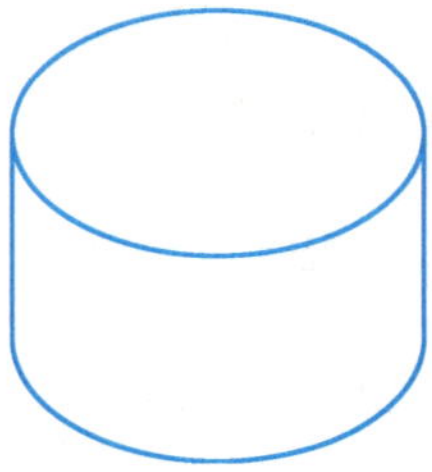	擦去多余图线并描深

另外，当圆柱轴线垂直于 V、W 面时，其轴测图画法与上述相同，只是圆平面内所含的轴测轴分别为 O_1X_1、O_1Z_1 和 O_1Y_1、O_1Z_1，如图 2—36 所示。

【例 2—8】 画带圆角平板的正等轴测图。

分析：机件上常有 1/4 圆柱面组成的圆角轮廓，如图 2—37 所示，其正等轴测图恰好是上述近似椭圆四段圆弧中的一段。具体作图步骤见表 2—22。

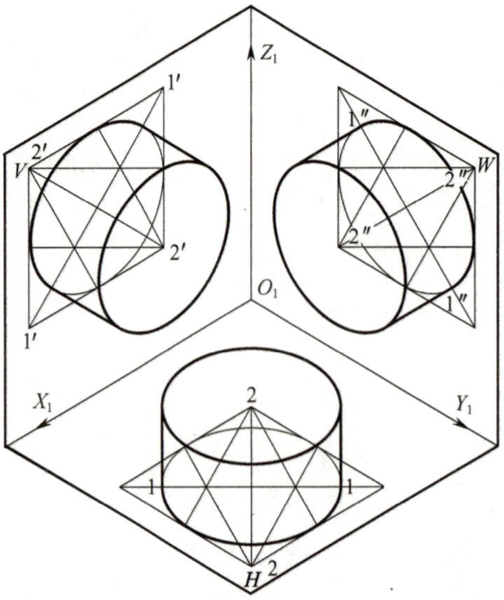

图 2—36　不同方向圆柱的正等轴测图

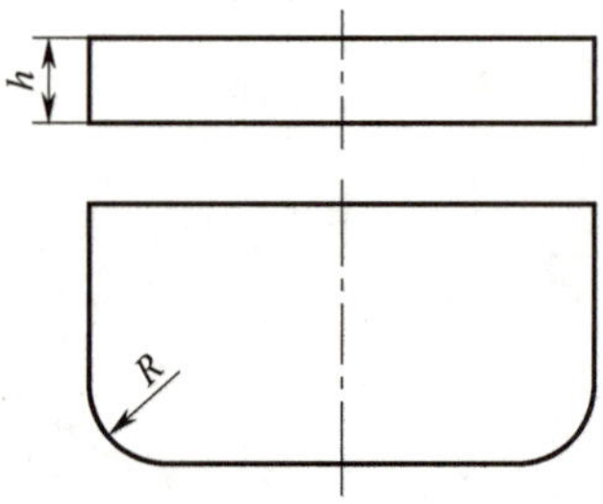

图 2—37　带圆角平板

表 2—22　　带圆角平板正等轴测图的作图步骤

步　骤	图　例	说　明
1. 作平板轴测图，找出平板上底面两圆弧与相应棱线的切点 1、2、3、4	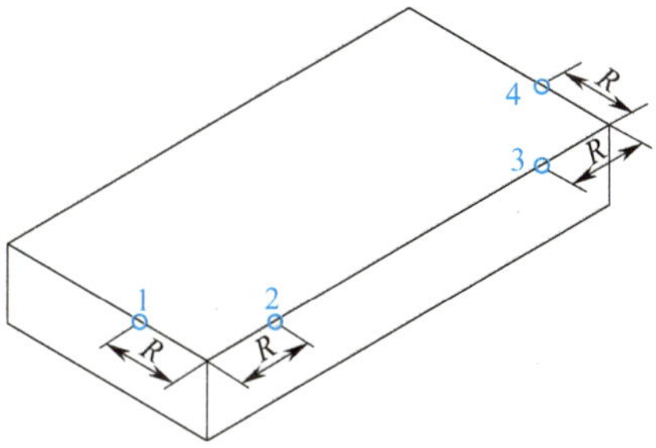	在平板左前角和右前角的上底面棱线上，分别量取圆角半径 R，得到点 1、2、3、4
2. 确定两圆弧的圆心 O_1、O_2，并完成上底面两圆弧	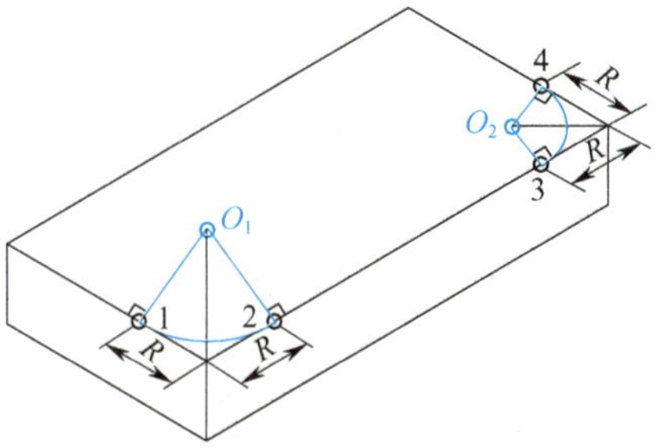	（1）过切点 1、2、3、4 分别作相应棱线的垂线得交点 O_1、O_2 （2）以 O_1 为圆心，以 $O_1$1 为半径画 $\overset{\frown}{12}$；以 O_2 为圆心，以 $O_2$3 为半径画 $\overset{\frown}{34}$
3. 作平板下底面两圆弧并完成全图	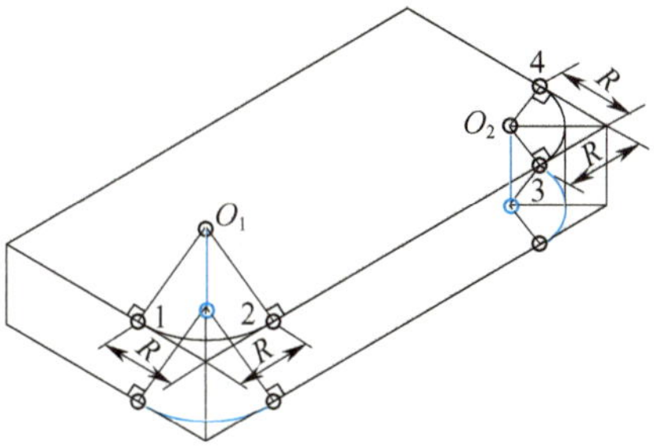	（1）将圆心 O_1、O_2 及切点 1、2、3、4 垂直下移平板厚度 h，用与上底面相同的半径画弧 （2）在平板右前角作上、下小圆弧的公切线
4. 检查，描深	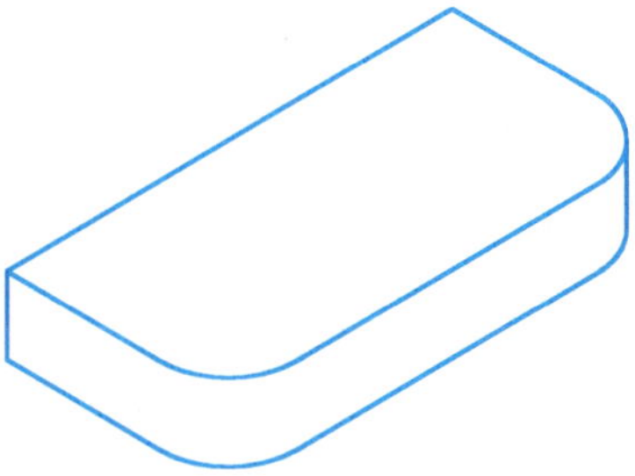	擦去多余图线，并描深可见部分轮廓线

三、斜二轴测图

1. 轴间角和轴向伸缩系数

将物体连同确定其空间位置的直角坐标系，用斜投影法投射到与正投影面（*XOZ* 面）平行的轴测投影面上，所得到的轴测图称为斜二轴测图，简称斜二测，如图 2—38 所示。

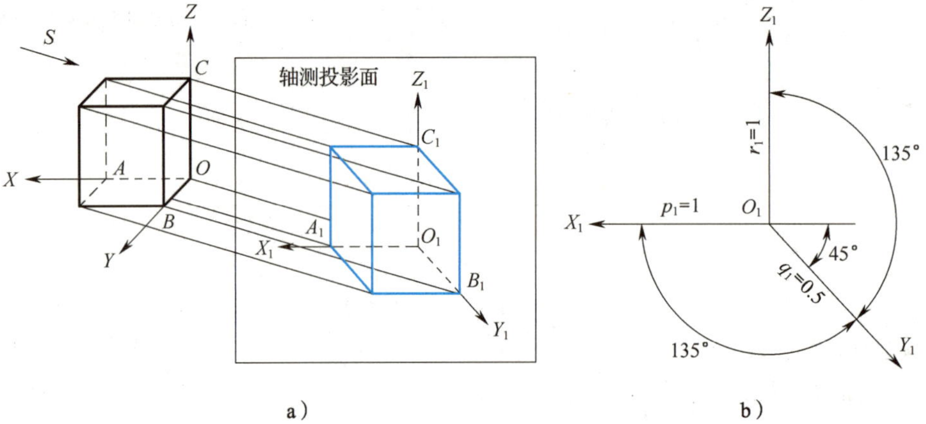

图 2—38　斜二轴测图

a）斜二轴测图的形成　b）轴间角和轴向伸缩系数

由于正投影面与轴测投影面平行，所以轴测轴 O_1X_1、O_1Z_1 仍分别为水平方向和垂直方向，其轴向伸缩系数 $p_1=r_1=1$；轴测轴 O_1Y_1 取与水平线成 45°，其轴向伸缩系数 $q_1=1/2$，如图 2—38 所示。

2. 斜二轴测图的画法

由斜二轴测图的形成可知，凡物体上平行于 *XOZ* 坐标面的直线和平面图形，在斜二轴测图中都反映实长和实形。当物体上有较多的圆或其他曲线平行于 *XOZ* 坐标面时，采用斜二轴测图作图比较简便。

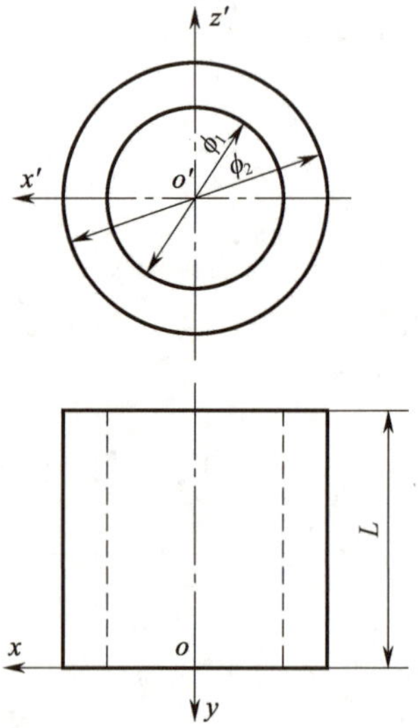

图 2—39　圆筒两视图

【例 2—9】 画如图 2—39 所示圆筒的斜二轴测图。

分析：圆筒的前后端面及孔口都是圆。因此，将前后端面平行于正投影面放置，作图较简便。坐标原点及坐标轴的设置如图 2—39 所示。作图步骤见表 2—23。

表 2—23　　圆筒斜二轴测图作图步骤

步　骤	图　例	说　明
1. 画轴测轴，作前端面的轴测图	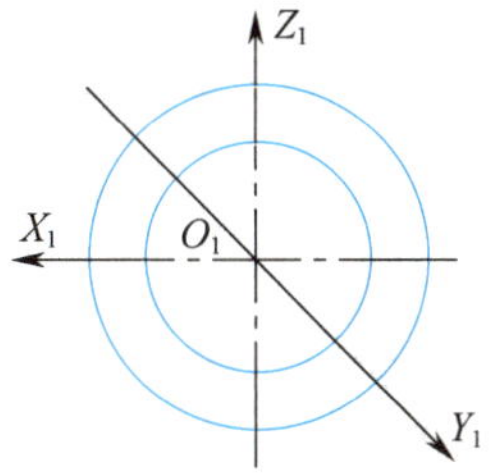	以 O_1 为圆心，$\phi_1/2$、$\phi_2/2$ 为半径画圆，完成前端面
2. 作后端面的轴测图	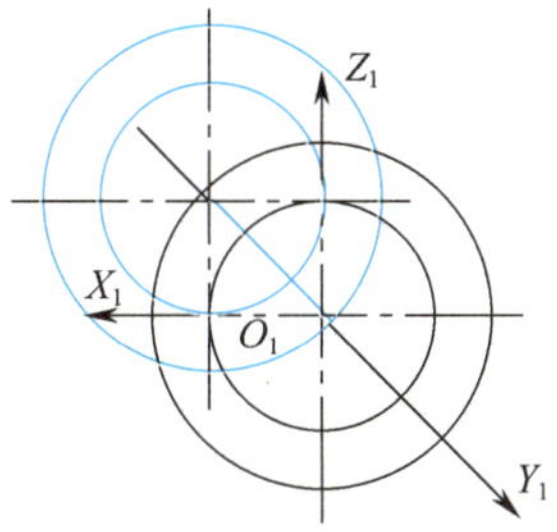	在 O_1Y_1 轴上，由 O_1 往后截取 $L/2$，得后端面圆心并作后端面的两个圆
3. 作圆的公切线，并完成全图	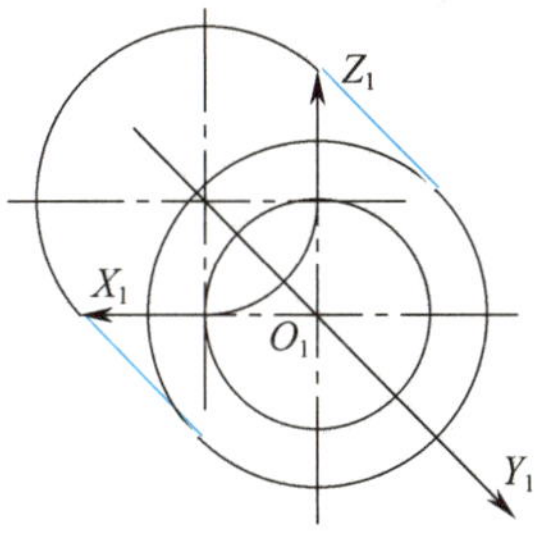	（1）作前、后端面外圆公切线 （2）擦去后端面内、外圆不可见部分
4. 检查，描深	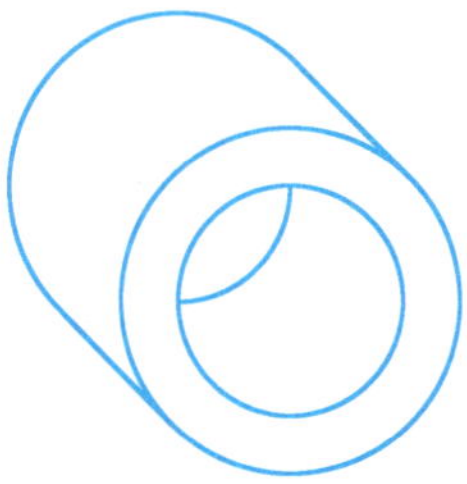	擦去多余图线并描深

【例 2—10】画如图 2—40 所示支座的斜二轴测图。

分析：支座的基本形状是由上部的半圆柱和下部的棱柱组成。其前、后表面均平行于正投影面，因此，作斜二轴测图较为简便。坐标原点及坐标轴的设置如图 2—40 所示。作图步骤见表 2—24。

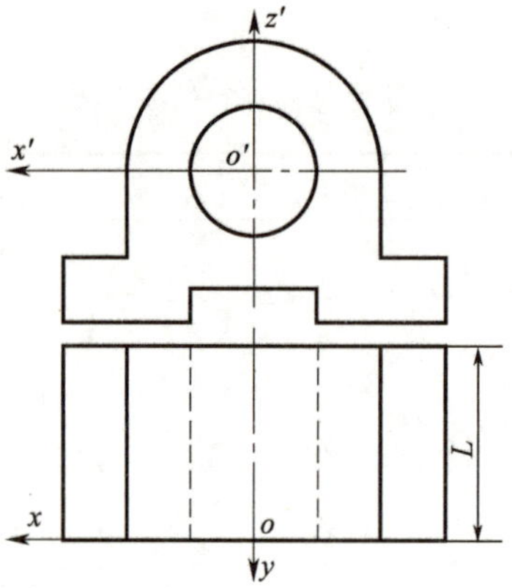

图 2—40　支座两视图

表 2—24　　　　支座斜二轴测图作图步骤

步　骤	图　例	说　明
1. 画轴测轴，作前端面的轴测图	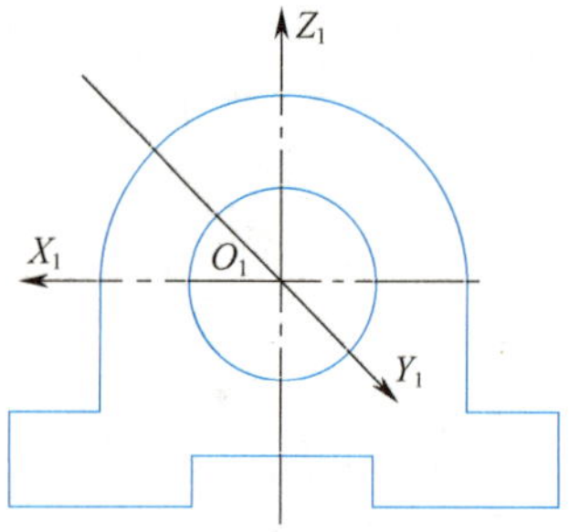	以 O_1 为圆心按 1∶1 作前端面图形
2. 作后端面的轴测图	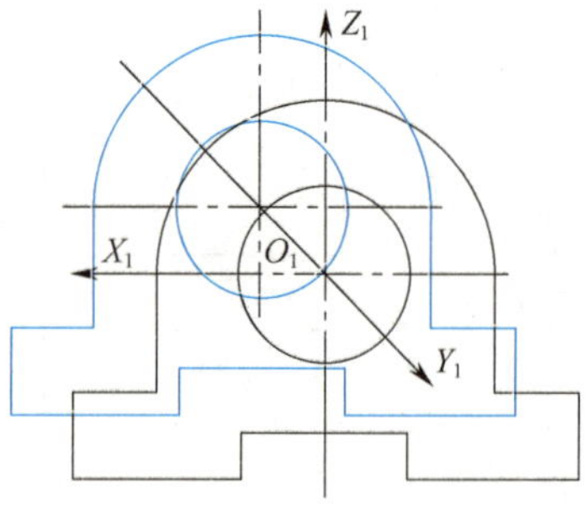	在 O_1Y_1 轴上，由 O_1 往后截取 $L/2$，得后端面圆的圆心并按 1∶1 作后端面图形
3. 作公切线和宽度方向的棱线，擦去不可见轮廓线	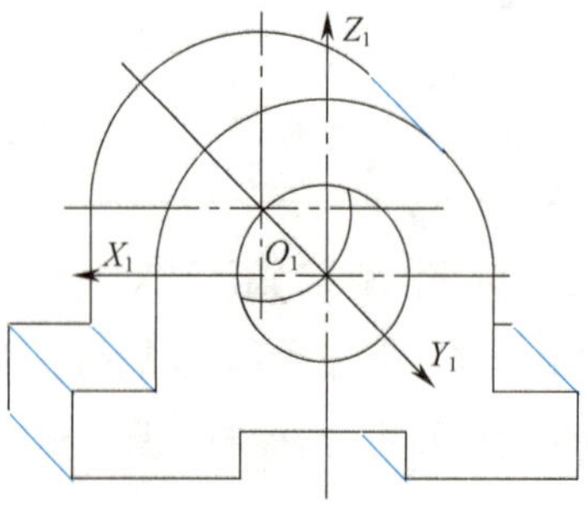	（1）作前、后两半圆弧的公切线并连接前、后端面各对应顶点 （2）擦去后端面不可见轮廓线

续表

步　骤	图　例	说　明
4. 检查，描深	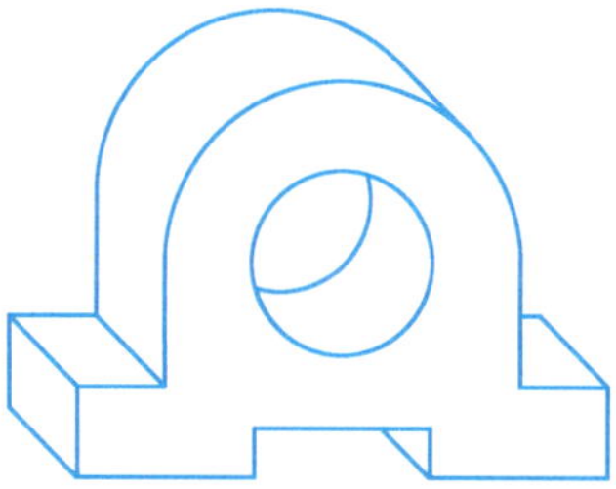	擦去多余图线并描深

§2—5　组　合　体

学习目标

1. 能利用形体分析法和线面分析法绘制和识读组合体的三视图。

2. 了解尺寸的分类，掌握常见形体的尺寸标注方法，并能识读组合体三视图上的尺寸。

3. 通过本课题的学习，进一步提高读图能力。

在汽车零件中，很少看到由基本体单独形成的零件，大多数零件从形状、结构上分析，都可以看作是由基本体组合而成。这种由两个或两个以上的基本体叠加，或者由一个基本体切去若干个部分，或者既叠加又切割而形成的物体称为组合体。

组合体分为叠加型、切割型和综合型三种。叠加型组合体可看成是由若干个基本体堆积而成，如图 2—41a 所示。切割型组合体是将一个完整的基本体用平面或曲面切去某部分（如切角、挖槽、穿孔等）而形成的，如图 2—41b 所示。而多数组合体是既有叠加又有切割的综合型，如图 2—41c 所示。

图 2—41　组合体的组合形式

a）叠加型　b）切割型　c）综合型

一、形体分析法

在对组合体进行画图、读图和标注尺寸的过程中，通常假想把组合体分解成若干个部分，并分析各部分的形状、相对位置、组合形式和表面连接关系，这种分析方法称为形体分析法。

如图 2—42a 所示的轴承座，可看成是由两个尺寸不同的四棱柱和一个半圆柱叠加之后再挖出四个小圆柱而形成的，如图 2—42b、c 所示。

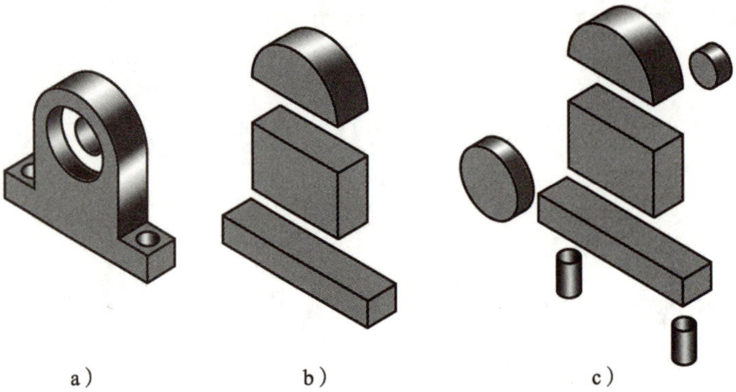

a)　　b)　　c)

图 2—42　轴承座形体分析

绘图、读图和标注尺寸时经常要用到形体分析法，因此掌握这种方法非常重要。

二、组合体的表面连接关系

构成组合体的各基本体表面之间可能形成共面、相切或相交三种连接关系，如图 2—43 所示。不同的表面连接关系的画法是不一样的，具体内容见表 2—25。

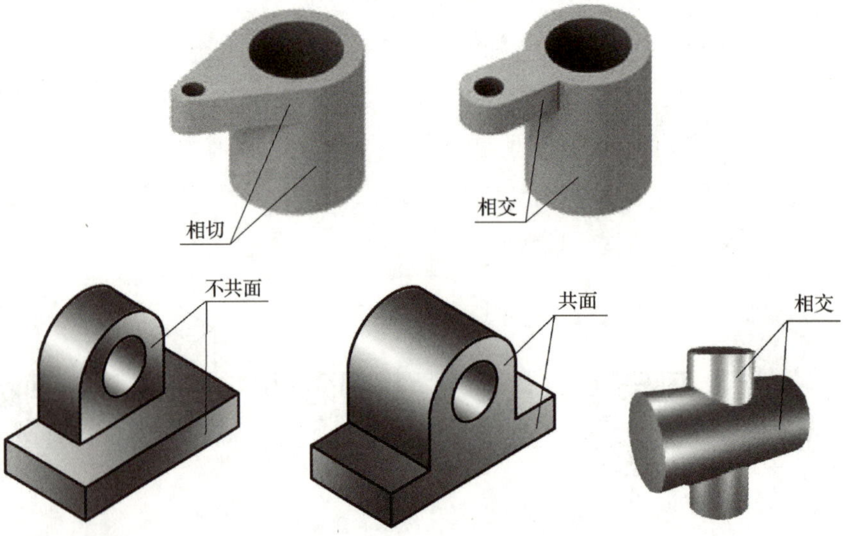

图 2—43　表面连接关系

表 2—25　　组合体的表面连接关系

类　型	图　例	说　明
1. 共面	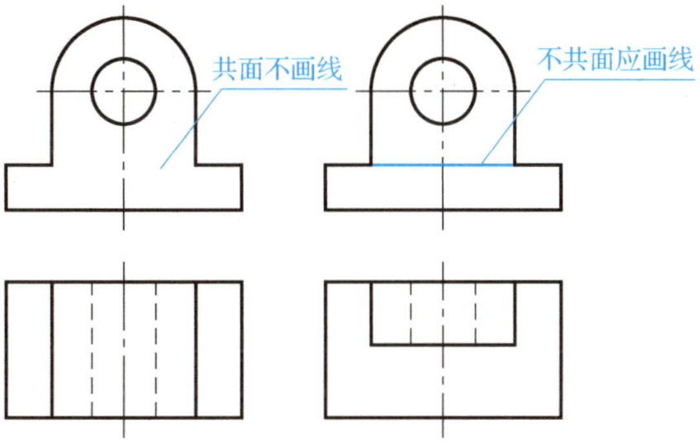 a)　b)	（1）两形体相邻表面在同一个平面内称为共面。共面处不应有两表面的分界线，如图 a 所示 （2）若相邻表面不共面，则视图中应有线隔开，如图 b 所示
2. 相切	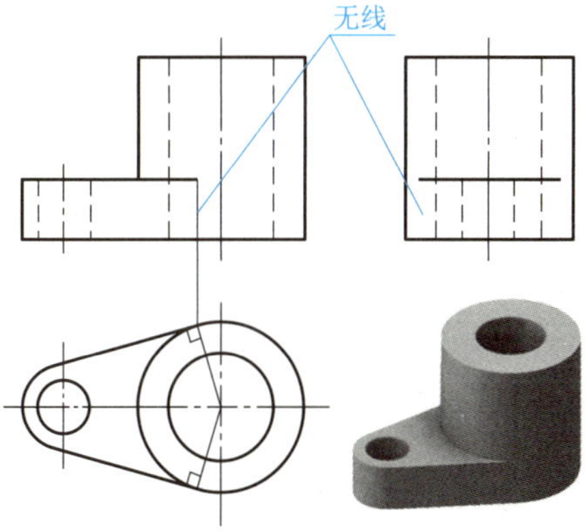	当平面与曲面或两曲面相切时，由于其连接处为光滑过渡，没有轮廓线，所以，在相切处不应画出分界线
3. 相交	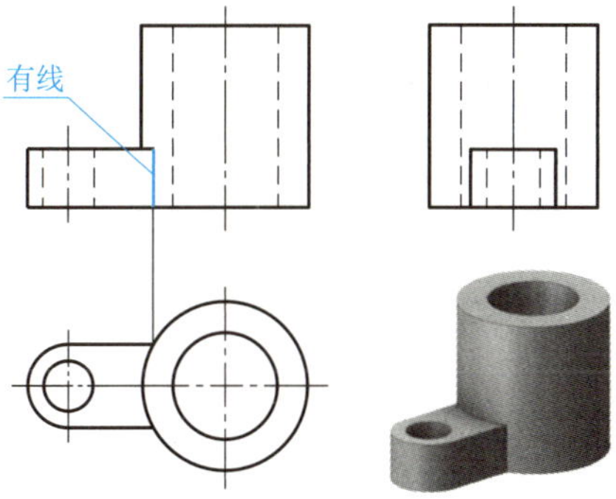	当两表面相交时，在相交处必须画出其交线（前面所讲截交线和相贯线均属表面交线），不得遗漏

三、画组合体三视图的方法

画组合体三视图的基本方法主要是形体分析法，而对于切割型组合体，在形体分析时，常辅以线面分析法。所谓线面分析法，是指根据形体某条棱线或某表面的投影特性来分析组合体表面的性质、形状和相对位置，从而完成画图和读图的方法。下面分别以图 2—44 所示支座和图 2—45 所示切割四棱柱为例，说明绘制组合体三视图的方法和步骤。

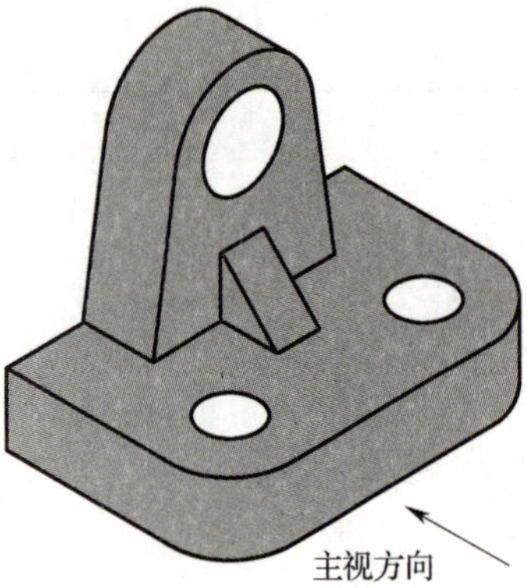

图 2—44　支座

图 2—45　切割四棱柱

为能迅速而准确地画出组合体的三视图，画底稿时应注意以下几点。

(1) 画图的先后顺序。一般应从形状特征明显的视图入手。先画主要部分，后画次要部分；先画可见部分，后画不可见部分；先画圆或圆弧，后画直线。

(2) 画图时，物体的每个组成部分应是三个视图配合着同时进行，也就是说，不要把一个视图画完后再画另一个视图。这样，不但可以提高绘图速度，还能避免漏线、多线。

(3) 不同类型的组合体的画法不一样。叠加、综合型组合体的画法：先主后次，逐个添加。即将组合体的组成部分，按先主后次的顺序逐个画出它们的三视图。图 2—44 所示支座即是此例，其作图步骤见表 2—26。切割型组合体的画法：先画整体，再逐块切割。即先画出切割之前基本形体的三视图，然后再按先主后次的顺序，逐步画出切去部分的三视图，并应先画切割面的积聚性投影，同时注意切割面投影的类似性。图 2—45 所示切割四棱柱即是此例，其作图步骤见表 2—27。

表 2—26　　支座三视图的作图步骤

步　骤	图　例	说　明
1. 形体分析与主视图的选择	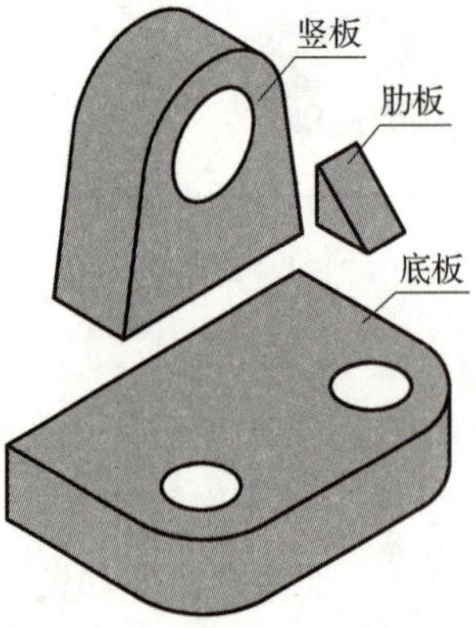	(1) 支座主要由底板、竖板和肋板叠加而成。底板与竖板的后表面共面，支座总体是左右对称结构 (2) 主视图一般应能明显地反映物体的主要特征，并力求使主要平面和投影面平行，以便使投影获得实形，如图 2—44 所示

续表

步　骤	图　例	说　明
2. 选比例，定图幅，布置视图并画基准线	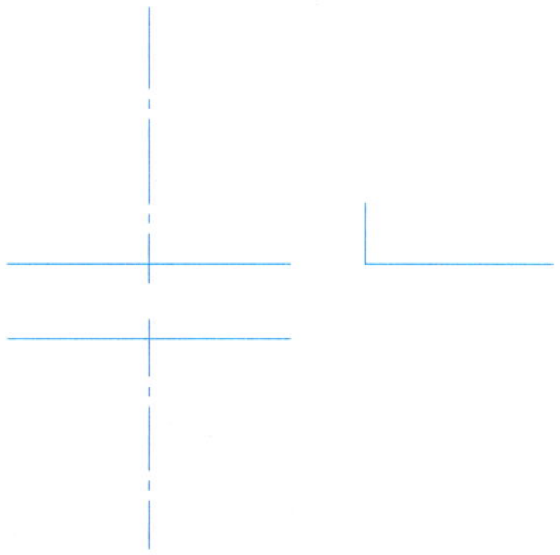	（1）要根据物体的大小和复杂程度，按标准规定选定作图比例和图幅，并给标注尺寸和画标题栏留出余地 （2）基准线就是画图的起点线，视图之间要留出适当距离
3. 画底板三视图	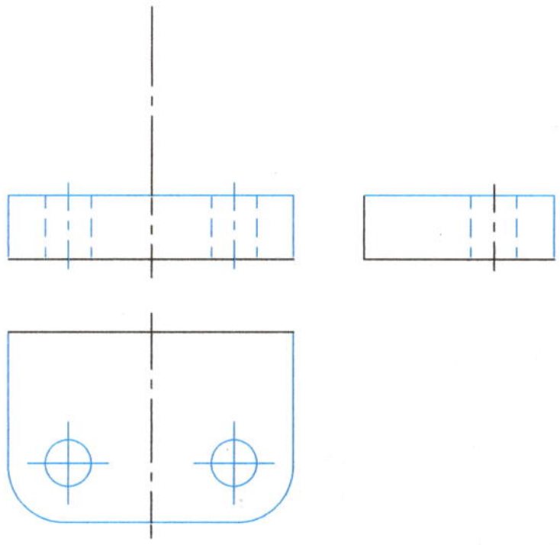	（1）应先从形状特征明显的俯视图入手 （2）先画底板的主要轮廓，再画圆角及孔的投影
4. 画竖板三视图	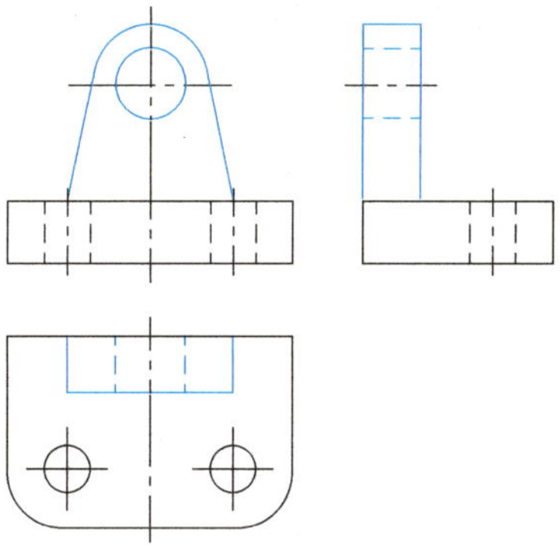	（1）应先从主视图入手，由竖板中心高定圆心，画圆和圆弧，再作切线 （2）注意相切处无线
5. 画肋板三视图	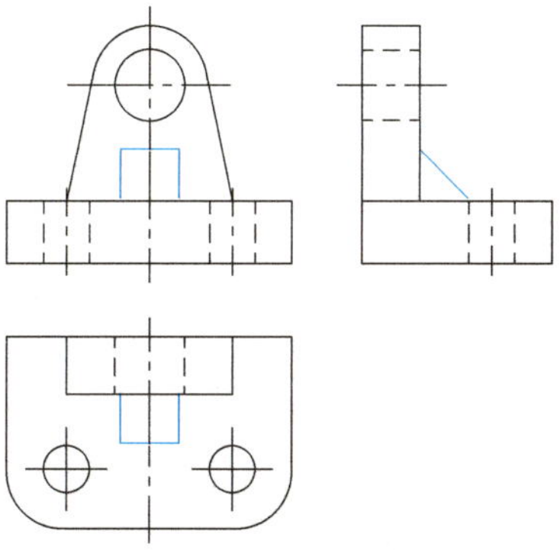	应先从左视图入手

续表

步　骤	图　例	说　明
6. 检查，描深	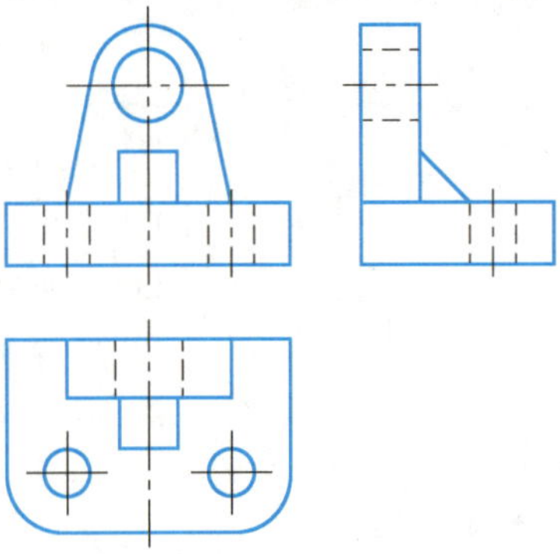	擦去多余图线，按标准描深

表 2—27　　切割四棱柱三视图的作图步骤

步　骤	图　例	说　明
1. 形体分析与主视图的选择	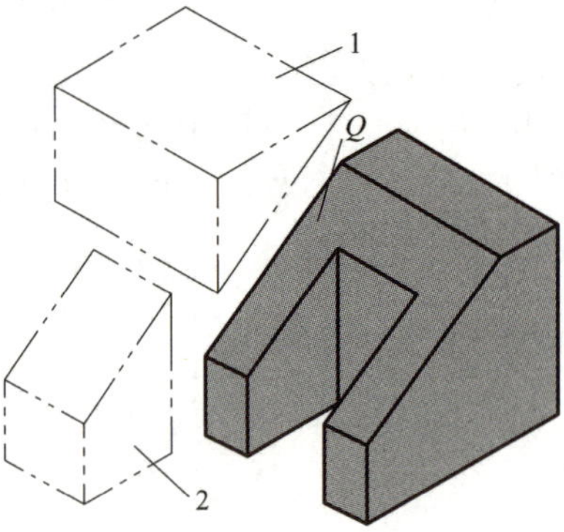	该组合体是由四棱柱切去基本体 1、2 而形成。其中应着重分析呈“凹”字形的 Q 面，该面垂直于正投影面，与水平投影面及侧投影面倾斜，因此，其正面投影有积聚性，水平投影及侧面投影为原实形的类似形
2. 布置视图并画基准线	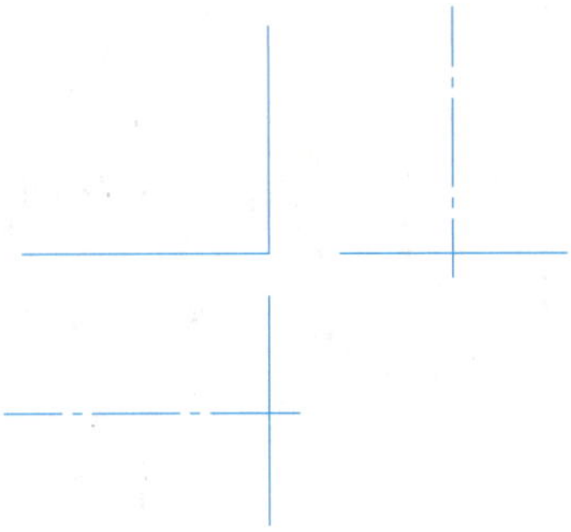	（1）视图之间留出适当距离 （2）因结构前后对称，故其宽度基准为前后对称面
3. 画切割前基本体三视图	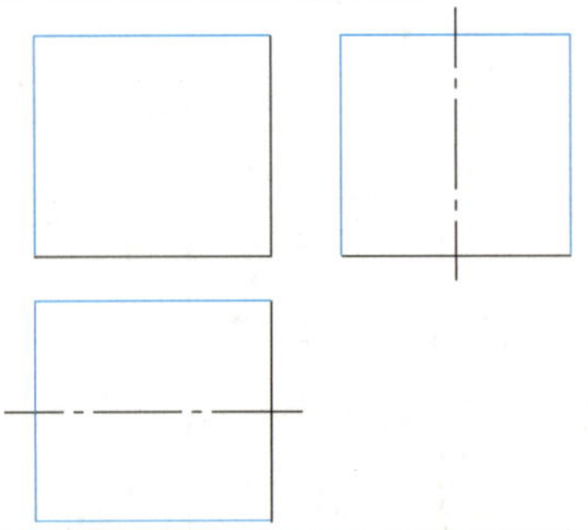	根据四棱柱总长、总宽、总高绘制三视图

续表

步　骤	图　例	说　明
4. 切去左上角三棱锥	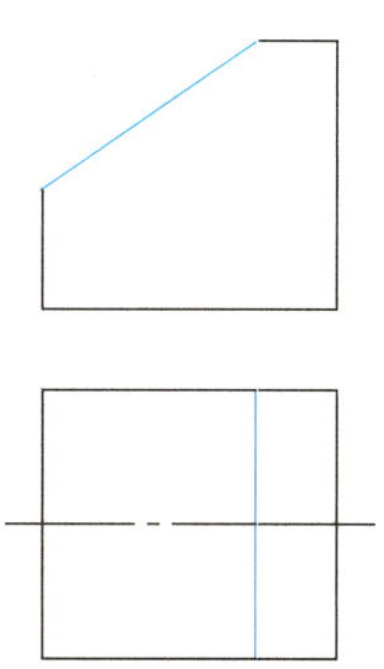	应先从主视图入手，画切割面的投影（积聚为一条直线）
5. 开方槽	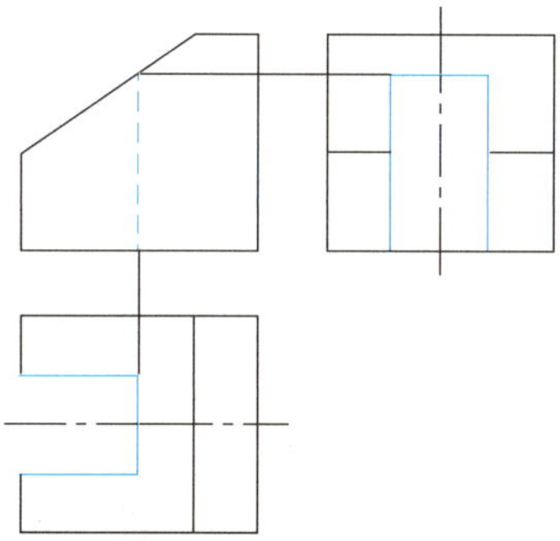	注意画图顺序，应先从俯视图入手： （1）因形成方槽的三个切割面在俯视图中均表现为积聚性，故应先画方槽的俯视图 （2）由“长对正”画主视图中的细虚线 （3）由“高平齐、宽相等”确定方槽的左视图
6. 检查，描深	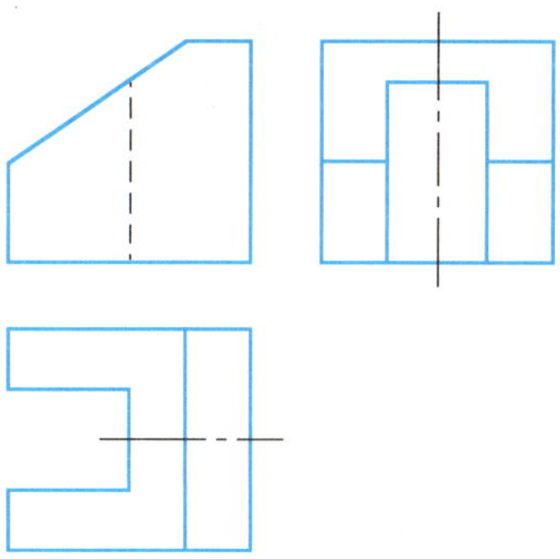	擦去多余图线，按标准描深

四、组合体的尺寸标注

视图仅能表达物体的形状，而其大小还需由尺寸来确定。组合体尺寸标注的基本要求是正确、完整、清晰。正确是指尺寸标注要符合国家标准的规定，尺寸数值正确；完整是指标注尺寸要齐全，既不遗漏也不多余；清晰是指尺寸布局合理美观、整齐清楚、便于看图。在这里着重讨论尺寸标注如何做到完整、清晰。

1. 尺寸标注要完整

组合体通常要标注以下三类尺寸。

（1）定形尺寸

定形尺寸是指确定组合体中各基本形体大小的尺寸。如图 2—46 所示，确定底板大小的定形尺寸有长 48、宽 32、高 10 和圆孔直径 2×ϕ12 等。

（2）定位尺寸

定位尺寸分两种情况，一是组合体某组成部分内部用以确定局部结构位置的尺寸，如图 2—46 中底板上用以确定两圆孔位置的尺寸 26、24；二是用以确定组合体各组成部分相对位置的尺寸，如图 2—46 所示的 30。

标注定位尺寸需选定尺寸基准。尺寸基准即标注尺寸的起点。组合体长、宽、高三个方向均应有尺寸基准。一般采用组合体的对称平面、底面、重要端面、主要孔的回转轴线等作为尺寸基准。如图 2—47 所示轴承座中，左右对称面为长度方向的尺寸基准，底板和竖板的后表面为宽度方向的尺寸基准，底板的底面为高度方向的尺寸基准。

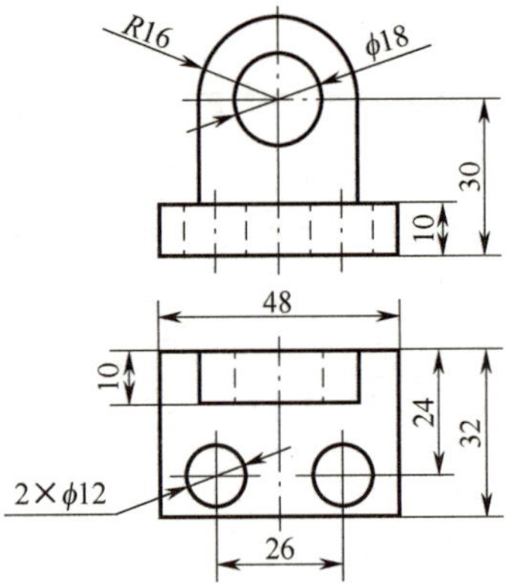

图 2—46　支架的尺寸标注

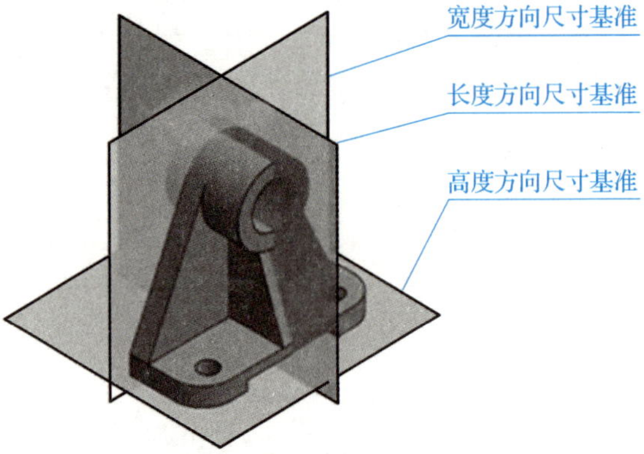

图 2—47　轴承座的尺寸基准

（3）总体尺寸

总体尺寸是指组合体的总长、总宽、总高尺寸。有时总体尺寸会被某个定形尺寸所代替，如图 2—46 中支架的总长和总宽也就是底板的长和宽；对于端部具有圆弧形状的组合体，为了突出圆弧中心或孔的轴线位置，注出定位尺寸后，一般不再注出该方向的总体尺寸，如图 2—46 所示，支架的总高就不必标注。

为使组合体尺寸标注完整，通常采用形体分析法，将组合体分解成若干个部分，先标注组合体各组成部分的定形尺寸和定位尺寸，再标注各组成部分之间的定位尺寸，最后标注组合体的总体尺寸。切割型组合体需先标注切割前基本形体的尺寸，再标注切去部分的定形尺寸和定位尺寸。现以图 2—46 所示支架为例，说明组合体尺寸标注的方法和步骤，其具体内容见表 2—28。

表 2—28　　组合体的尺寸标注

步　骤	图　例	说　明
1. 形体分析	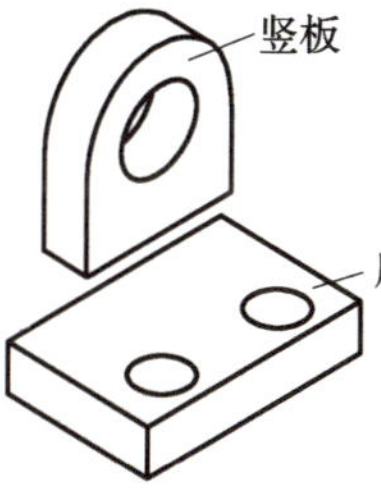	支架可分为底板和竖板两部分
2. 确定尺寸基准	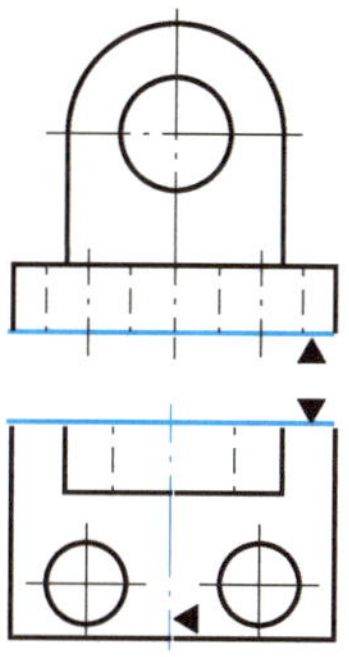	图中“▲”所指即该形体的尺寸基准
3. 标注底板的定形尺寸和定位尺寸	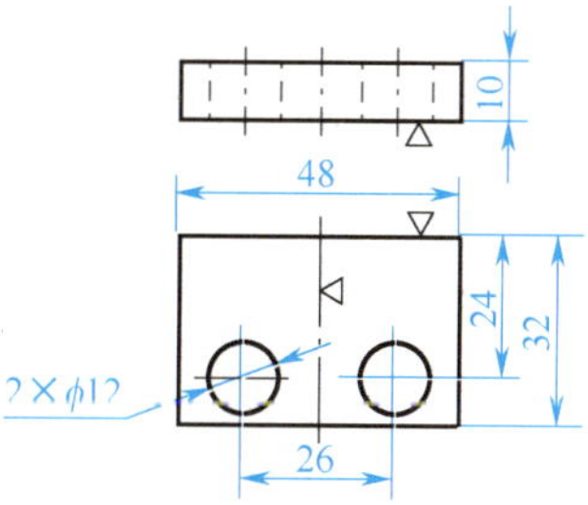	图中“△”所指为底板本身的尺寸基准
4. 标注竖板的定形尺寸和定位尺寸	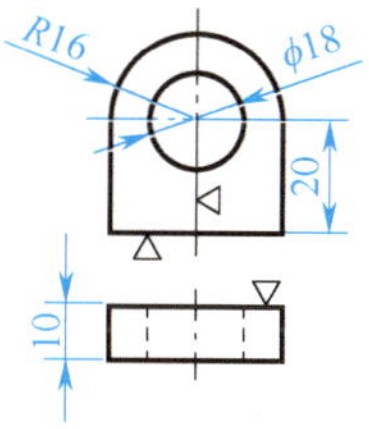	图中“△”所指为竖板本身的尺寸基准
5. 标注底板和竖板之间的定位尺寸	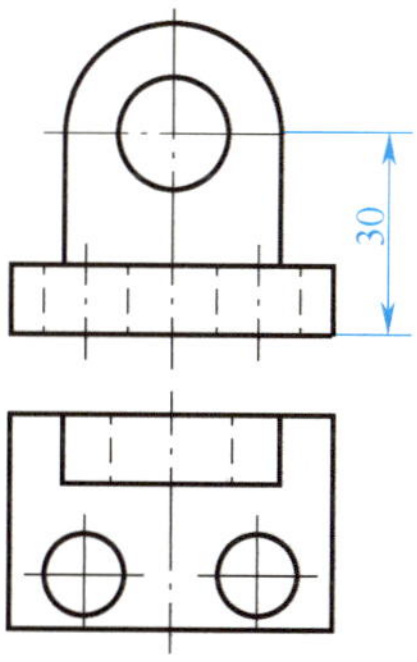	（1）因为底板和竖板本身的长、宽方向的尺寸基准，分别与组合体长、宽方向的尺寸基准重合，所以这两个方向的定位尺寸省略 （2）高度方向定位尺寸 30 标出后，竖板高度尺寸 20 取消

续表

步　骤	图　例	说　明
6. 整理核对，并考虑总体尺寸的标注	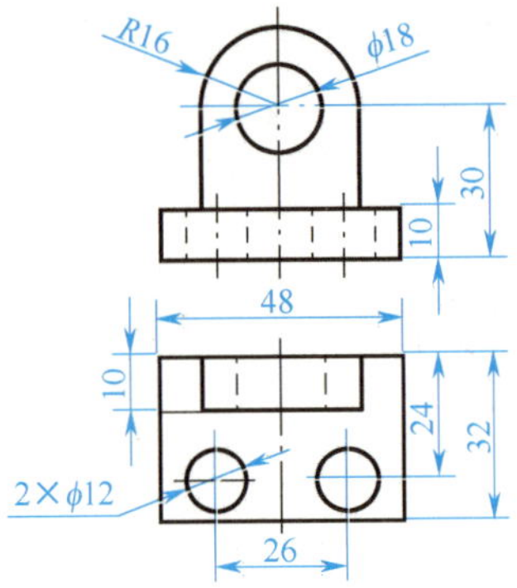	（1）支架的总长和总宽即底板的长和宽 （2）因有定位尺寸 30 和上端圆柱面半径 R16，故总高不必标注

2. 尺寸标注要清晰

为使组合体尺寸标注清晰，应注意以下几点：

（1）尺寸应尽量标注在反映形状特征最明显的视图上，如图 2—48a 所示，尺寸 R_1、R_2 和 L 应标注在主视图上，尺寸 A、B 应标注在俯视图上，尺寸 C、D 应标注在左视图上。

同一形体的定形尺寸和定位尺寸应尽量集中标注，如图 2—48a 所示，竖板上长圆孔的定形尺寸 R_2 和 L 与其定位尺寸 H 应集中标注在主视图上。

（2）尺寸应尽量标注在视图外面，以保证图形的清晰；与两个视图有关的尺寸，最好标注在有关视图之间，便于对照，如图 2—48 所示。

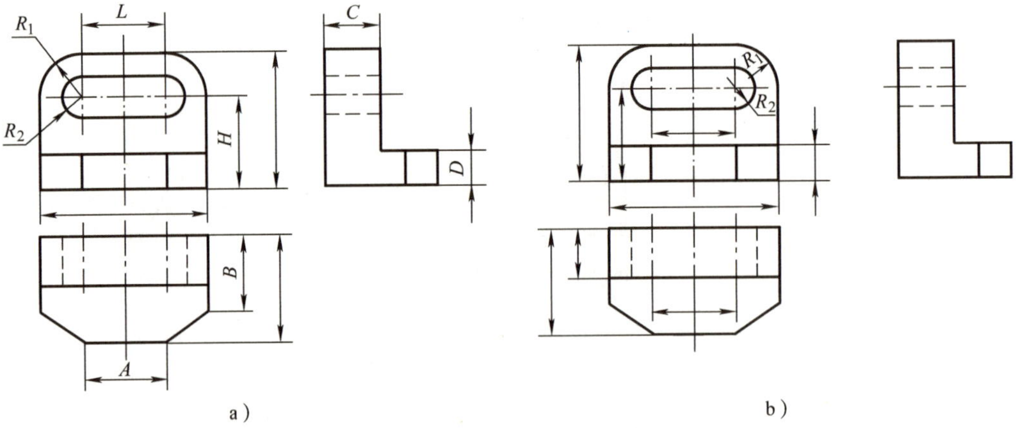

图 2—48　尺寸的布局

a）清晰　b）不清晰

（3）细虚线上尽量不标注尺寸。

（4）同轴回转体的各径向尺寸一般标注在非圆视图上。圆弧半径应标注在投影为圆弧的视图上，如图 2—49 所示。直径相同的孔组，可在直径符号“ϕ”前注明孔数，如图 2—46 中的 2×ϕ12；但在同一平面上半径相同的圆角，不必注出数目，如图 2—48a 中的 R_1。

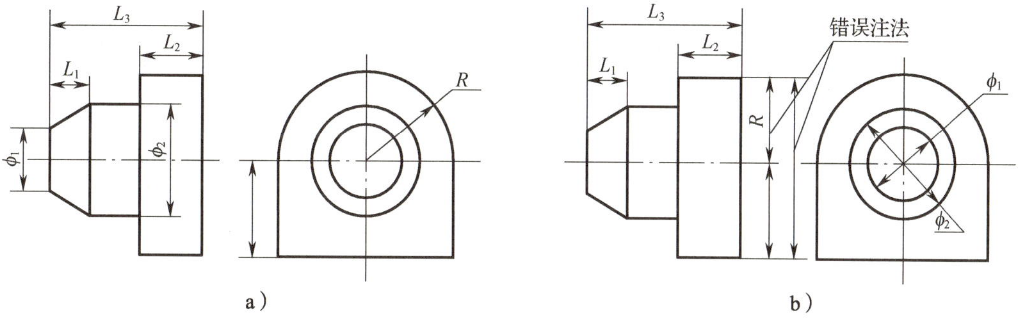

图 2—49　同轴回转体的尺寸标注

a）清晰　b）不清晰

3. 常见结构的尺寸标注

要掌握组合体的尺寸标注，还应熟悉一些常见结构的尺寸标注，如图 2—50 所示。

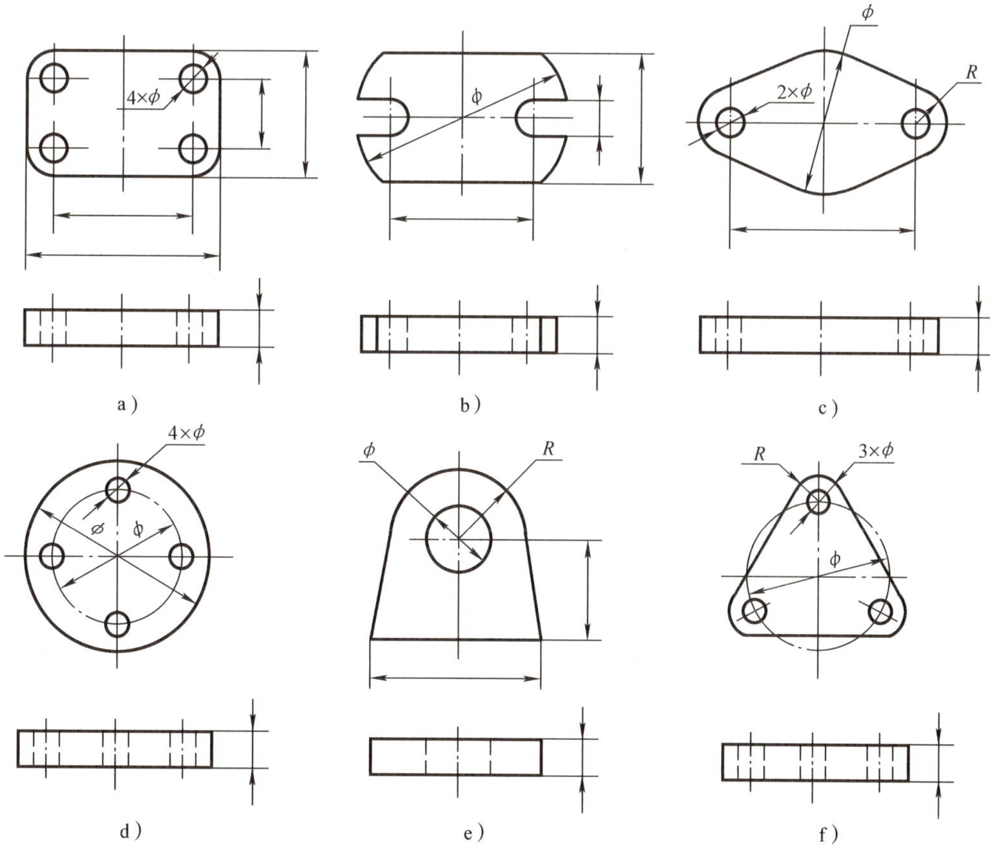

图 2—50　常见结构的尺寸标注

4. 切割体和相贯体的尺寸标注

切割体和相贯体的尺寸标注也是组合体尺寸标注的常见内容。

由于形体在切割和相贯时其表面交线是自然形成的，故交线上不应标注尺寸。对于被切割的基本体，除标出基本体自身的尺寸外，还需标出确定截平面位置的尺寸。对于两相贯体的尺寸，除标出两相贯基本体各自的尺寸外，还需标出两者之间的相对位置尺寸。具体内容如图 2—51 所示。

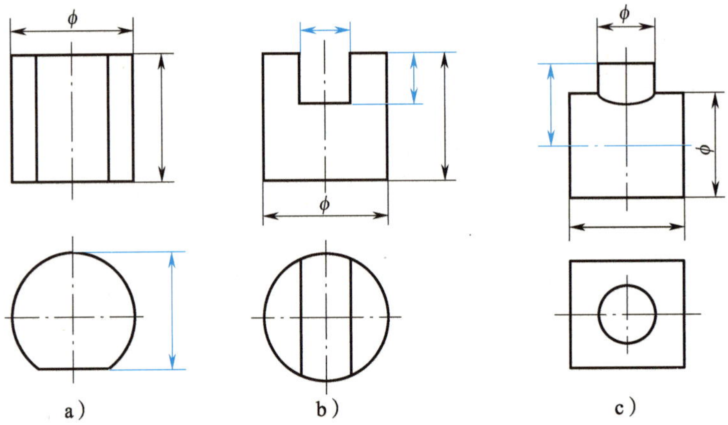

图 2—51　切割体和相贯体的尺寸标注

五、读组合体三视图的方法

画图是将空间物体用正投影法表达在平面上，而读图则是根据给定的视图想象出物体的空间形状。为了迅速而准确地读懂视图，除了要有一定的空间想象能力，还要综合运用前面所学知识，掌握读图的基本要领和方法。

1. 读图要领

(1) 要善于抓形状特征和位置特征突出的视图

所谓形状特征和位置特征突出的视图，就是指在三视图中，对物体的结构、形状及结构要素相对位置起决定作用的那个视图。

如图 2—52a 所示为底板的三视图。若只看主、左两个视图，那么除了板厚之外，其他形状就很难看出来了。如果将主、俯视图配合起来看，如图 2—52b 所示，即使不画左视图，也能想出它的全部形状。显然，俯视图比左视图更能反映底板的完整形状。这种最能反映形状特征的视图，称为形状特征视图。

如图 2—53a 所示，在主视图中，Ⅰ、Ⅱ两形体中何处凸出来，何处凹进去，是无法确定的，可以表示为图 2—53b、c 两种情况。图 2—53d 则能确定Ⅰ、Ⅱ两形体的凹凸关系，即为图 2—53c 这种情况。显然，左视图比俯视图更能表达各部分的位置关系。这种最能反映相互位置关系的视图，称为位置特征视图。

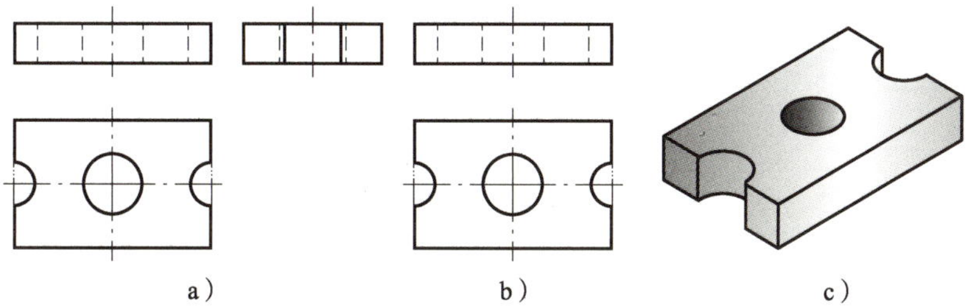

图 2—52 形状特征视图

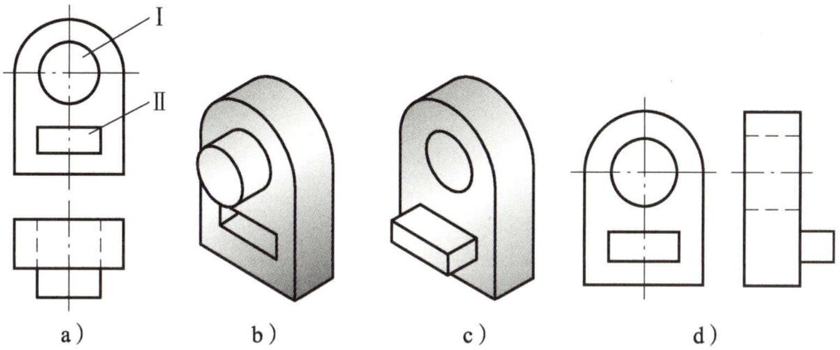

图 2—53 位置特征视图

可见，找出形状特征视图和位置特征视图，是能较快读图的关键。

(2) 要善于想象与构思

读图需有想象力，而想象力不是凭空产生的。要想读懂组合体三视图，首先应读懂基本体三视图，掌握基本体三视图投影特征（详见§2—2 基本体）。其次就是要把所给的几个视图联系起来构思，通常一个视图不能确定物体的形状和相邻表面间的相对位置。

如图 2—54 所示的三个物体，其主视图均相同，而其空间形状各异。

如图 2—55 所示的三个物体，其主、俯视图均相同，如果与左视图联系起来看，它们的空间形状各不相同。

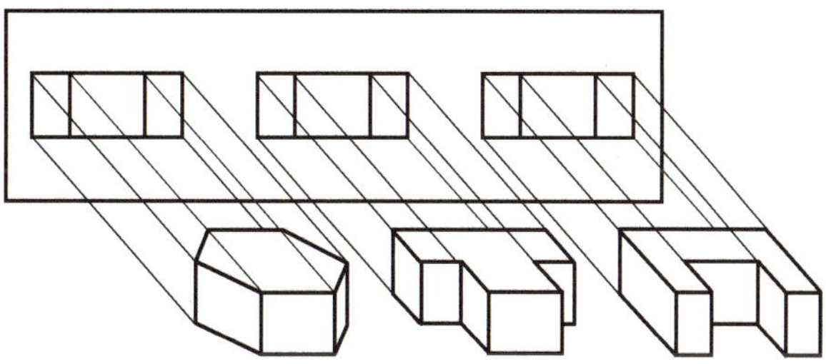

图 2—54 由一个视图可构思出不同的物体

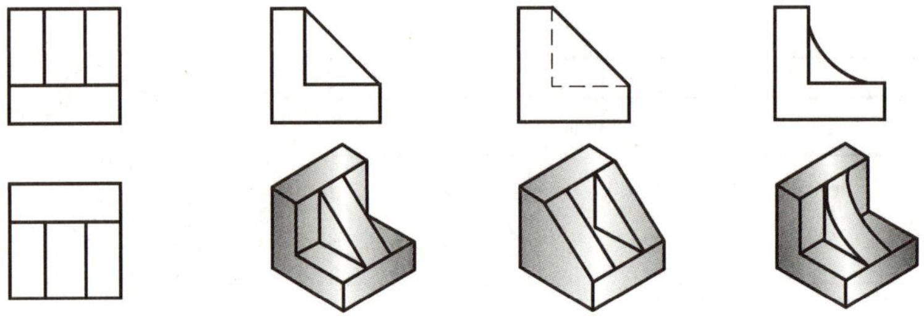

图 2—55　由两个视图可构思出不同的物体

思考并讨论

1. 已知图 2—56a 所示俯视图，试构思出至少四种结构不同的组合体，并画出其主视图。

2. 如图 2—56b 所示，根据主、俯视图，选择一个正确的左视图。

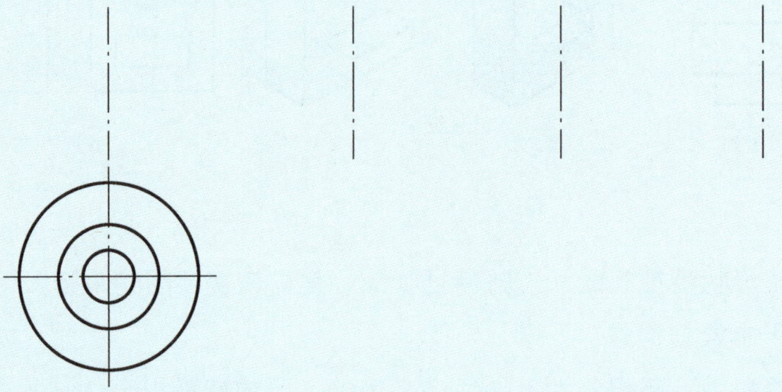

a)

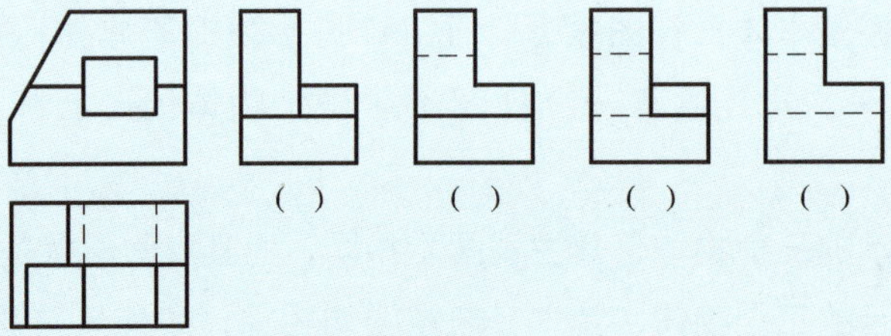

b)

图 2—56　想象与构思

2. 读图方法

(1) 形体分析法

形体分析法是读图的基本方法，主要用于叠加和综合型组合体。现以图 2—57 所示轴承座为例，说明用形体分析法识读组合体视图的方法及步骤，具体内容见表 2—29。

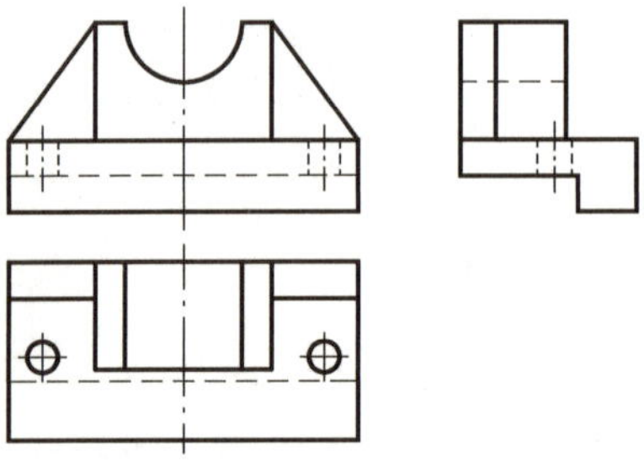

图 2—57　轴承座

表 2—29　　用形体分析法读图的方法及步骤

步　骤	图　例	说　明
1. 抓住特征分部分	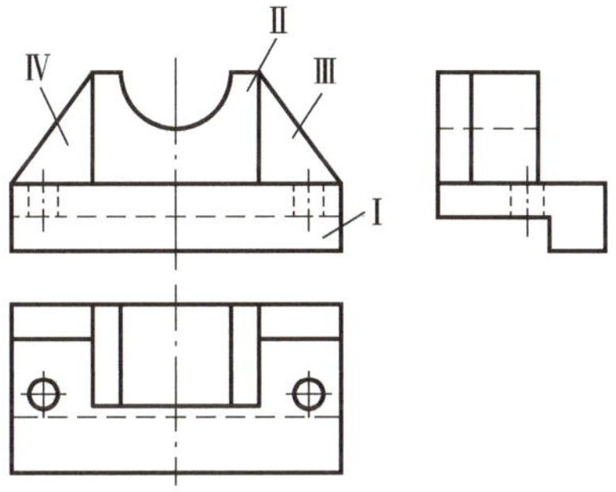	从主视图入手，将组合体按实线线框划分为四部分
2. 对投影，想形体	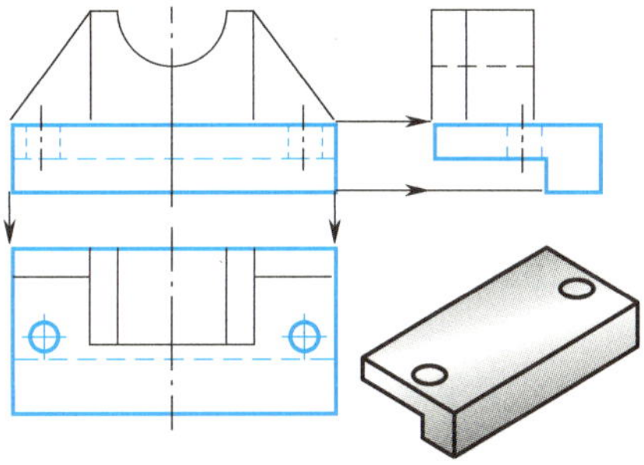	（1）识读形体Ⅰ 根据三视图投影规律，找出形体Ⅰ在俯、左视图上的相应投影 结合三个视图及其细虚线部分，可看出形体Ⅰ是一块带弯边的四方板，其上两孔左右对称分布
	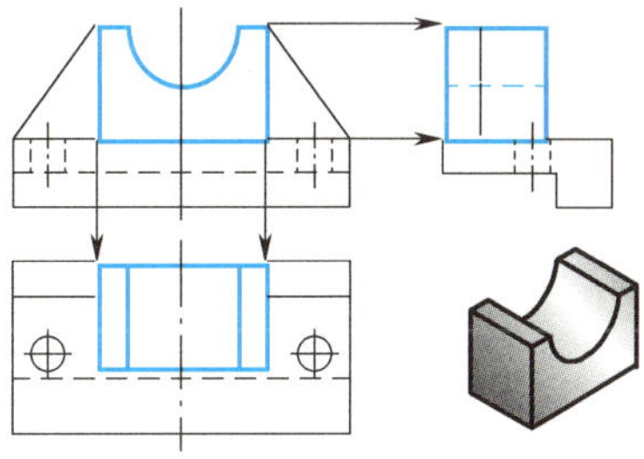	（2）识读形体Ⅱ 形体Ⅱ是一个上部挖去了一个半圆槽的长方体
	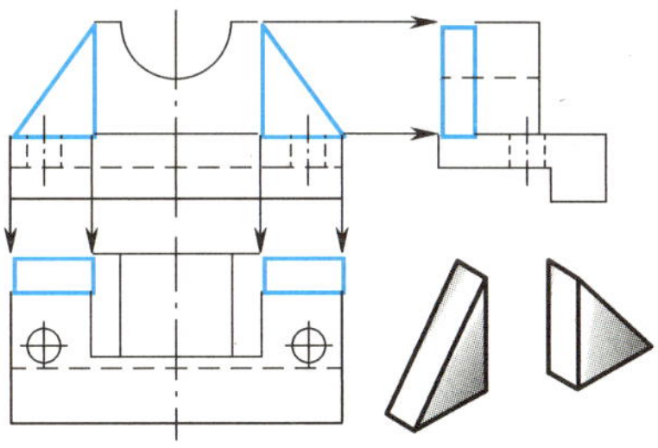	（3）识读形体Ⅲ、Ⅳ 显然，形体Ⅲ、Ⅳ是两个形状相同的三棱柱肋板
3. 综合起来，想象整体	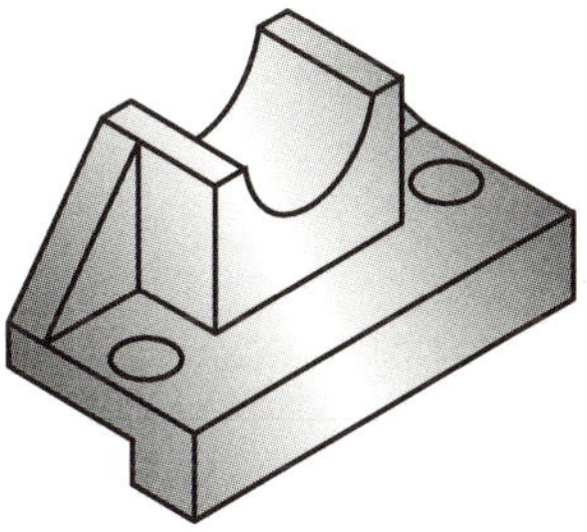	（1）主、俯视图反映轴承座的位置特征：总体左右对称，各部分后面平齐 （2）形体Ⅱ在形体Ⅰ的上面，位置是中间靠后；形体Ⅲ、Ⅳ对称分布在形体Ⅱ的两侧

(2) 线面分析法

线面分析法是在形体分析的基础上，分析线面的形状及空间位置，最后想象出组合体形状的方法。这种方法比较适用于切割型组合体，尤其是利用面的类似性投影，对物体上的某些倾斜面做更深入细致的分析，以突破难点。如图 2—58 所示为切割型组合体的三视图，其具体读图步骤见表 2—30。

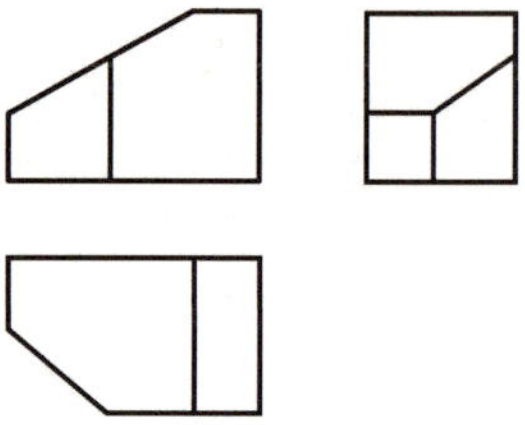

图 2—58　切割型组合体

表 2—30　　用线面分析法读图的方法及步骤

步　骤	图　例		说　明
1. 形体分析，概括了解	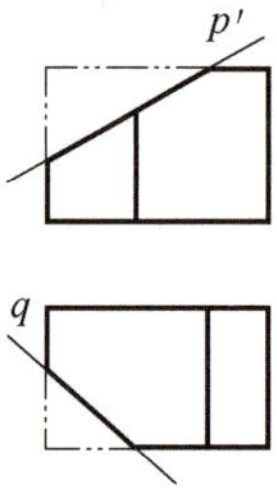		该物体主、俯视图外轮廓均为不完整的长方形，因此该物体应为长方体经 *P*、*Q* 两面切割而成
2. 线面分析，细致把握	分析 *P* 面	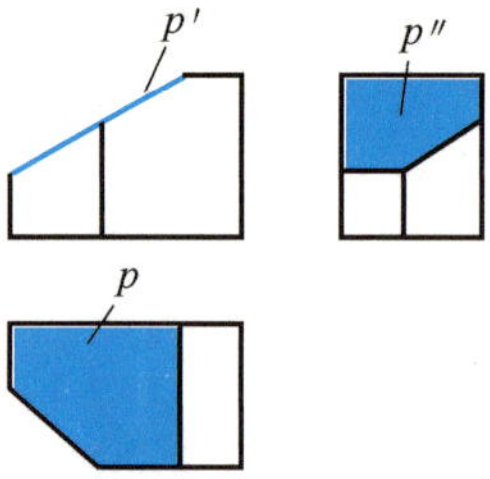	*P* 面在主视图上为一斜线，在俯、左视图上均与一个五边形线框相对应。可见 *P* 面为一垂直于正投影面，与水平投影面和侧投影面均倾斜的五边形
	分析 *Q* 面	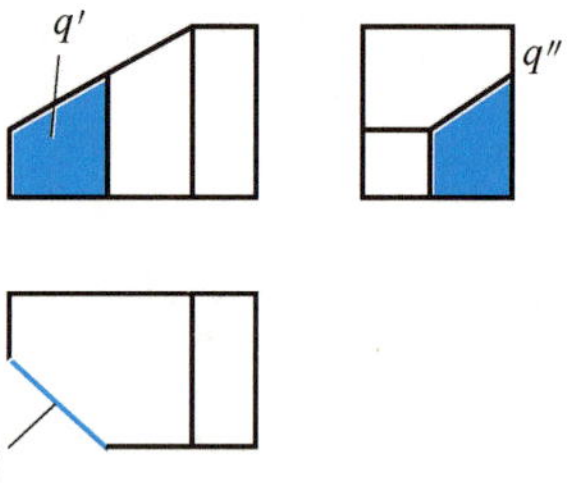	*Q* 面在俯视图上为一斜线，在主、左视图上均与一个四边形线框相对应。可见 *Q* 面为一垂直于水平投影面，与正投影面和侧投影面均倾斜的四边形
3. 综合起来，想象整体	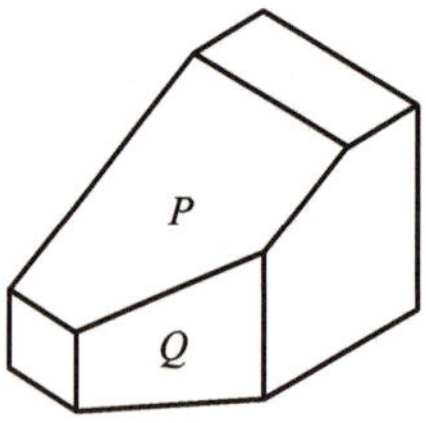		综合以上分析可知，该物体为长方体由两个平面切去左上角和左前角而形成的

3. 读图训练

在读图练习中，常采用“补图”和“补线”两种形式，这是培养和检验读图能力的有效手段。补图就是根据已知的两视图补画第三视图，补线就是补画视图中遗漏的图线。采用的方法仍然是形体分析法和线面分析法。

【例 2—11】 如图 2—59 所示为夹铁的主、左视图，试补画出俯视图。

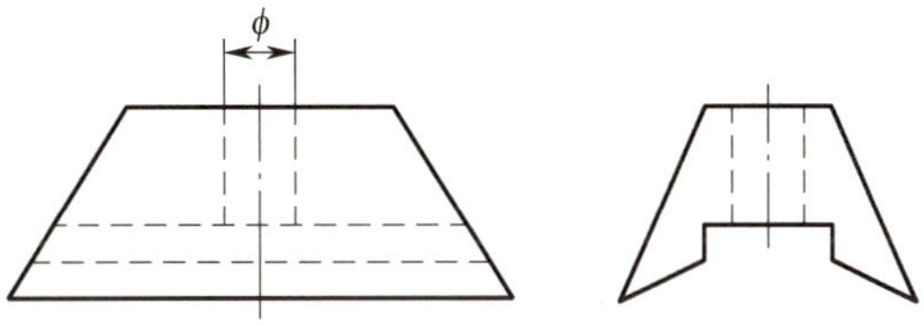

图 2—59　夹铁的主、左视图

作图步骤见表 2—31。

表 2—31　　补画俯视图的作图步骤

步　骤	图　例	说　明
1. 形体分析，想象形状	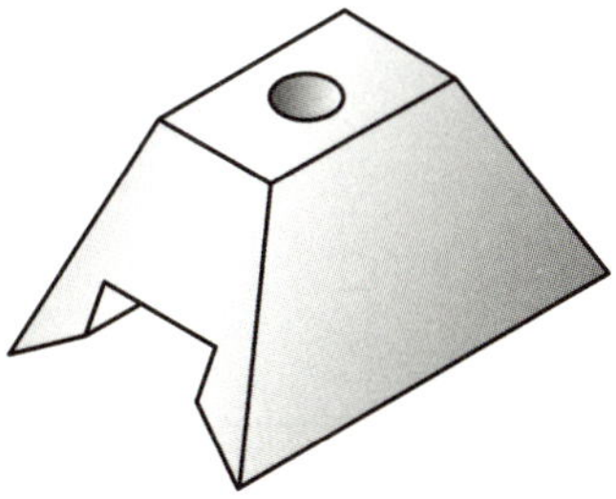	由夹铁主、左视图的主要轮廓可知，其基本形体为四棱台，其下左右方向开有燕尾形通槽，其正中铅垂方向有一通孔
2. 作四棱台的俯视图	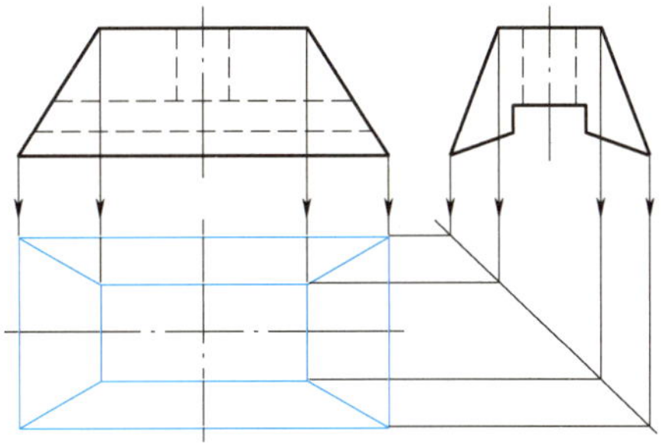	先画对称中心线，再画四棱台上下底面，最后连接两底面对应顶点
3. 作燕尾槽的投影	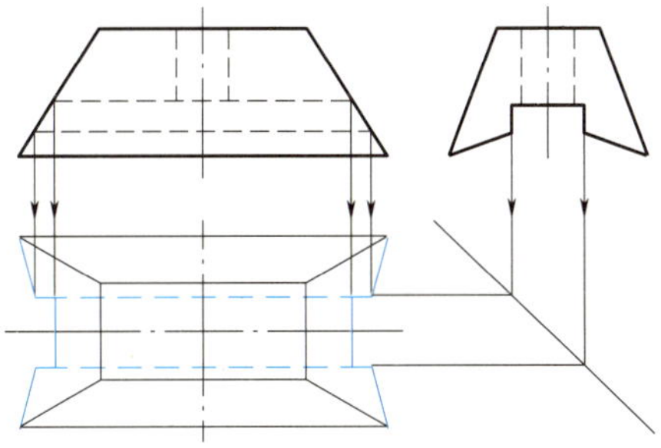	可利用四棱台左右两侧面的投影特点来作图：正面投影表现为积聚性，俯、左视图呈类似性

续表

步　骤	图　例	说　明
4. 作圆孔的投影	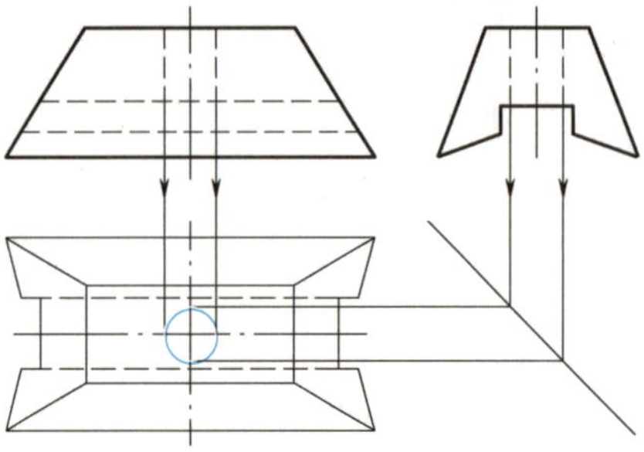	思考：若图 2—59 中不标注直径“ϕ”，则此处还可能是什么形状的孔
5. 检查，描深	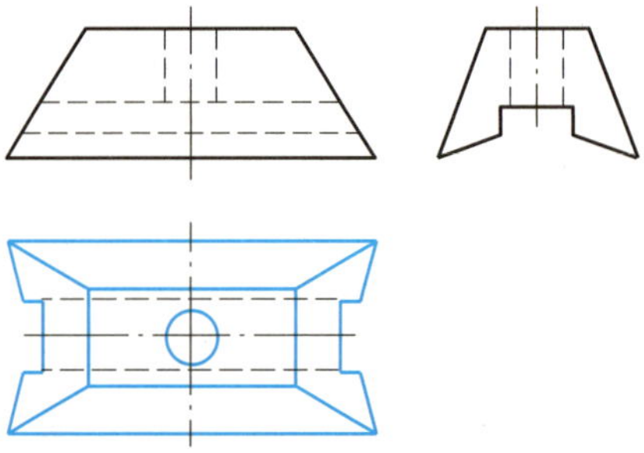	擦去多余图线，按标准描深

【例 2—12】补画如图 2—60 所示支座三视图中所缺的图线。

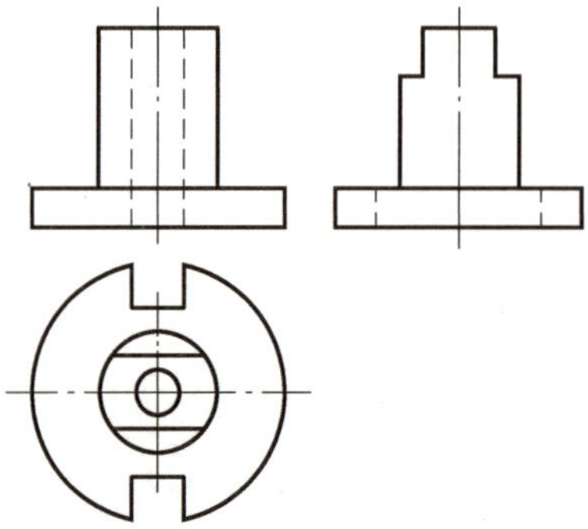

图 2—60　补缺线

作图步骤见表 2—32。

表 2—32　补缺线作图步骤

步　骤	图　例	说　明
1. 形体分析，想象形状	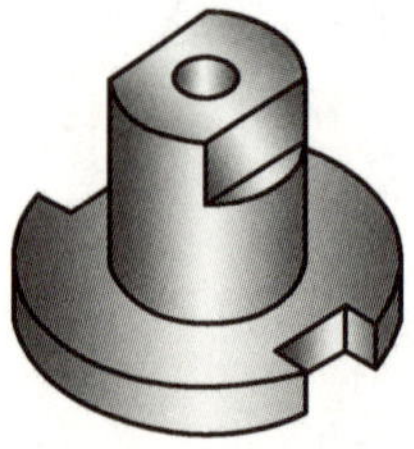	由三视图现有主要轮廓可知，该支座由圆盘形底板和圆柱组成，中间有一上下贯通的圆孔，底板前后各有一方槽，圆柱前后上方各有一缺口

续表

步　骤	图　例	说　明
2. 补画圆孔的投影	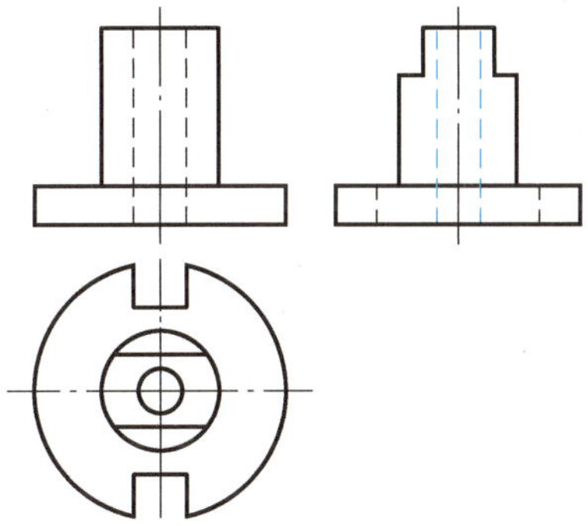	由圆孔的主、俯视图补画左视图
3. 补画底板上方槽的投影	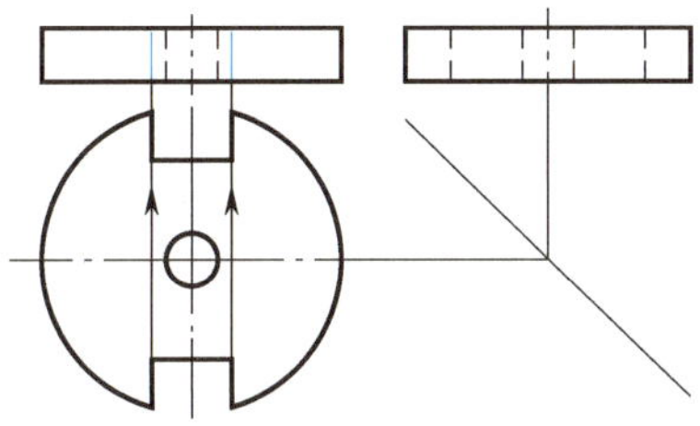	由方槽的俯视图补画主视图
4. 补画圆柱缺口的投影	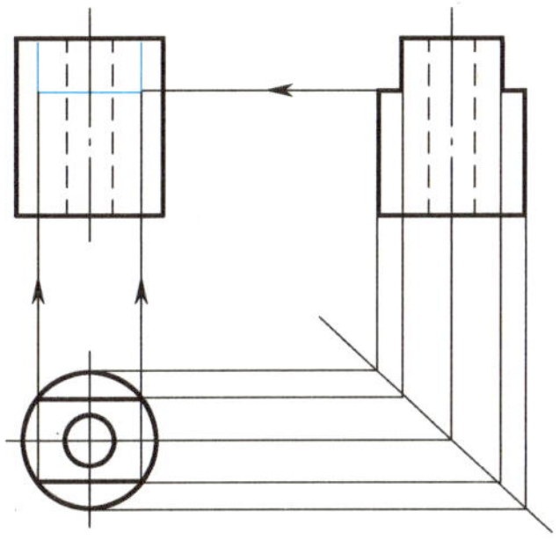	由缺口的俯、左视图补画主视图
5. 检查，描深	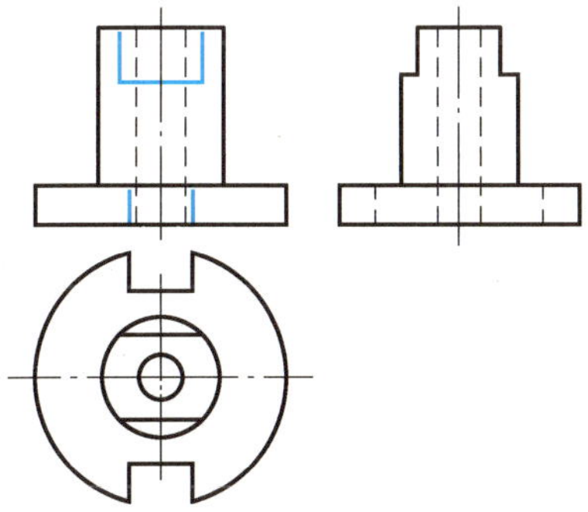	擦去多余图线，按标准描深

第三章

机械图样的基本表示法

§3—1 视 图

学习目标

能区分和识读基本视图、向视图、局部视图、斜视图。

一、基本视图

基本视图是机件向基本投影面投射所得的视图。正六面体的六个面称为基本投影面。

将机件放置在正六面体中，分别向六个投影面投射，可获得六个基本视图，如图 3—1 所示。

主视图——由前向后投射得到的图形；

俯视图——由上向下投射得到的图形；

左视图——由左向右投射得到的图形；

后视图——由后向前投射得到的图形；

仰视图——由下向上投射得到的图形；

右视图——由右向左投射得到的图形。

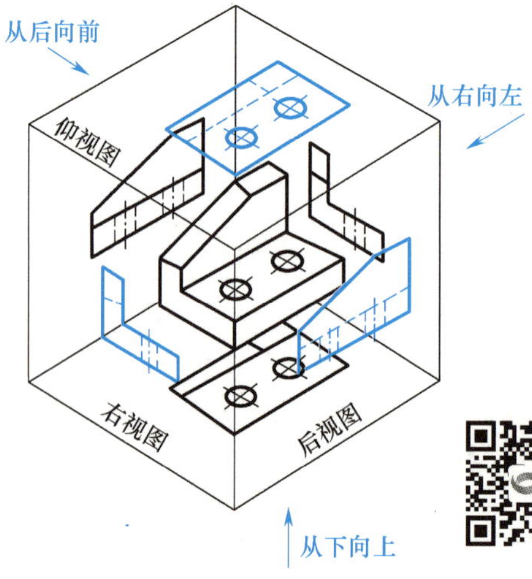

图 3—1 基本视图

六个基本视图的展开方式如图 3—2 所示，配置关系如图 3—3 所示。

实际绘图时，根据需要只绘制所需视

图即可，六个视图无须全部画出。在一张图样内，视图按照如图 3—3 所示位置配置时，可不标注视图的名称。它们之间的关系满足“长对正、高平齐、宽相等”的原则。

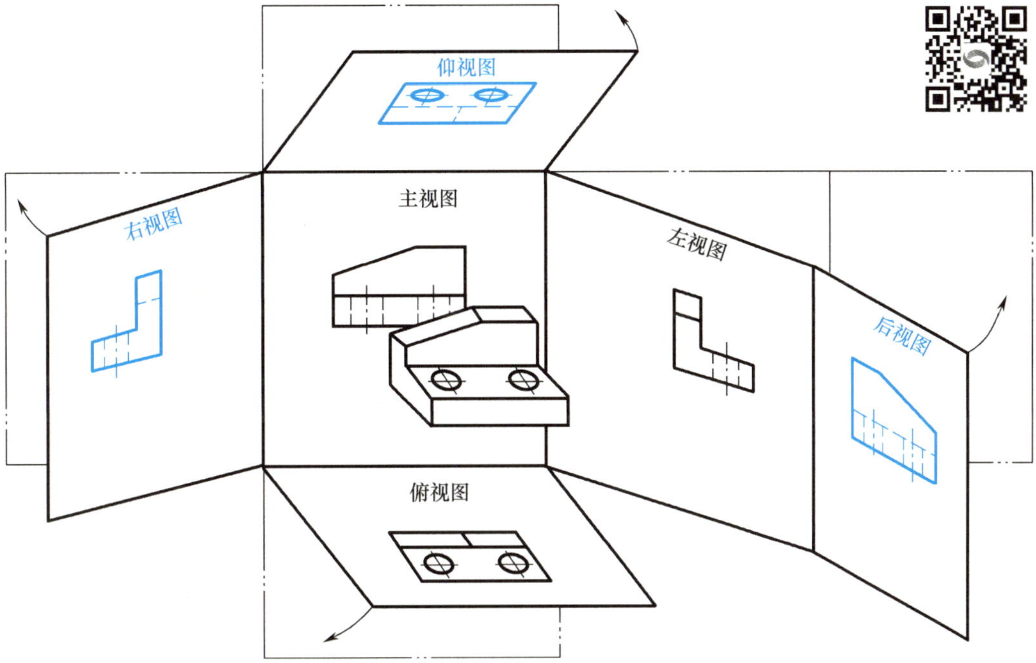

图 3—2　基本视图的展开

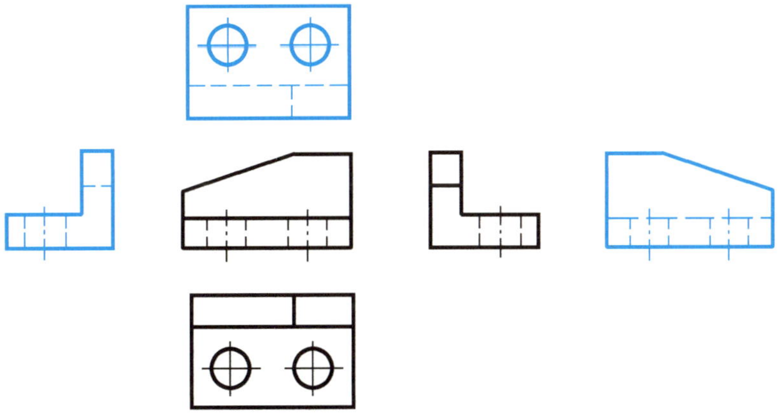

图 3—3　基本视图的配置

思考并讨论

将主视图与后视图、左视图与右视图、俯视图与仰视图做比较，总结它们的相同点与不同点。

二、向视图

向视图是可以自由配置的视图。当某视图不能按基本视图配置时，可用向视图表示。向视图是移位（不旋转）配置的基本视图，向视图的投射方向与基本视图的投射方向一致。

向视图应在图形上方标注“×”（“×”为大写拉丁字母），在相应视图的附近用箭头指明投射方向，并标注相同的字母，如图 3—4 所示。

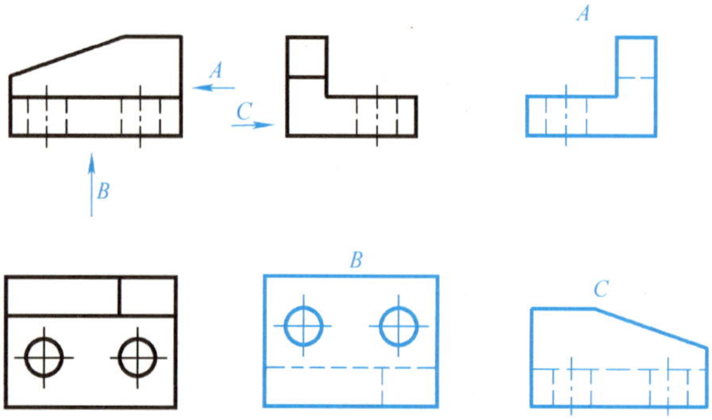

图 3—4　向视图及其标注

三、局部视图

将机件的某一部分向基本投影面投射所得到的视图称为局部视图，如图 3—5 所示。

局部视图可以按照基本视图的配置形式配置，如图 3—5 中主视图右侧局部视图所示，该图与主视图之间没有其他图形隔开，故不必标注。局部视图也可以按照向视图的配置形式配置并标注，如图 3—5 中“*B*”所示。

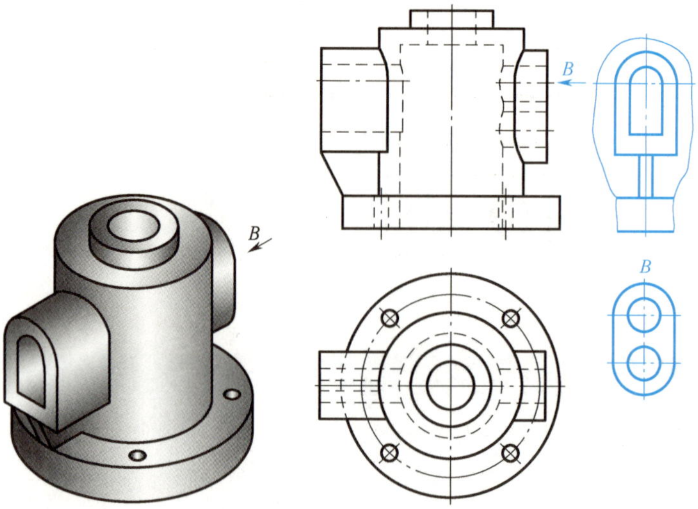

图 3—5　局部视图

局部视图的边界用波浪线或者双折线绘制，如图 3—5 中主视图右侧局部视图所示。当局部视图的外轮廓封闭时，不必画出断裂边界，如图 3—5 中“*B*”所示。

思考并讨论

用左视图和右视图也能表达凸台的形状，为什么采用局部视图？

四、斜视图

斜视图是机件向不平行于基本投影面的平面投射所得的图形。它主要用来表达机件倾斜部分结构的外形，断裂边界用波浪线或者双折线绘制，如图 3—6 所示。

斜视图一般按照箭头所指方向配置并且标注，如图 3—6b 所示。必要时允许旋转并标注旋转符号，字母应写在箭头端，如图 3—6c 所示。旋转符号的方向要与实际旋转方向一致，必要时也允许将旋转角度标注在字母之后。

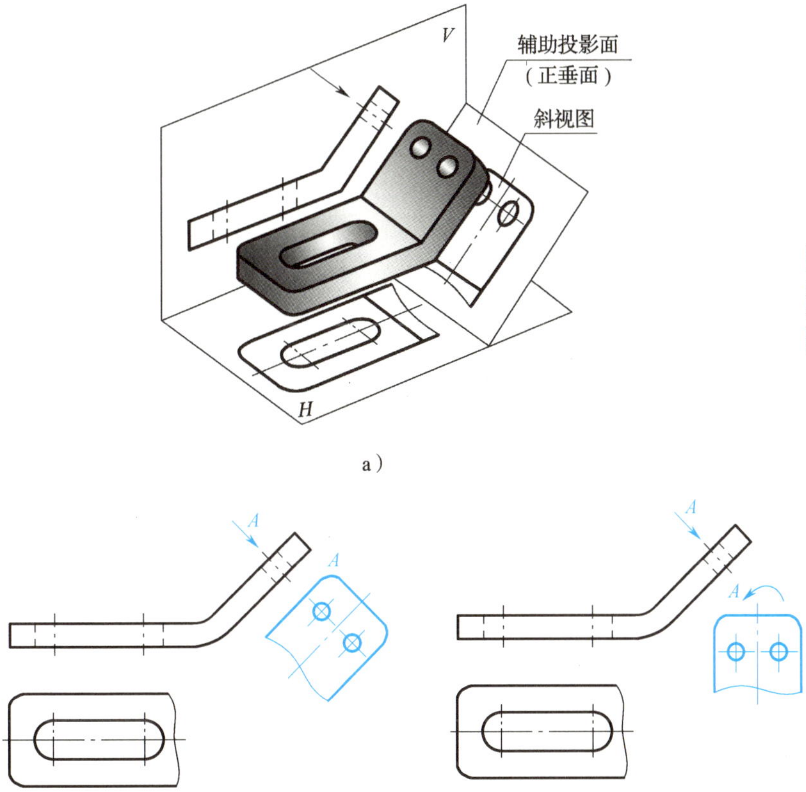

a）

b）　　c）

图 3—6　斜视图

思考并讨论

综合运用学过的表达方法，为图 3—7 所示机件确定合理的表达方案。

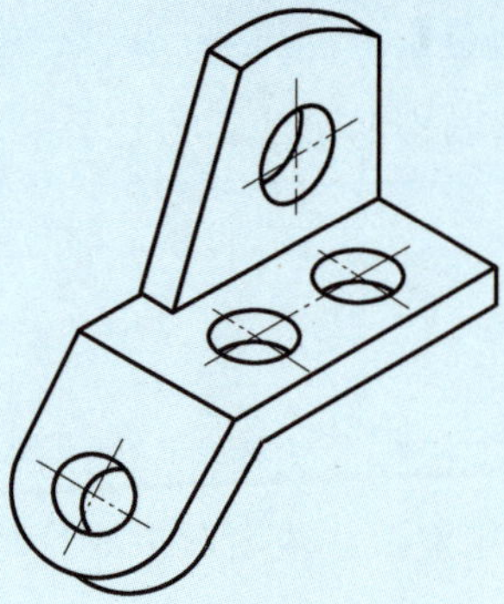

图 3—7　机件轴测图

§3—2　剖　视　图

学习目标

1. 理解剖视图的形成过程。
2. 能绘制并识读较简单形体的剖视图。
3. 了解剖视图的种类和选用原则。

一、剖视图的形成

当机件的内部结构比较复杂时，在视图中会出现很多细虚线，不仅使视图不清晰，也给读图、绘图、标注尺寸等带来不便，如图 3—8 所示。

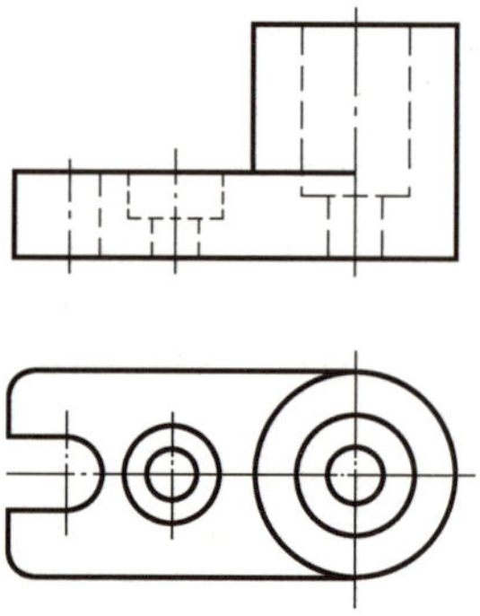

图 3—8　视图

为了清晰表达机件的内部结构及形状，可采用剖视图表示。假想用剖切平面剖开机件，将处在观察者和剖切平面之间的部分移去，而将其余部分向投影面投射所得的图形称为剖视图。

剖视图的形成过程见表 3—1。

表 3—1　　剖视图的形成过程

步　骤	图　例	说　明
1. 剖切	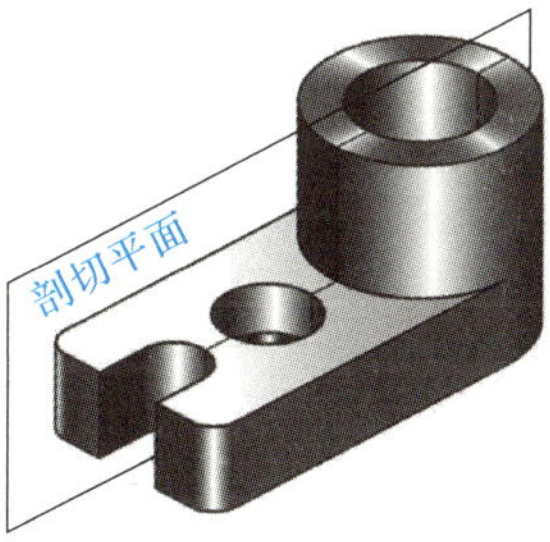	剖切平面为假想的平面，实际机件并未剖开
2. 移去	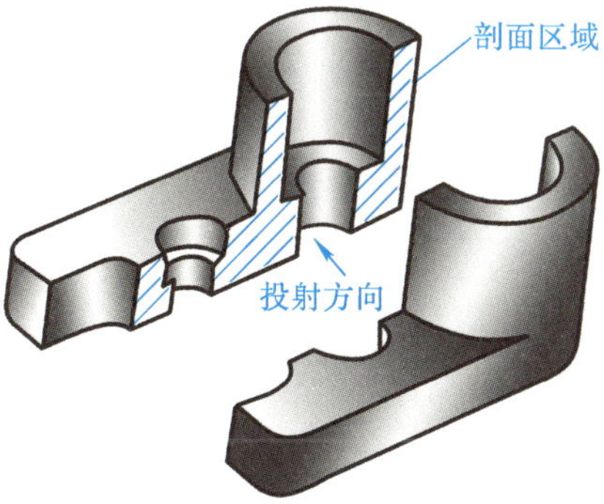	将处在观察者和剖切平面之间的部分移去
3. 投射	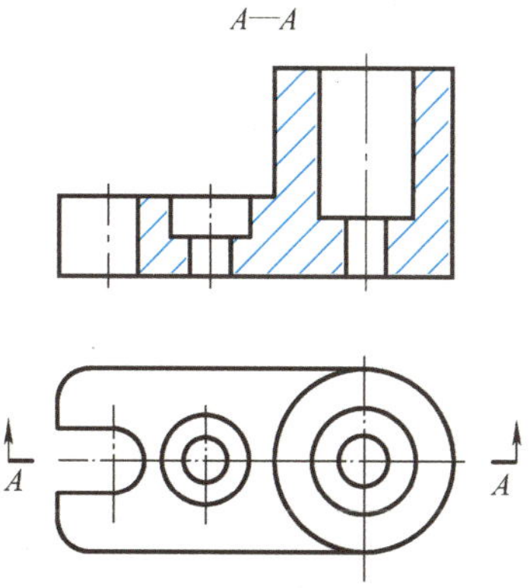	将剩余部分向投影面投射，从而获得剖视图

二、剖视图的画法（见表 3—2）

表 3—2　　剖视图的画法

步　骤	图　例	说　明
1. 确定剖切平面的位置	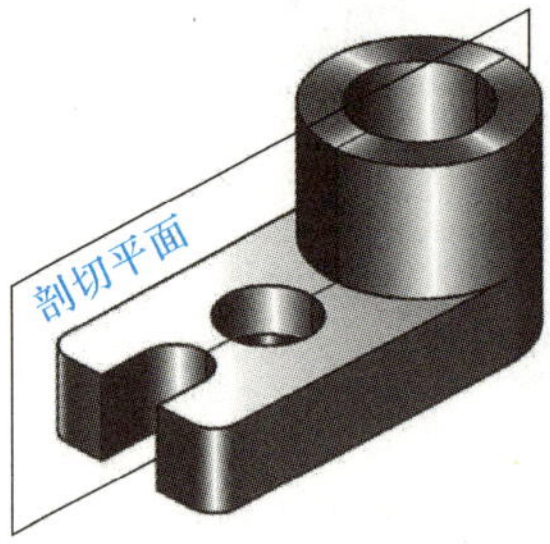	剖切平面一般应通过机件内部结构的对称平面或轴线
2. 画基准线、轮廓线	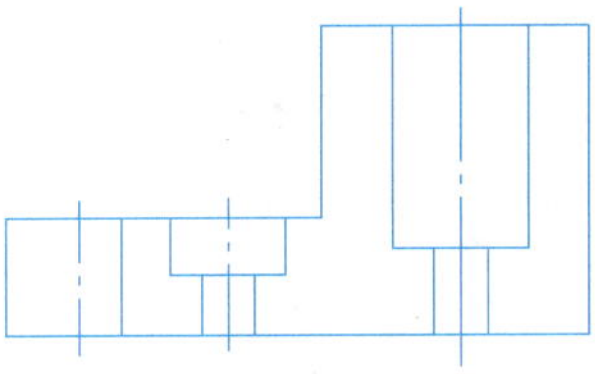	剖切平面后的可见轮廓线一定要全部画出
3. 在剖面区域内画剖面线	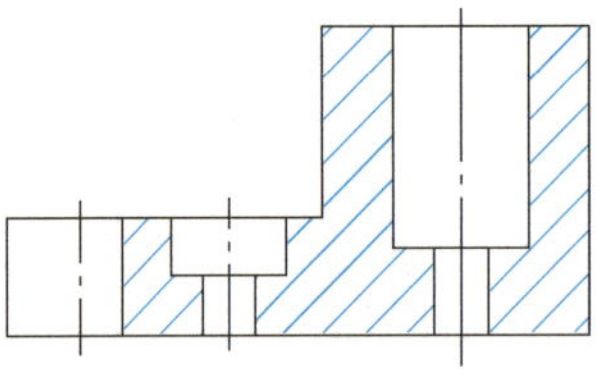	（1）剖切平面与机件的接触部分（剖面区域）要画出与材料对应的剖面符号 （2）当不需要表示材料的类别时，可采用通用剖面线表示。通用剖面线以间隔相等且与图形的主要轮廓成 45°的平行细实线表示（金属材料的剖面符号）
4. 检查，描深	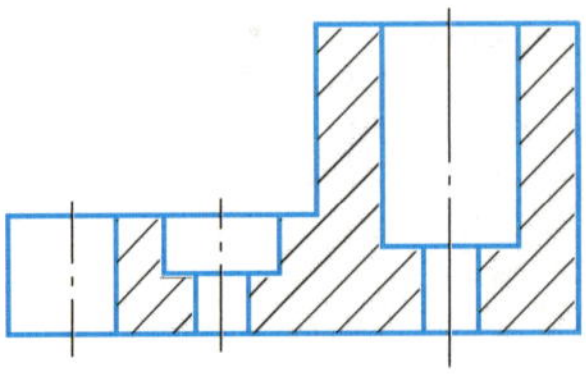	擦去多余图线，按照标准描深

由于剖视图是假想剖开机件后画出的，因此，当机件的一个视图画成剖视图后，其他视图仍应按完整的机件画出。

三、剖视图的标注（见表 3—3）

表 3—3　　剖视图的标注

步　骤	图　例	说　明
1. 标注剖切符号（短的粗实线）	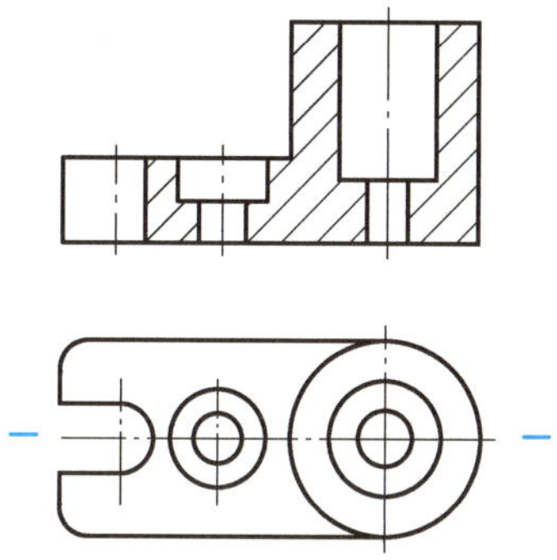	在相应的视图上，用剖切符号表示剖切平面的位置
2. 标注投射方向（箭头）	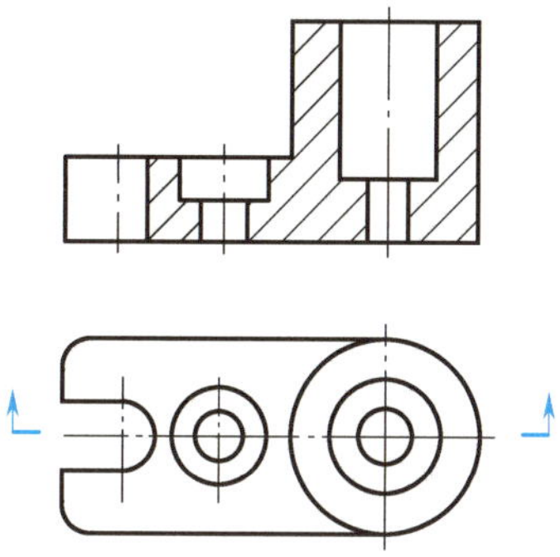	当剖视图按基本视图配置，中间又没有其他图形隔开时，可省略箭头。此处就可以省略
3. 标注剖视图名称（字母）	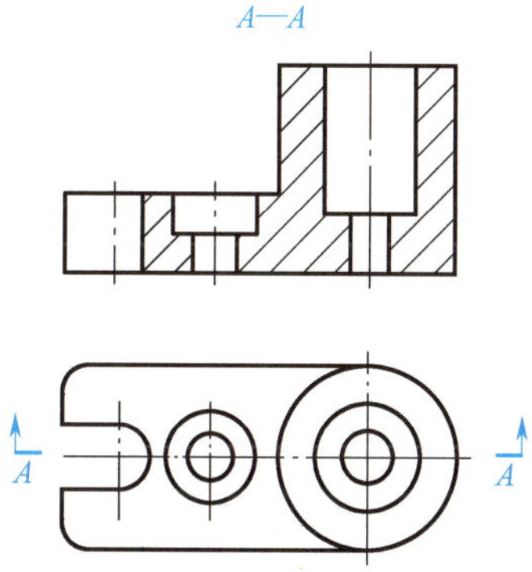	当单一剖切平面通过机件的对称平面或基本对称平面，且剖视图按投影关系配置，中间又没有其他图形隔开时，可省略标注。此处的剖视图就可以全部省略标注

四、剖视图的种类

1. 全剖视图

用剖切平面完全地剖开机件所得的剖视图，称为全剖视图。全剖视图的画法及标注见表 3—2、表 3—3。

全剖视图主要用于表达内部结构复杂、外形比较简单的机件。

2. 半剖视图

半剖视图的概念、画法规定、应用和标注见表 3—4。

表 3—4　　半剖视图的概念、画法规定、应用和标注

概念	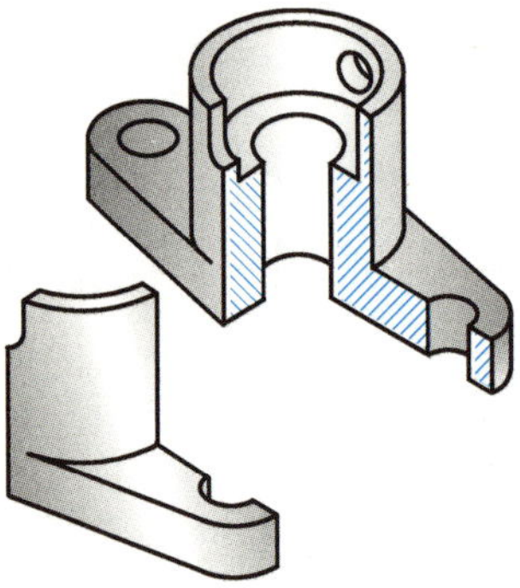	当机件具有对称平面时，向垂直于对称平面的投影面上投射所得的图形，可以对称中心线为界，一半画成剖视图，另一半画成视图，这种剖视图称为半剖视图
画法规定	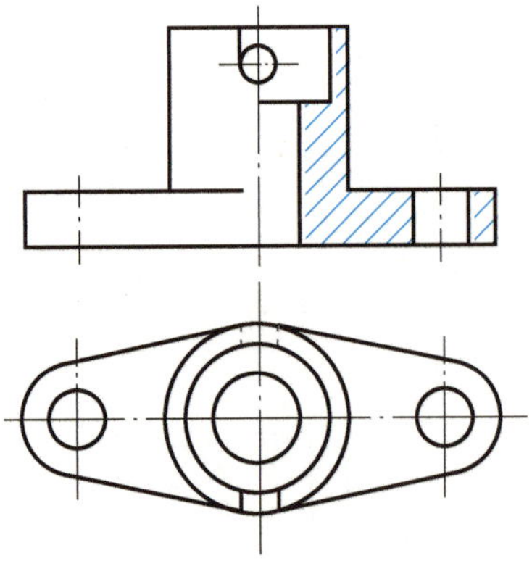	（1）画半剖视图时，半个视图与半个剖视图的分界线是细点画线 （2）对于半个剖视图中已经表达清楚的内部结构，在半个视图中就不应再画细虚线，但对于孔或槽等，应画出细点画线表示其位置
应用	半剖视图通常用于表达内、外形状都比较复杂的对称或基本对称的机件	
标注	半剖视图的标注方法与全剖视图相同	

3. 局部剖视图

局部剖视图的概念、画法规定、应用和标注见表 3—5。

表 3—5　　局部剖视图的概念、画法规定、应用和标注

概念	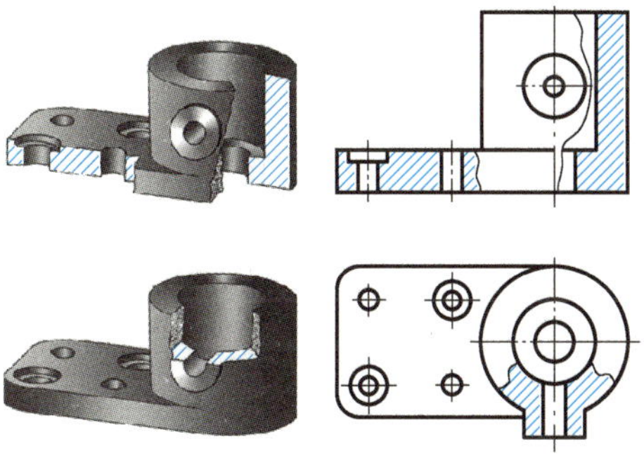	用剖切平面局部地剖开机件所得的剖视图称为局部剖视图
画法规定	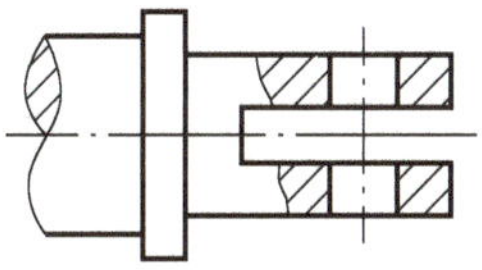 a） 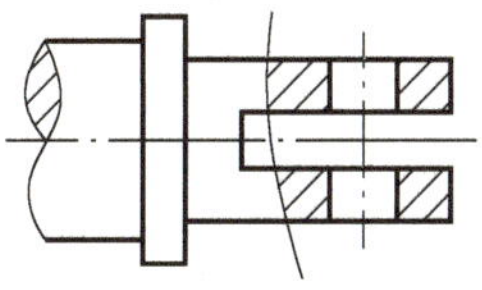 b） 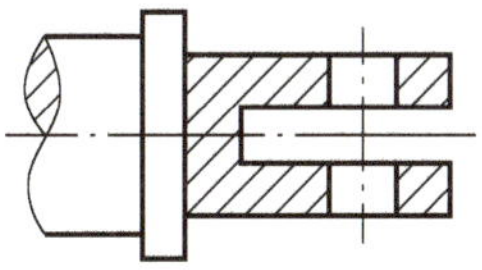 c）	局部剖视图的视图部分与剖视图部分的分界线为波浪线，波浪线不应与图样上其他图线重合，应画在机件的实体部分。图 a 所示为正确画法，图 b、图 c 所示为错误画法
	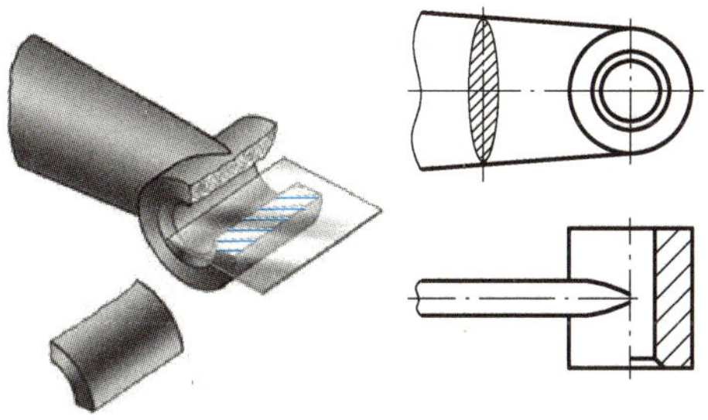	当被剖切结构为回转体时，允许将该结构的轴线作为局部剖视图与视图的分界线

续表

应用	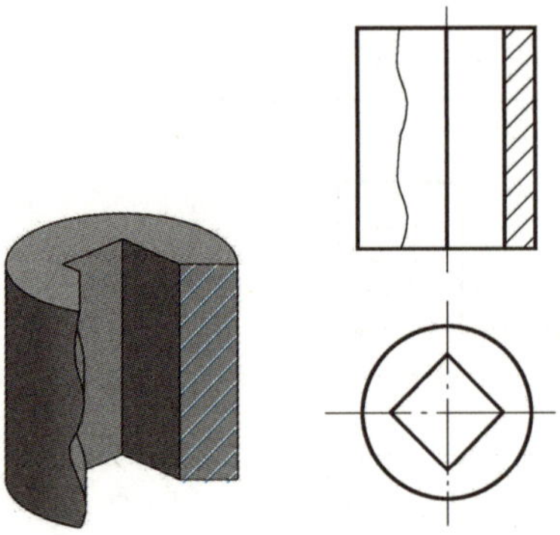	（1）当不对称机件的内、外形状均需要表达，或者只有局部结构的内形需要剖切表示，而又不宜采用全剖视图时，采用局部剖视图，如此表中第一图所示 （2）当机件对称，剖开后轮廓线与分界线重合时，不可以采用半剖视图，可以采用局部剖视图，如左图所示
标注	当单一剖切平面的剖切位置明确时，局部剖视图不必标注	

五、剖切平面的选用

前面所介绍的剖视图都是用平行于基本投影面的单一剖切平面剖切获得的。由于机件的结构形状差异很大，所采用的剖切平面可以不止一个，国家标准中规定了三种可供选用的剖切平面：单一剖切平面、几个平行的剖切平面和几个相交的剖切平面。

1. 单一剖切平面

当机件的内部结构位于一个剖切平面上时，可以选用单一的剖切平面。单一剖切平面可以是平行于基本投影面的剖切平面，如前所述图例；也可以是不平行于任何基本投影面但垂直于某一基本投影面的剖切平面，如图 3—9a 所示。这种剖视图一般按照箭头所指方向配置并标注，如图 3—9b 所示。

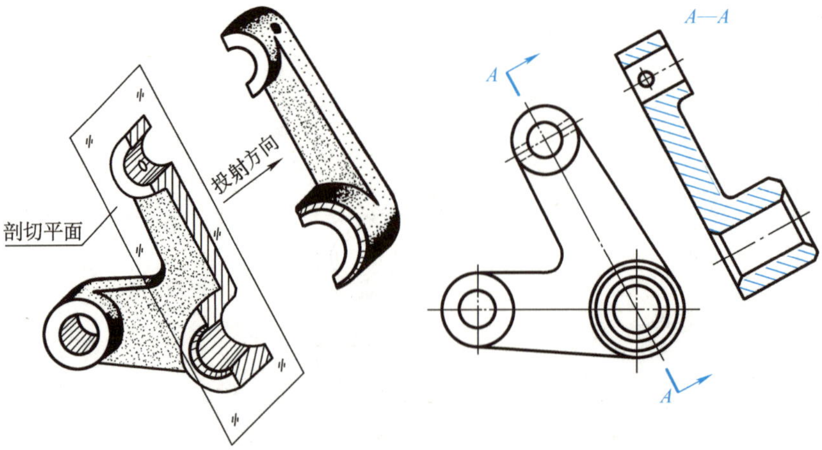

a）　　b）

图 3—9　不平行于基本投影面的单一剖切平面

2. 几个平行的剖切平面

用几个平行的剖切平面剖切获得的剖视图的应用、画法和标注见表3—6。

表 3—6　　几个平行的剖切平面剖切获得的剖视图

<table>
<tr><td>形成及应用</td><td>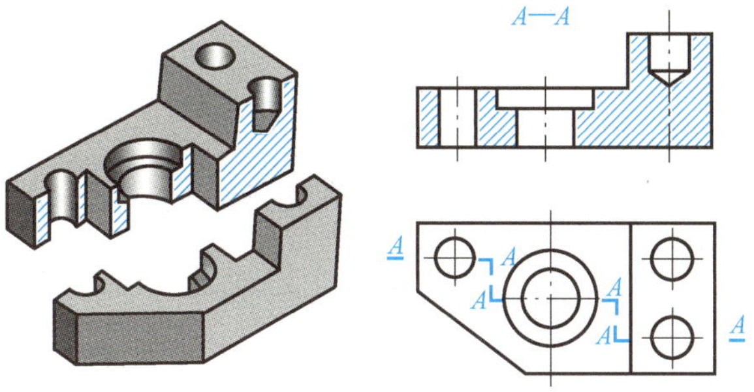
</td><td>几个平行的剖切平面适用于剖切内部结构位于几个平行平面上的机件</td></tr>
<tr><td rowspan="2">画法规定</td><td>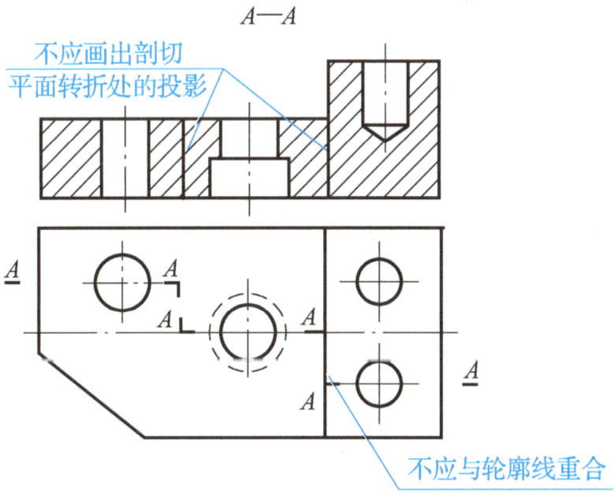
</td><td>不应画出剖切平面转折处的界限；剖切平面的转折处也不应与图中的轮廓线重合</td></tr>
<tr><td>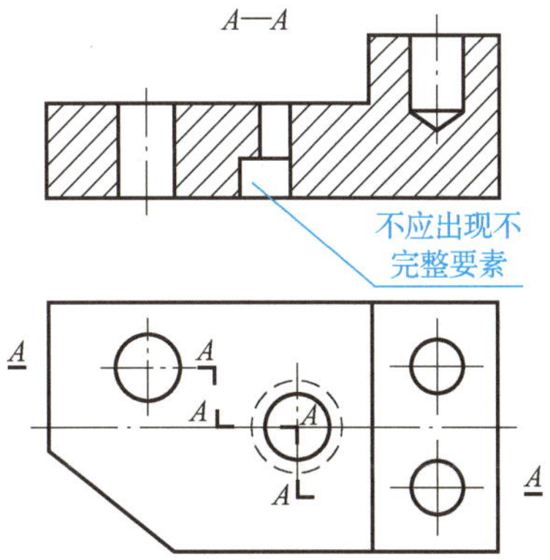
</td><td>剖视图中不应出现不完整要素</td></tr>
</table>

续表

画法规定	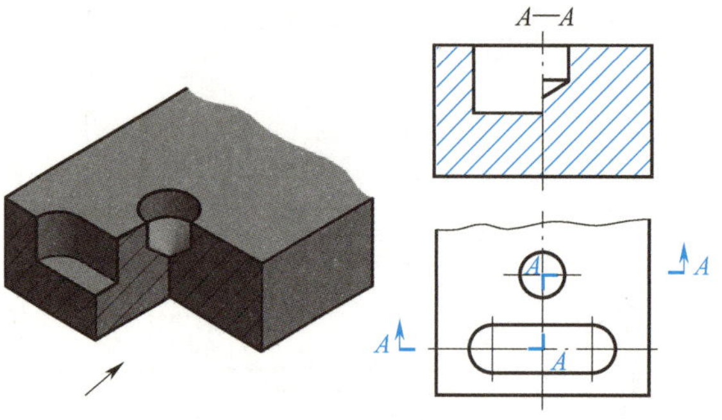	当两个要素在图形上具有公共对称中心线或者轴线时，可以对称中心线或轴线为界各画一半
标注	用几个平行的剖切平面剖切获得的剖视图必须标注，如上图所示。当剖视图按投影关系配置，中间又没有其他图形隔开时，可以省略箭头	

3. 几个相交的剖切平面

几个相交的剖切平面剖切获得的剖视图的应用、画法和标注见表 3—7。

表 3—7　　几个相交的剖切平面剖切获得的剖视图

应用	用于用单一剖切平面不能完全表达，且具有回转轴的机件	
画法规定	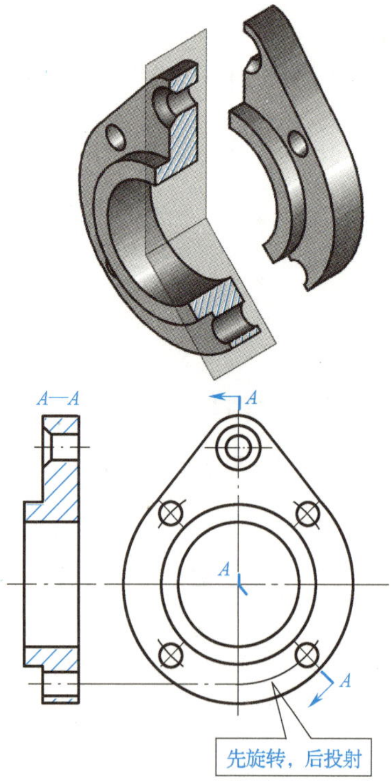	假想用剖切平面剖开机件，然后将剖切平面剖开的结构及其有关部分旋转到与选定的投影面平行后再进行投射

续表

画法规定	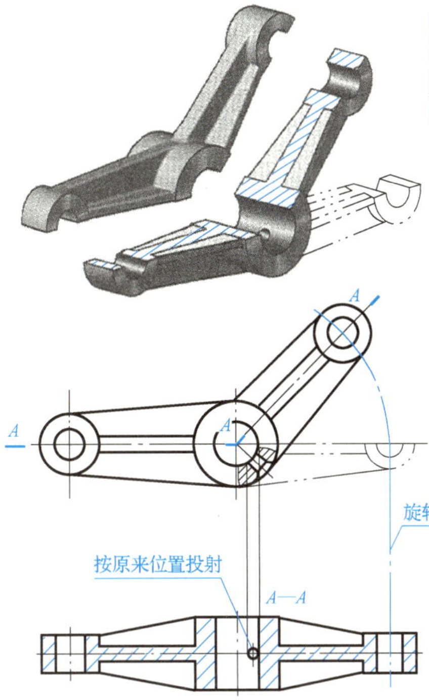	凡在剖切平面后的没有剖到的结构，一般仍按原来位置投射
标注	用几个相交的剖切平面剖切获得的剖视图必须标注，如上图所示。当剖视图按照基本视图配置，中间又没有其他图形隔开时，可以省略箭头；当转折处空间狭小又不至于引起误解时，转折处允许省略字母	

§3—3 断 面 图

学习目标

1. 理解断面图的概念。
2. 能绘制并识读断面图。

一、断面图的概念

假想用剖切平面将机件的某处切断，仅画出该剖切平面与机件接触部分的图形，称为断面图。

断面图与剖视图的区别：断面图只画出机件被剖切处的断面形状，而剖视图除了画出断面形状之外，还必须画出机件上位于剖切平面之后的所有可见轮廓线，如图 3—10 所示。

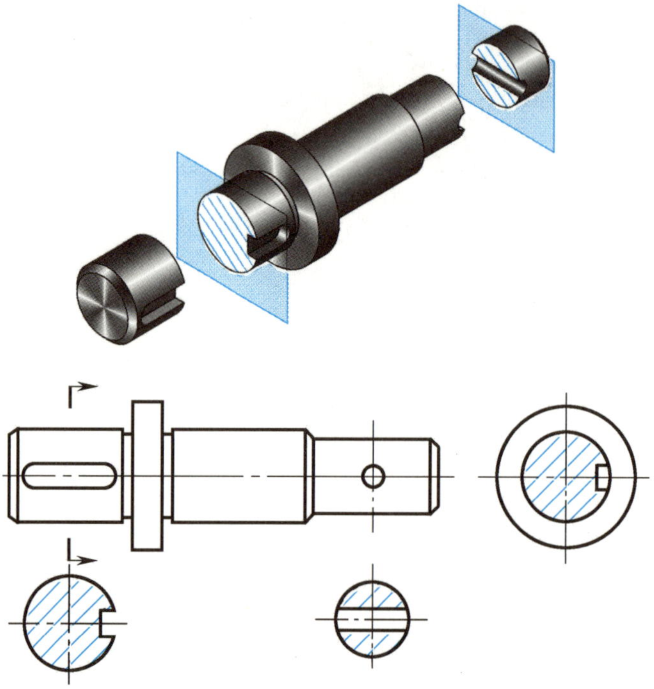

图 3—10　断面图与剖视图

二、断面图的种类及画法

断面图分为移出断面图和重合断面图两种。

1. 移出断面图

移出断面图的概念、画法规定及应用见表 3—8。

表 3—8　移出断面图的概念、画法规定及应用

概念	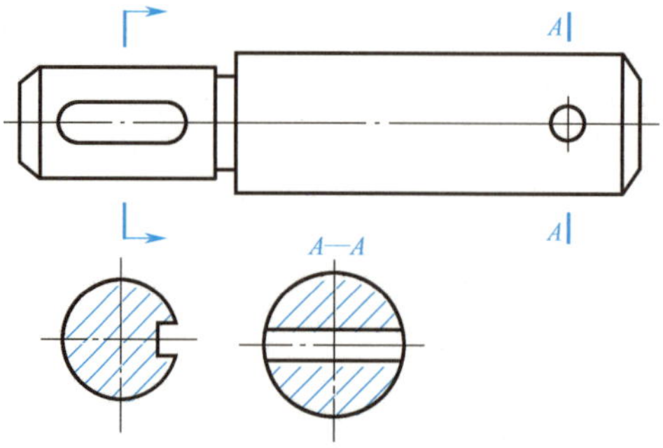	移出断面图画在视图之外，轮廓线用粗实线绘制，常配置在剖切符号的延长线上，也可配置在其他适当位置

续表

画法规定	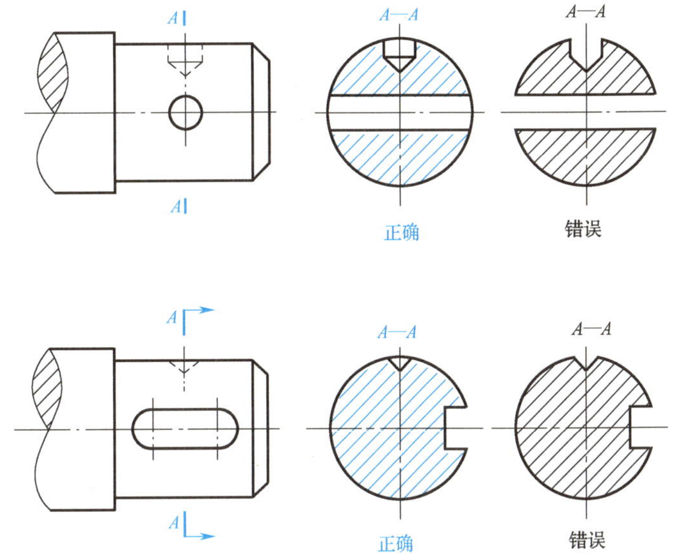	当剖切平面通过由回转面形成的孔或凹坑的轴线时，这些结构应按剖视图绘制
	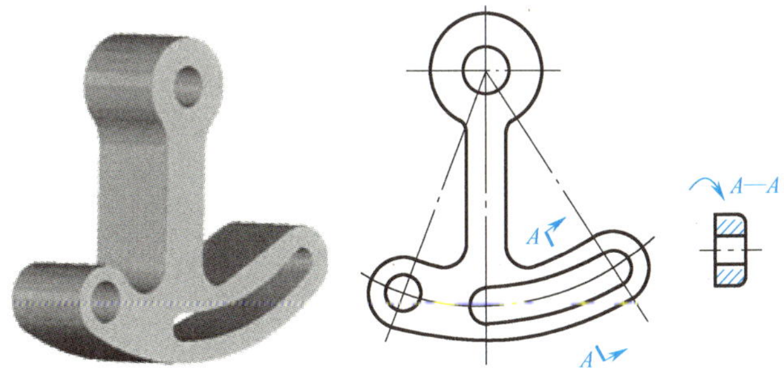	当剖切平面通过非圆孔，会导致出现完全分离的断面时，应按剖视图绘制
	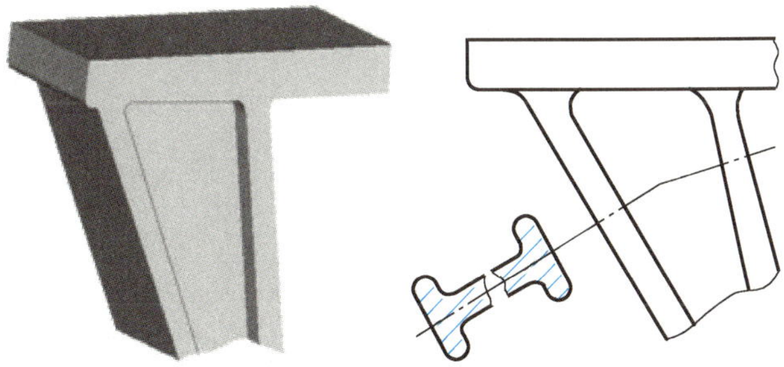	由两个或多个相交的剖切平面剖切获得的移出断面图，中间应断开
应用	断面图常用来表达机件上某些局部的断面形状，如轴上的键槽、肋板、轮辐等	

移出断面图的配置及标注见表 3—9。

表 3—9　　移出断面图的配置及标注

配置位置	图例	说明
配置在剖切符号的延长线上	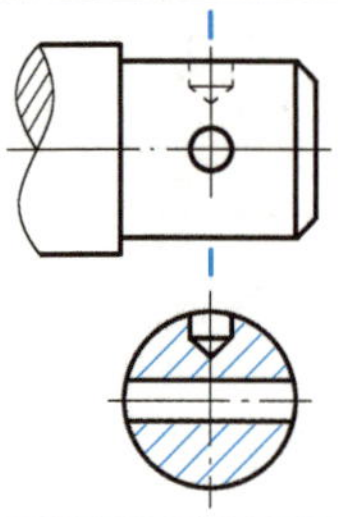	配置在剖切符号延长线上对称的移出断面图，不必标注字母和箭头
	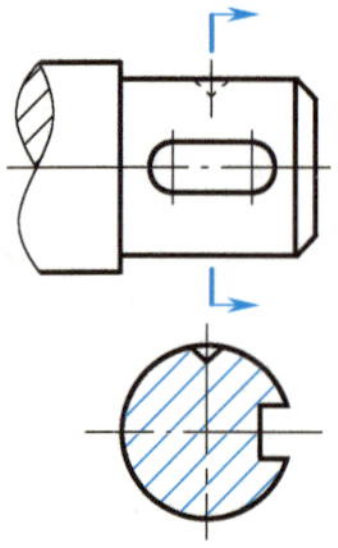	配置在剖切符号延长线上不对称的移出断面图，不必标注字母
按投影关系配置	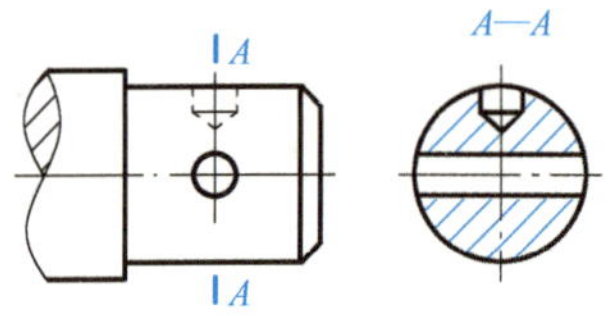	对称的移出断面图不必标注箭头
	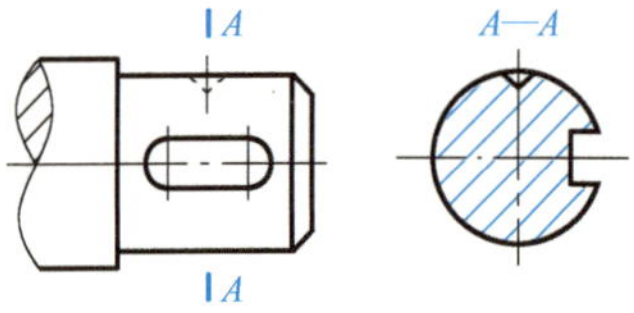	不对称的移出断面图不必标注箭头
配置在其他位置	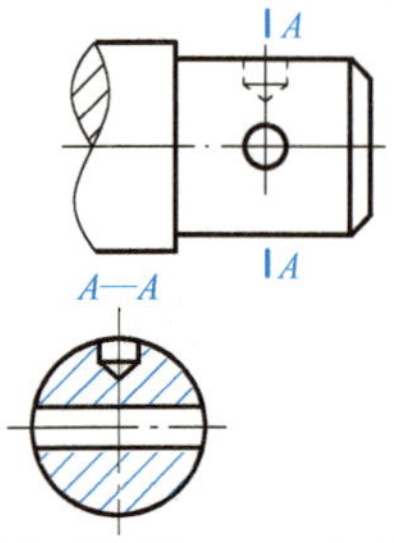	对称的移出断面图不必标注箭头
	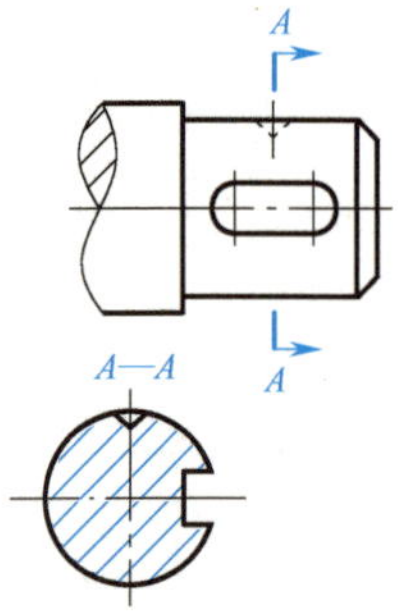	不对称的移出断面图应标注箭头和字母

续表

配置位置	图例	说明
配置在视图中断处	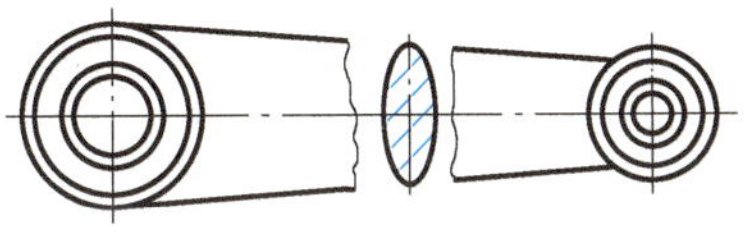	不必标注（图形不对称时，移出断面图不得画在中断处）

2. 重合断面图

重合断面图画在视图之内，轮廓线用细实线绘制。当视图中的轮廓线与重合断面图的图形重合时，视图中的轮廓线仍应连续画出，不可中断，如图 3—11a 所示。

对称的重合断面图不必标注，如图 3—11a 所示。不对称的重合断面图在不致引起误解时可省略标注，如图 3—11b 所示。

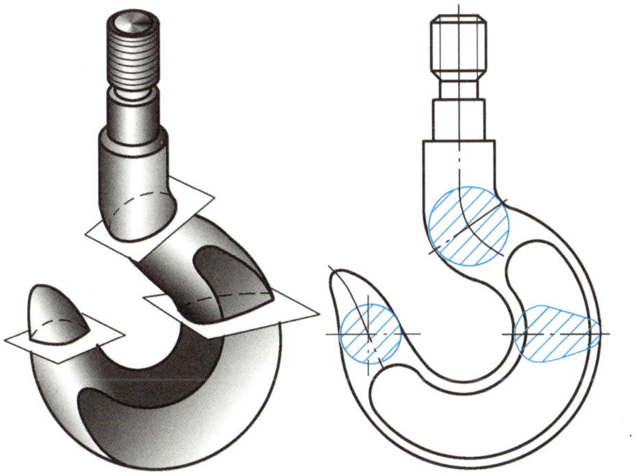

a）

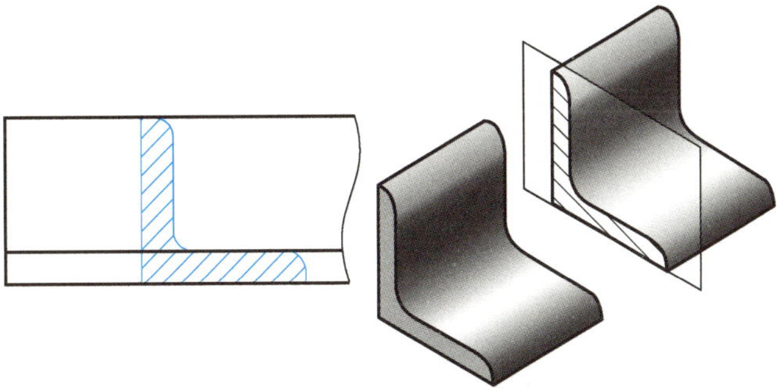

b）

图 3—11　重合断面图

§3—4　其他表示法

学习目标

能识读局部放大图及各种简化画法。

一、局部放大图

将机件的部分结构用大于原图形所采用的比例画出的图形，称为局部放大图，如图3—12所示。

绘制局部放大图时需要注意的事项如下：

（1）局部放大图尽量配置在被放大部位附近。

（2）局部放大图可以画成视图、剖视图、断面图，与被放大部分的表示方法无关。

（3）绘制时用细实线圈出被放大部位。

（4）被放大部位仅一个时，在局部放大图上方只需注明所采用的比例。

（5）当同一机件上有几处需要放大时，应用罗马数字依次标明放大的部位，并在局部放大图的上方标出相应的罗马数字和所采用的比例。

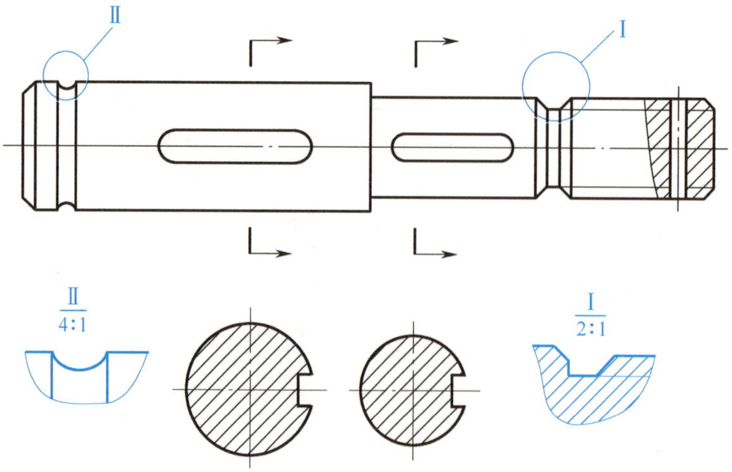

图3—12　局部放大图

二、简化画法

常见的简化画法见表 3—10。

表 3—10 常见的简化画法

名称	图例	说明
肋和轮辐的简化画法	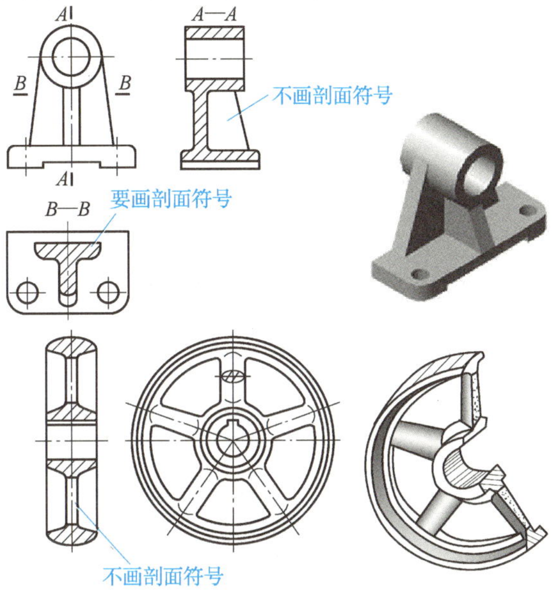	对于机件的肋、轮辐及薄壁等，如纵向剖切，这些结构都不画剖面符号，而用粗实线将它与其相邻部分分开
肋和孔的简化画法	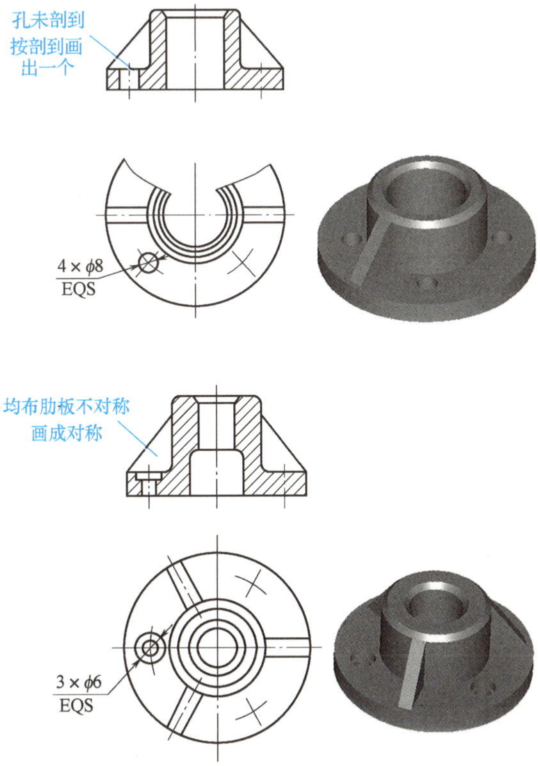	当零件回转体上均匀分布的肋、轮辐、孔等结构不处于剖切平面上时，可将这些结构旋转到剖切平面上画出

续表

名称	图例	说明
重复结构的简化画法	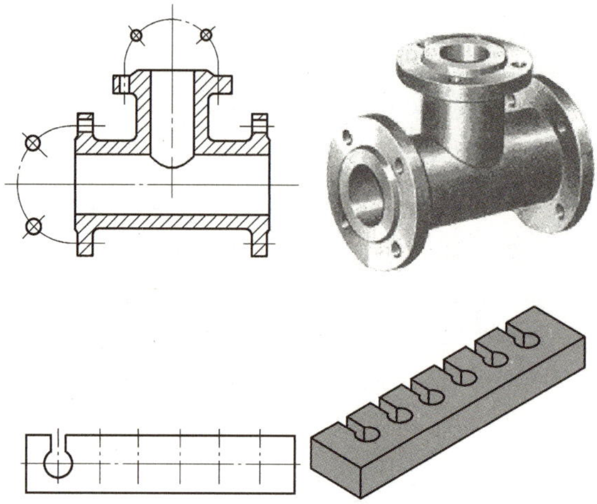	零件中成规律分布的重复结构，允许只绘制出其中一个或几个完整结构，并反映其分布情况 对称的重复结构用细点画线表示各对称结构要素的位置
	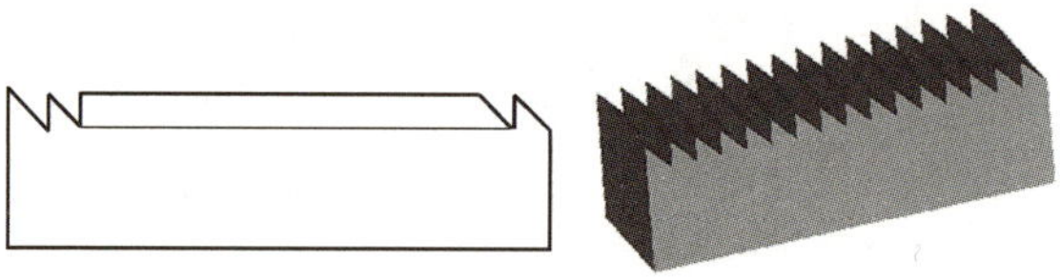	不对称的重复结构则用相连的细实线代替
断裂画法	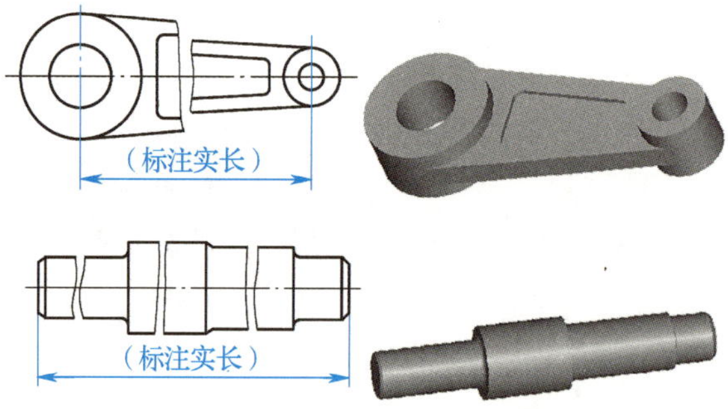	较长的机件沿长度方向的形状一致或按一定规律变化时，可断开后缩短绘制
网状结构的简化画法	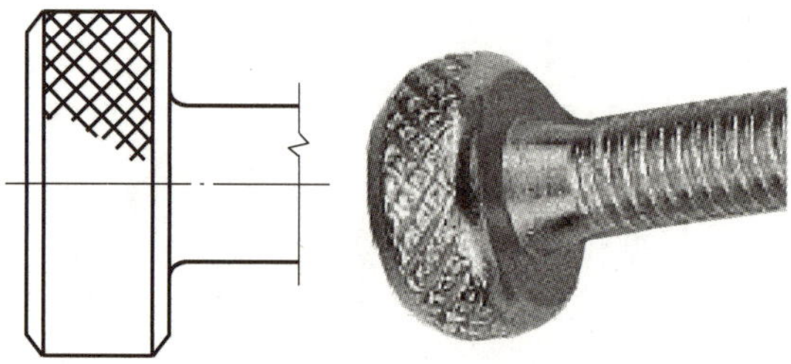	滚花、沟槽等网状结构，可用粗实线完全或者部分表示出来

续表

名称	图例	说明
对称机件的简化画法	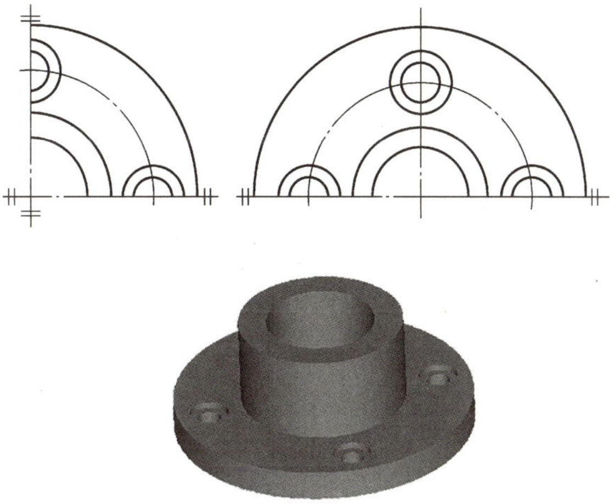	在不至于引起误解时，对称机件的视图可只画1/2或者1/4，并在对称中心线的两端画出两条与其垂直的平行细实线
平面画法	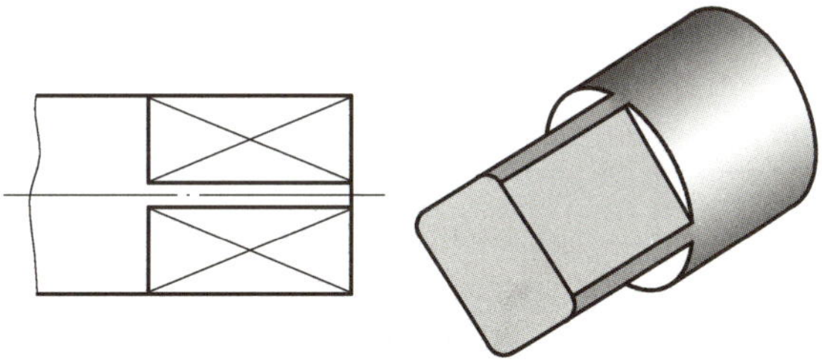	当回转体零件上的平面在图形中不能充分表达时，可用两条相交的细实线表示平面

第四章 常用零部件和结构要素的特殊表示法

§4—1 螺纹及螺纹紧固件的表示法

学习目标

1. 能按规定画法绘制螺纹并能识读螺纹标记。
2. 能绘制并识读装配图中常用的螺纹紧固件。

一、螺纹的要素（见表 4—1）

表 4—1 螺纹要素

螺纹要素名称	图例	说明
牙型	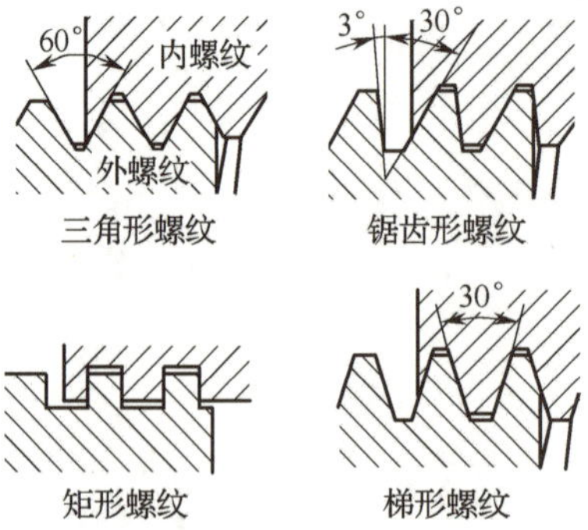	在通过螺纹轴线的断面上，螺纹的轮廓形状称为牙型。常见的有三角形、锯齿形、矩形、梯形等

续表

螺纹要素名称	图例	说明
螺纹直径	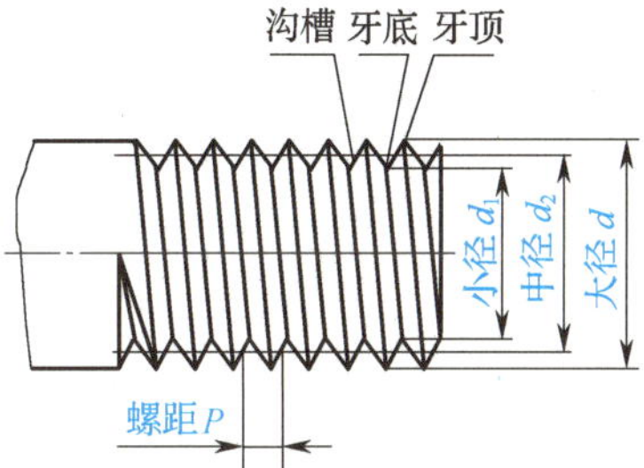 外螺纹 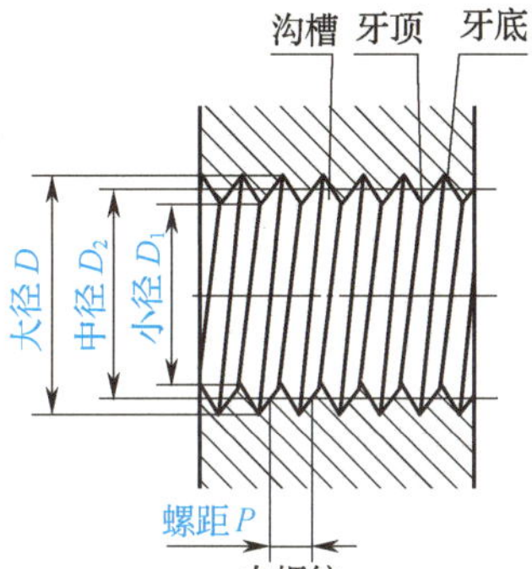 内螺纹	(1) d、D 分别为外螺纹、内螺纹大径 (2) d_1、D_1 分别为外螺纹、内螺纹小径 (3) d_2、D_2 分别为外螺纹、内螺纹中径 公称直径：代表螺纹尺寸的直径，除管螺纹外一般指螺纹的大径
线数（n）	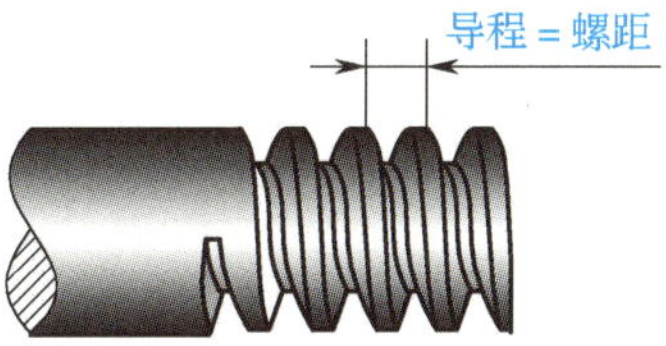 单线螺纹	单线：零件表面只加工一条螺纹 多线：零件表面加工两条或者两条以上螺纹
螺距（P）与导程（P_h）	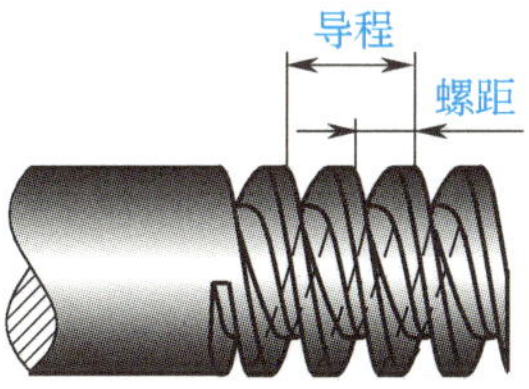 双线螺纹	螺距：相邻两牙在中径线上对应两点间的轴向距离 导程：同一条螺纹上相邻两牙在中径线上对应两点间的轴向距离 $P_h = nP$
旋向	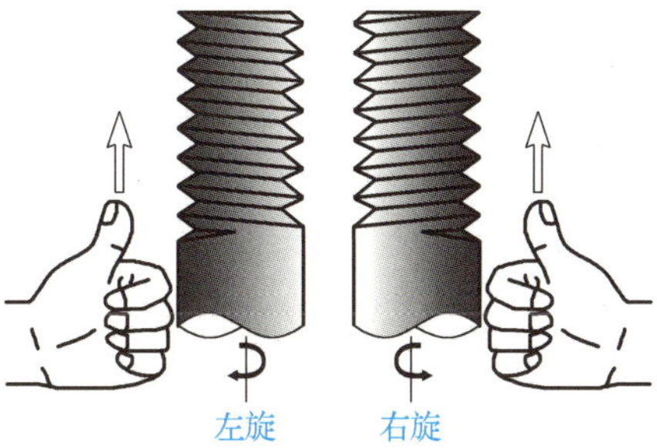	右旋：顺时针旋转时旋入的螺纹 左旋：逆时针旋转时旋入的螺纹

二、螺纹的表示法（见表 4—2）

表 4—2　　　　螺纹的表示法

表示对象	画法规定	说明
外螺纹	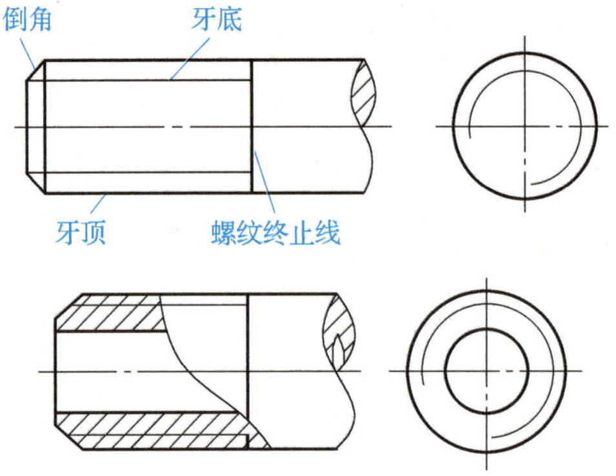	（1）螺纹牙顶（大径）和螺纹终止线用粗实线表示，牙底（小径）用细实线表示，并画入倒角。绘图时通常小径按大径的 0.85 倍计算 （2）在投影为圆的视图中，表示牙底的细实线圆只画约 3/4 圈，且倒角圆不应画出
内螺纹	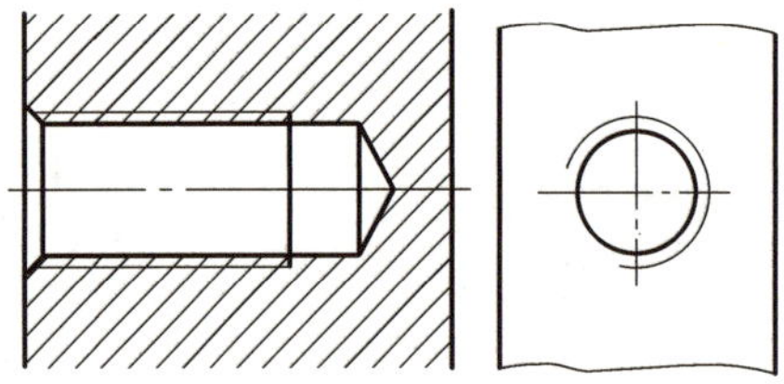	（1）在剖视图或断面图中，螺纹牙顶和螺纹终止线用粗实线表示，牙底用细实线表示 （2）在投影为圆的视图中，表示牙底的细实线只画约 3/4 圈，且倒角圆不应画出 （3）绘制不穿通的螺孔时，一般应将钻孔深度与螺纹部分的深度分别画出，底部的锥顶角应画成 120° （4）无论是内螺纹还是外螺纹，在剖视图或断面图中的剖面线都应画到粗实线
螺纹牙型	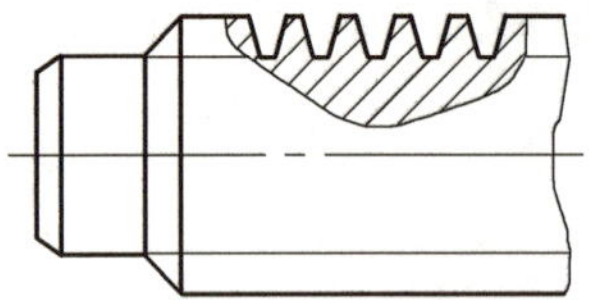	当需要表示螺纹牙型时，可采用局部剖视图或局部放大图画出几个牙型
螺纹旋合	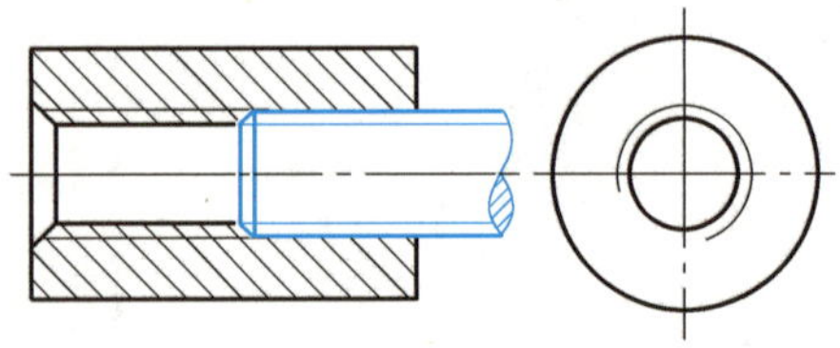	以剖视图表示内外螺纹的连接时，其旋合部分按外螺纹的画法绘制，其余部分仍按各自的画法表示。注意：表示内、外螺纹大、小径的粗实线和细实线应分别对齐

三、常用螺纹的种类和标注方法（见表 4—3）

表 4—3 常用螺纹的种类和标注方法

螺纹种类	标注内容与方式	标注示例	说明
粗牙普通螺纹	M24—5g6g—S 短旋合长度 中径、顶径公差带代号 公称直径 特征代号	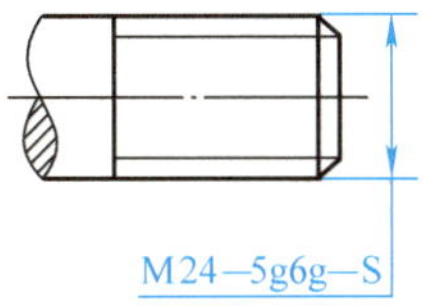	（1）粗牙普通螺纹不标注螺距 （2）右旋省略不注，左旋标注“LH”（下同） （3）旋合长度有中等（N）、短（S）、长（L）三种，中等旋合长度省略不注
细牙普通螺纹	M24×2—6h 中径、顶径公差带代号 螺距 公称直径 特征代号	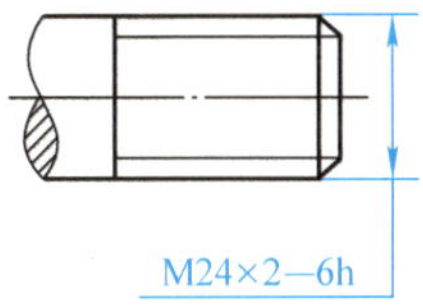	
梯形螺纹	Tr40×8—8e 中径公差带代号 螺距 公称直径 特征代号 Tr40×12(P6)LH—8e—L 长旋合长度 中径公差带代号 左旋 螺距 导程 公称直径 特征代号	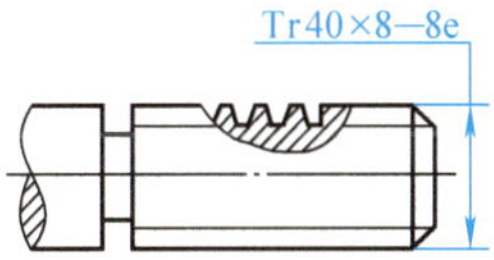	（1）只标注中径公差带代号 （2）旋合长度有中等（N）、长（L）两种 （3）单线螺纹只标注螺距，多线螺纹还要标注导程
锯齿形螺纹	B32×7—7c 中径公差带代号 螺距 公称直径 特征代号	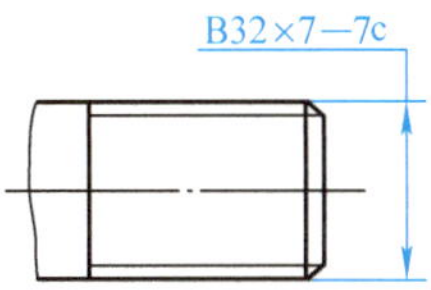	
55°非密封管螺纹	G 1 A 公差等级代号 尺寸代号 特征代号	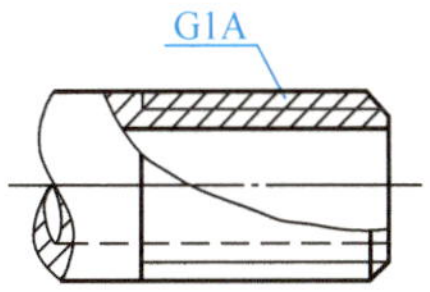	（1）外螺纹公差等级分 A 和 B 级两种 （2）内螺纹公差等级只有一种，故省略不注

续表

螺纹种类	标注内容与方式	标注示例	说明
55°密封管螺纹	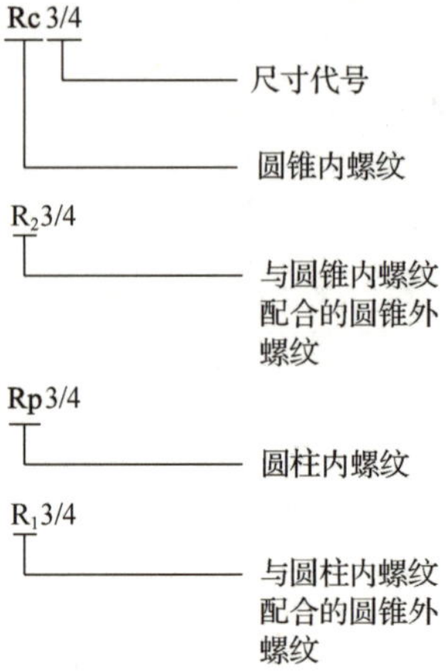	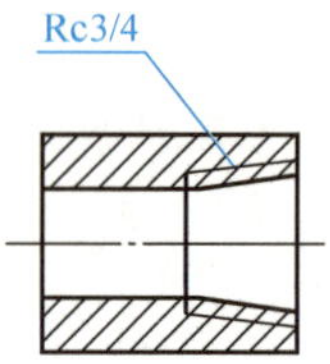	（1）尺寸代号并非大径数值，根据尺寸代号，查阅有关标准，可以获得螺纹的有关尺寸参数 （2）内、外螺纹只有一种公差带，故省略不注

四、常用螺纹紧固件

螺纹紧固件在汽车上的应用非常广泛。一辆普通汽车上有上千个螺纹紧固件，一些高档汽车上由于配置更加多样化，甚至有几千个螺纹紧固件。

1. 常用螺纹紧固件的标记（见表 4—4）

表 4—4　常用螺纹紧固件的标记

名称	图例	规定标记示例
六角头螺栓	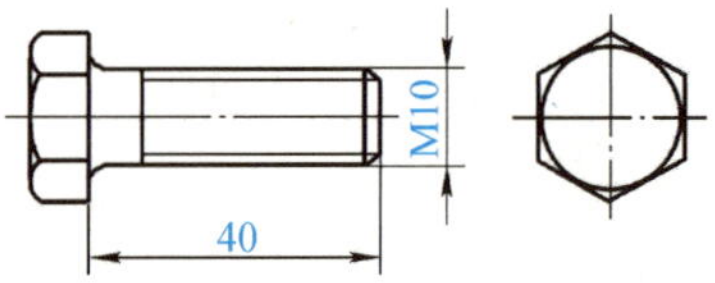 	螺栓　GB/T 5782　M10×40
双头螺柱	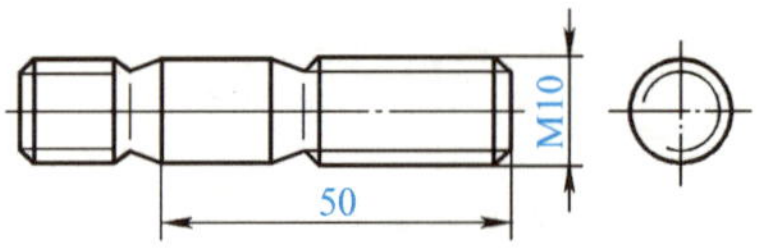 	螺柱　GB 899　M10×50
开槽沉头螺钉	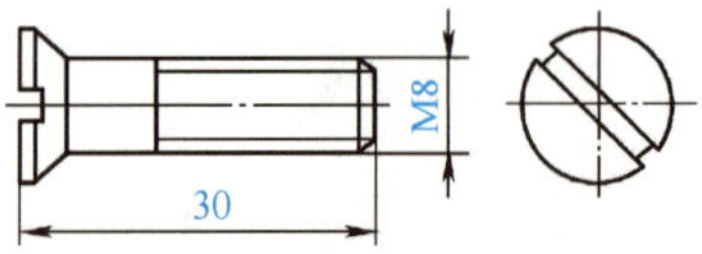 	螺钉　GB/T 68　M8×30

续表

名称	图例	规定标记示例
六角螺母	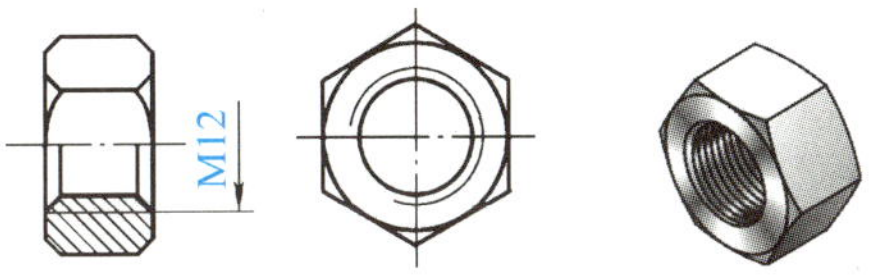	螺母　GB/T 6170　M12
平垫圈	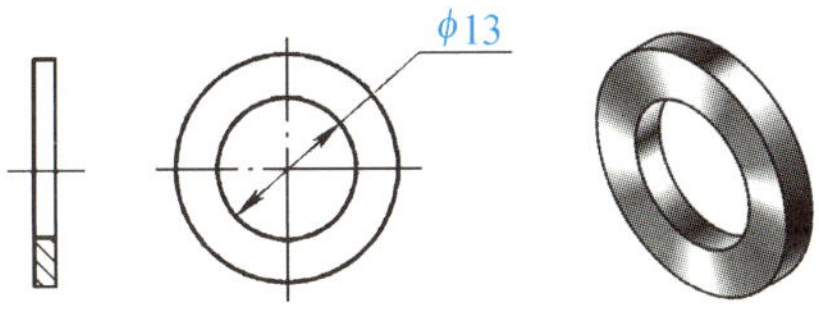	垫圈　GB/T 97.1　12
弹簧垫圈	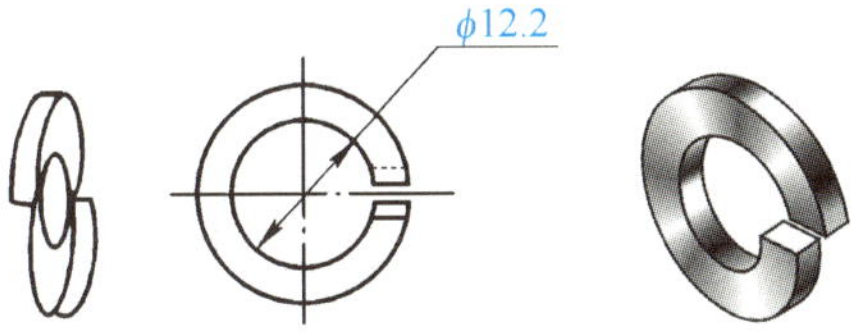	垫圈　GB 93　12

2. 螺栓连接的画法

螺栓常用来连接两个不太厚的零件，如图 4—1 所示。螺栓连接的画法如图 4—2 所示。常用螺纹紧固件近似画法的比例关系见表 4—5。

画螺栓连接图时应注意，螺栓的螺纹终止线应低于垫圈底面，以便拧紧螺母时还有足够的螺纹长度。

在装配图中螺纹紧固件的画法应遵守下列基本规定：

（1）当剖切平面通过螺杆的轴线时，螺栓、螺柱、螺钉、螺母、垫圈等均按未剖切绘制。螺纹紧固件的工艺结构，如倒角、退刀槽等均可省略不画。

（2）两零件接触表面画一条线，不接触表面画两条线。

（3）两零件相邻时，不同零件的剖面线应方向相反，或者方向相同、间隔不等。

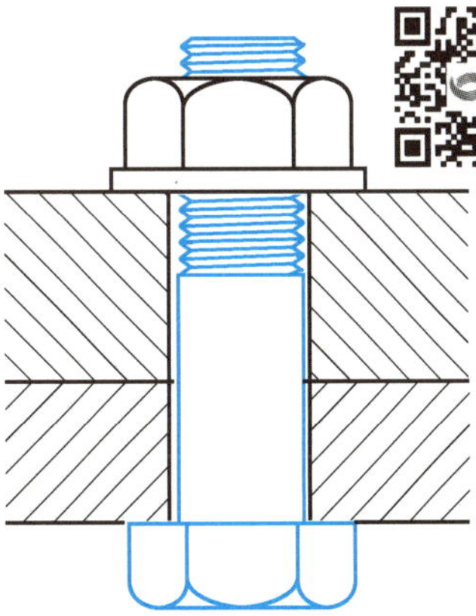

图 4—1　螺栓连接

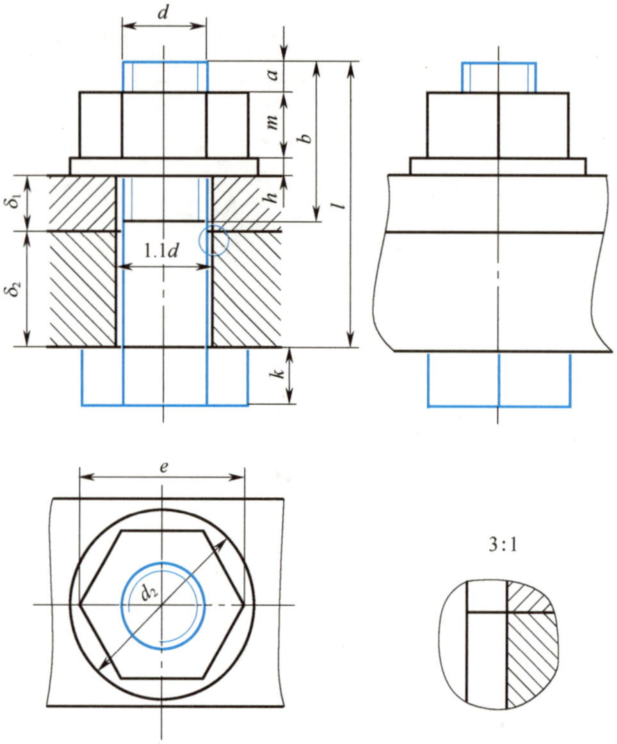

图 4—2　螺栓连接的画法

表 4—5　　常用螺纹紧固件近似画法的比例关系

名称	尺寸比例	名称	尺寸比例
螺栓	$b=2d$ $k=0.7d$ $e=2d$ $a=0.3d$ $l=\delta_1+\delta_2+h+m+a$	螺母	$e=2d$ $m=0.8d$
		平垫圈	$h=0.15d$ $d_2=2.2d$
螺柱	$b=2d$ $l_2=b_m+0.3d$ $l_3=b_m+0.6d$ 钢 $b_m=d$；铸铁 $b_m=1.25d$ 或 $1.5d$；铝 $b_m=2d$ $l=\delta+s+m+a$	弹簧垫圈	$s=0.25d$ $D=1.3d$
		被连接件	$D_0=1.1d$

3. 双头螺柱连接的画法

双头螺柱通常用来连接一个比较厚、一个比较薄的零件，如图 4—3 所示。双头螺柱连接的画法如图 4—4 所示，图中的比例关系见表 4—5。

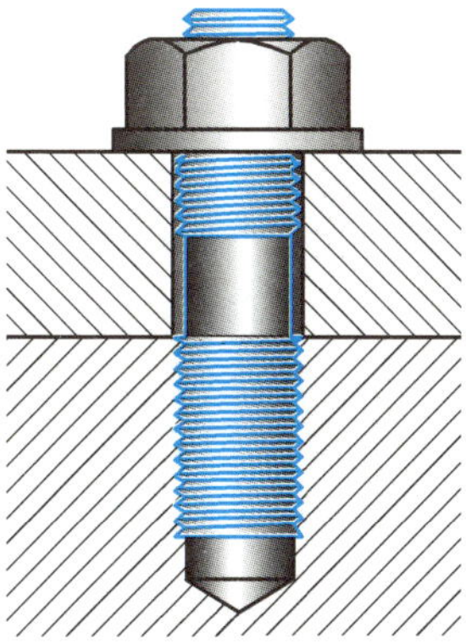

● 图 4—3　双头螺柱连接

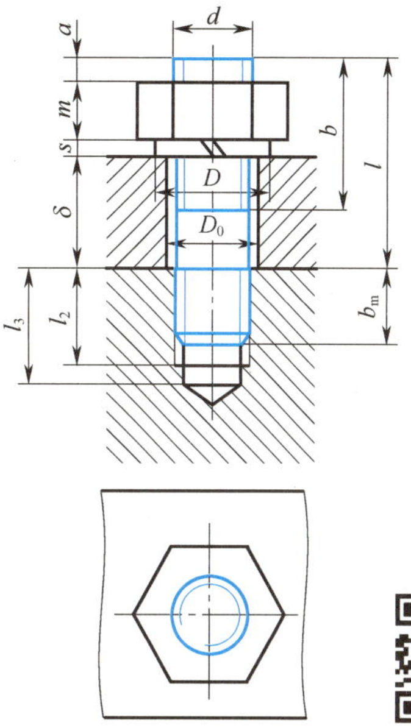

● 图 4—4　双头螺柱连接的画法

画双头螺柱连接图时应注意，双头螺柱下部旋入端的螺纹终止线应与接合面平齐，表示旋入端已足够拧紧。

4. 螺钉连接的画法

螺钉一般用于连接一个比较薄、一个比较厚并且受力不大、不常拆卸的零件，如图 4—5 所示。螺钉连接的画法如图 4—6 所示。

画螺钉连接图时应注意，螺钉的螺纹终止线应超出两连接件的接合面，表示螺钉还有拧紧的余地。

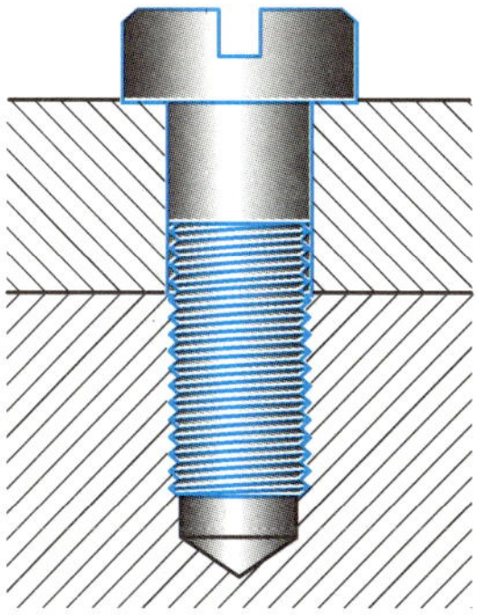

● 图 4—5　螺钉连接

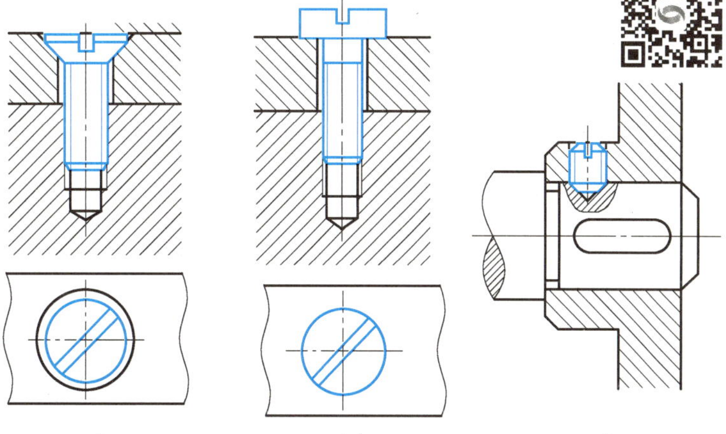

a）　b）　c）

● 图 4—6　螺钉连接的画法

§4—2　齿轮的画法

学习目标

1. 了解直齿圆柱齿轮的几何要素。
2. 能按圆柱齿轮的规定画法绘制齿轮，并能识读齿轮图样。

齿轮是汽车运行中广泛采用的传动零件。它既可以传递动力，又可以改变转速和回转方向。汽车中齿轮的种类很多，变速器、主减速器和差速器的主要部分都是齿轮传动装置。常见的齿轮传动种类如图4—7所示。

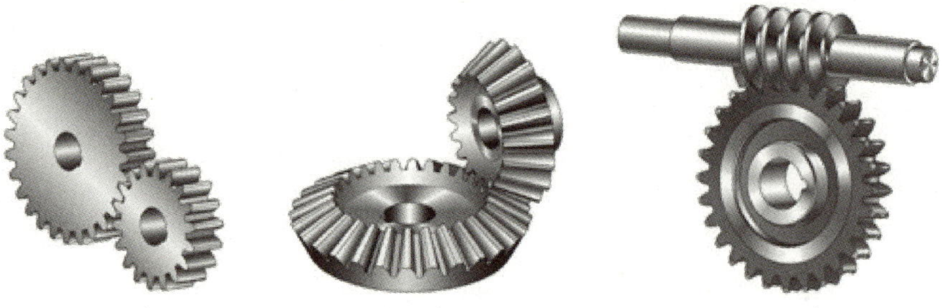

a)　　b)　　c)

图4—7　常见的齿轮传动种类

a）圆柱齿轮传动　b）锥齿轮传动　c）蜗轮蜗杆传动

圆柱齿轮的轮齿分为直齿、斜齿和人字齿等。

一、直齿圆柱齿轮的几何要素（见图4—8）

1. 齿数（z）

齿数是指齿轮的轮齿总数。

2. 齿顶圆（d_a）

通过轮齿顶端的圆称为齿顶圆。

3. 齿根圆（d_f）

通过轮齿根部的圆称为齿根圆。

4. 分度圆（d）和节圆（d'）

分度圆是位于齿根圆和齿顶圆之间的假想圆，齿轮的轮齿尺寸均以此圆直径为基础确定，该圆上的齿厚（s，弧长）与齿槽宽（e，弧长）相等。

两齿轮啮合时，位于连心线 O_1O_2 上的两齿廓接触点 C，称为节点。分别以 O_1、O_2 为圆心，O_1C、O_2C 为半径所作的两个相切的圆称为节圆，其直径用 d' 表示。正确安装的标准齿轮的节圆与分度圆重合，即 $d'=d$，如图 4—8b 所示。

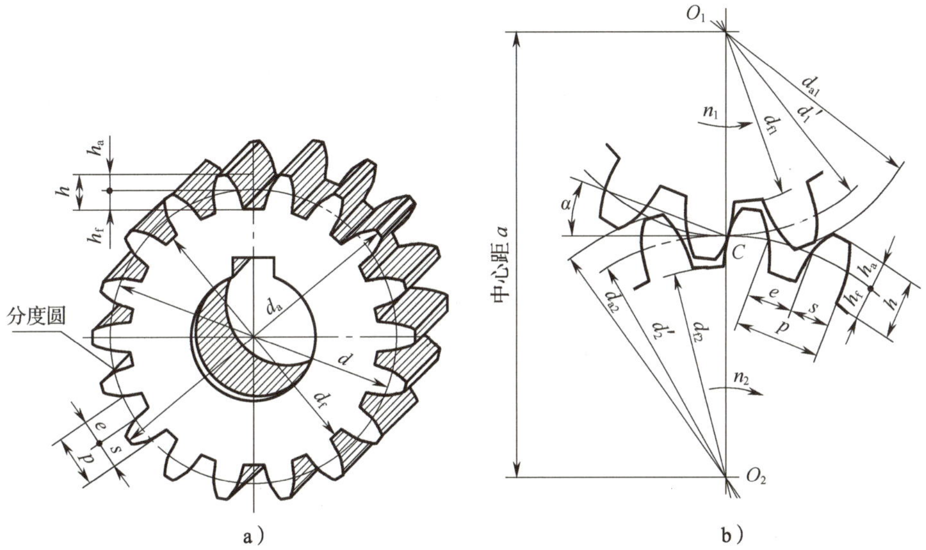

图 4—8　齿轮的几何要素及代号

5. 齿距（p）

在分度圆上，相邻两齿对应齿廓之间的弧长称为齿距。

6. 齿顶高（h_a）

齿顶圆与分度圆之间的径向距离称为齿顶高。

7. 齿根高（h_f）

齿根圆与分度圆之间的径向距离称为齿根高。

8. 齿高（h）

齿顶圆与齿根圆之间的径向距离称为齿高。

9. 模数（m）

由分度圆周长 $\pi d=pz$ 可以得出：$d=\frac{p}{\pi}z=mz$，即 $m=\frac{p}{\pi}$。

模数是设计、制造齿轮的重要参数，相互啮合的两个齿轮的模数 m 相等。

10. 中心距（a）

两齿轮轴线之间的距离称为中心距。

直齿圆柱齿轮各部分尺寸关系见表 4—6。

表 4—6　　直齿圆柱齿轮各部分尺寸关系

名称	符号	公式	名称	符号	公式
分度圆直径	d	$d=mz$	齿根高	h_f	$h_f=1.25m$
齿顶圆直径	d_a	$d_a=m(z+2)$	齿高	h	$h=h_a+h_f=2.25m$
齿根圆直径	d_f	$d_f=m(z-2.5)$	中心距	a	$a=m(z_1+z_2)/2$
齿顶高	h_a	$h_a=m$	齿距	p	$p=\pi m$

二、圆柱齿轮的规定画法

1. 单个齿轮的画法

轮齿有多种不同类型，如直齿、斜齿、人字齿等，如图 4—9 所示。轮齿部分一般按照如图 4—10 所示的规定绘制。

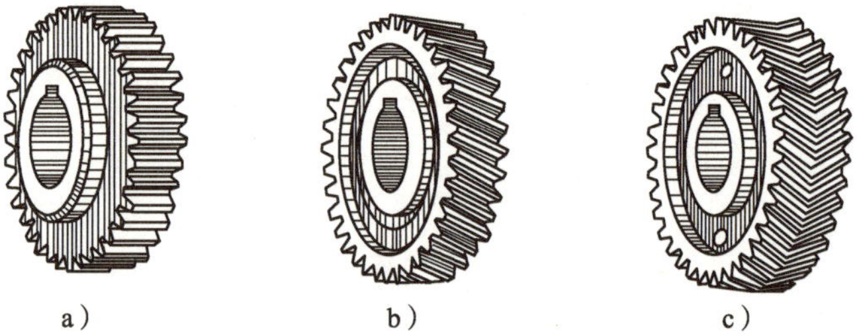

图 4—9　轮齿的种类

a）直齿齿轮　b）斜齿齿轮　c）人字齿齿轮

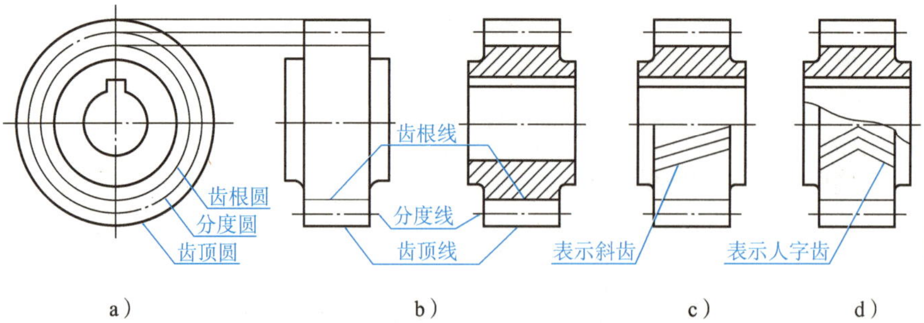

图 4—10　圆柱齿轮的规定画法

（1）齿顶圆和齿顶线用粗实线绘制。

（2）分度圆和分度线用细点画线绘制。

（3）齿根圆和齿根线用细实线绘制，也可省略不画；在剖视图中，齿根线用粗实线绘制。

（4）在剖视图中，当剖切平面通过齿轮的轴线时，轮齿一律按不剖处理。

（5）当轮齿为斜齿或者人字齿时，按照图 4—10c、d 画出。

齿轮的零件图中，轮齿部分只需要标注齿顶圆直径、分度圆直径和齿宽的尺寸，齿轮的基本参数在图样的右上角列表注明。轮体部分的画法及尺寸标注与一般零件相同，如图 4—11 所示。

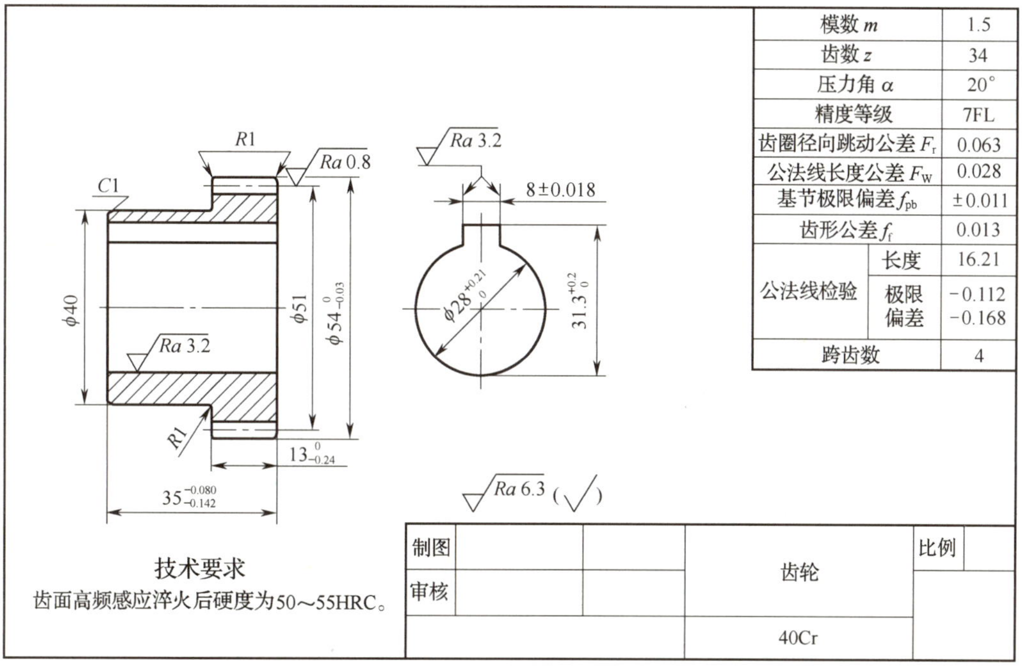

图 4—11　齿轮的零件图

2. 圆柱齿轮啮合的画法

圆柱齿轮啮合的画法如图 4—12 所示。

（1）在垂直于圆柱齿轮轴线投影面的视图中，啮合区的齿顶圆均用粗实线绘制，如图 4—12a 左视图所示；也可省略不画，如图 4—12b 左视图所示。相切的两节圆用细点画线画出。

（2）在平行于圆柱齿轮轴线投影面的视图中，啮合区的齿顶线不需画出，节线用粗实线绘制，其他处的节线用细点画线绘制，如图 4—12b 主视图所示。

（3）在圆柱齿轮啮合的剖视图中，当剖切平面通过两啮合齿轮的轴线时，在啮合区域内，两齿轮节线重合，画细点画线，齿根线画粗实线。齿顶线的画法是将一个齿轮的轮齿作为可见，画成粗实线，另一个齿轮的轮齿被遮住部分画成细虚线，该细虚线也可省略不画，如图 4—12a 主视图所示。

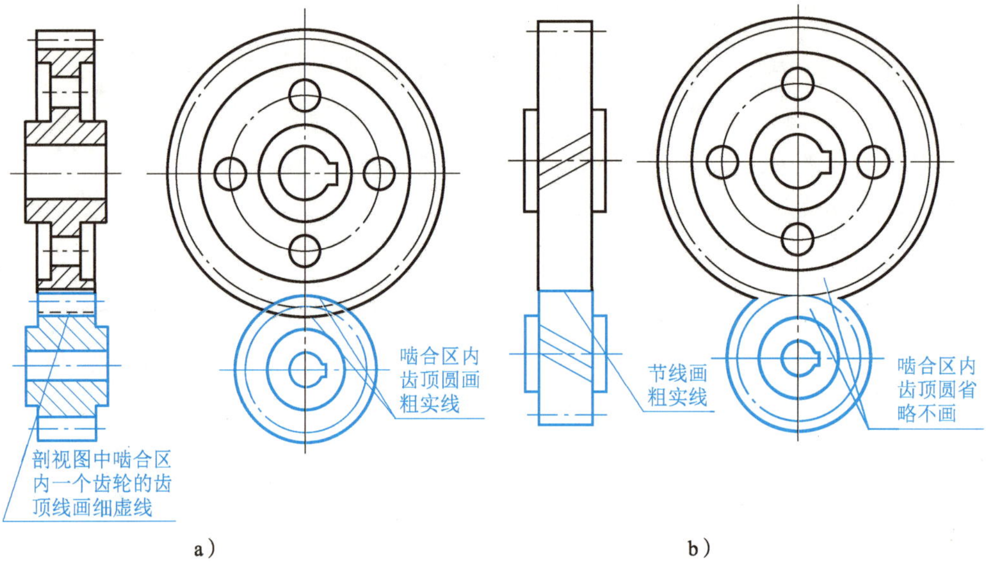

图 4—12 圆柱齿轮啮合的画法

§4—3 键连接和销连接的画法

学习目标

能识读键、销连接图。

键、销等常用零件是汽车传动不可缺少的重要部分，这些零件的类型很多，其作用也有很大的区别，正确认识它们的结构、画法，进行有效的选用，是汽车维修人员应该掌握的基本技能。

一、键的种类和键连接的画法

键连接是一种可拆卸的连接，键通常用来连接轴和装在轴上的传动零件（如齿轮、带轮等），使轴和传动件一起转动，如图 4—13 所示。

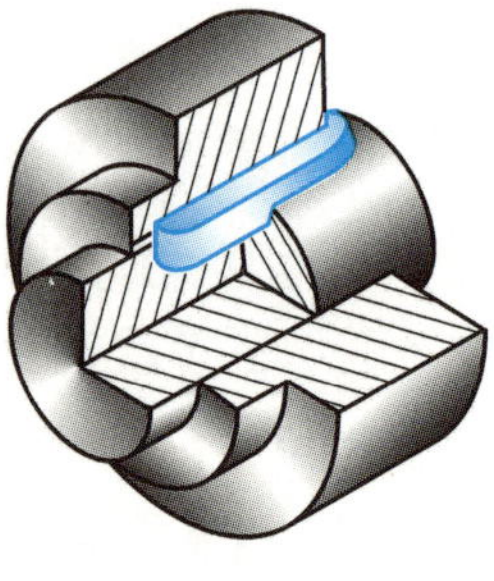

图 4—13 键连接

1. 常用键的种类

键的种类很多，常用的有普通平键、半圆键等，如图 4—14 所示。

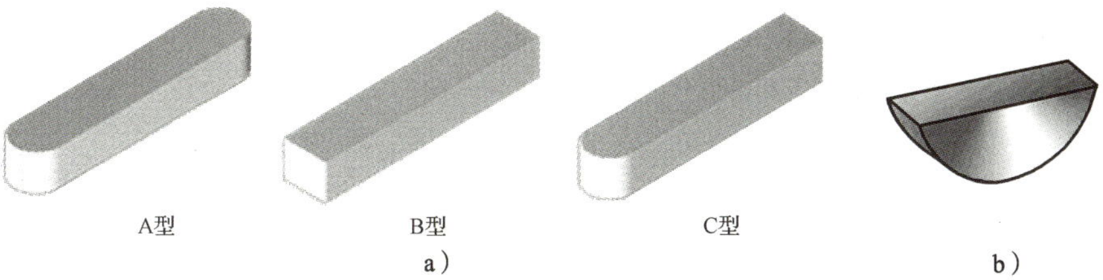

图 4—14　常用键

a）普通平键　b）半圆键

2. 常用键的画法和标记（见表 4—7）

表 4—7　常用键的画法和标记

名称	标准号	图例	标记
普通平键	GB/T 1096—2003	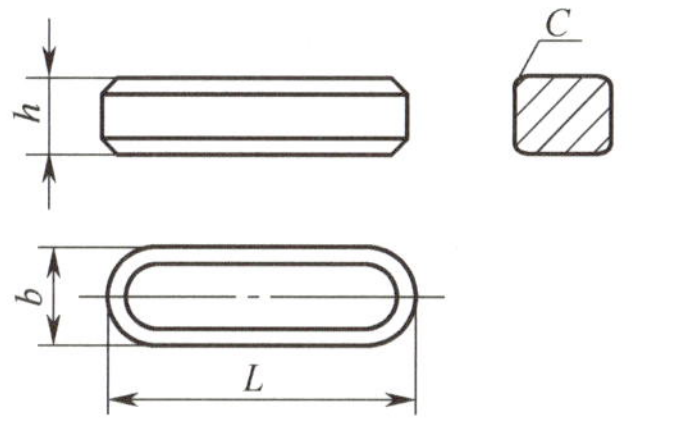	b=18 mm，h=11 mm，L=100 mm 的普通 A 型平键标记为： GB/T 1096　键 18×11×100
半圆键	GB/T 1099.1—2003	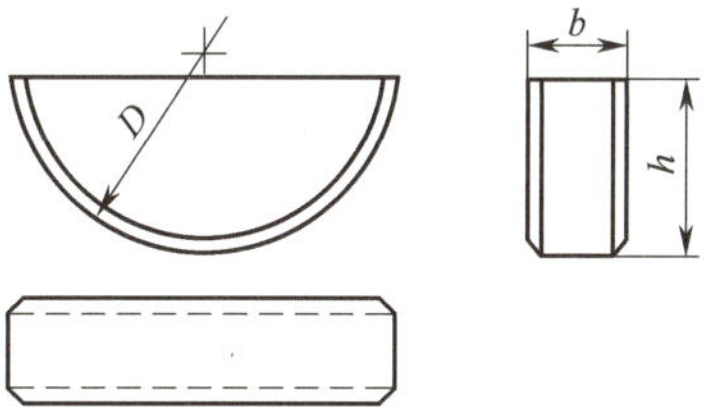	b=6 mm，h=10 mm，D=25 mm 的半圆键标记为： GB/T 1099.1　键 6×10×25

3. 键连接的画法（见表 4—8）

表 4—8　键连接的画法

名称	连接画法	说明
普通平键	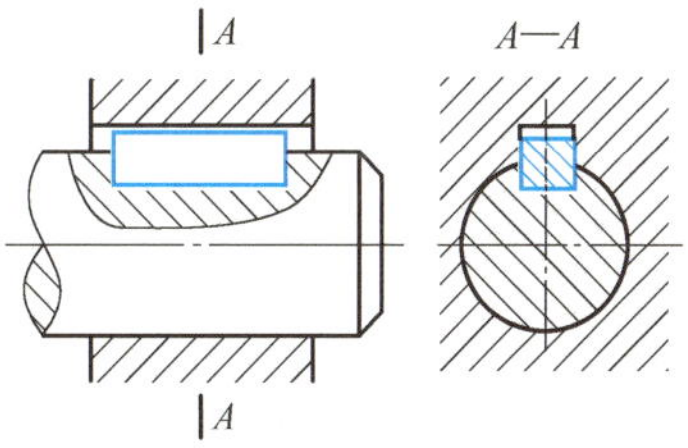	（1）键的两侧面为工作面 （2）键的两侧面和下底面都与轴上、轮上键槽的相应表面接触，均应画成一条线 （3）键的顶面与轮毂的键槽之间有一定的间隙，画成两条线
半圆键	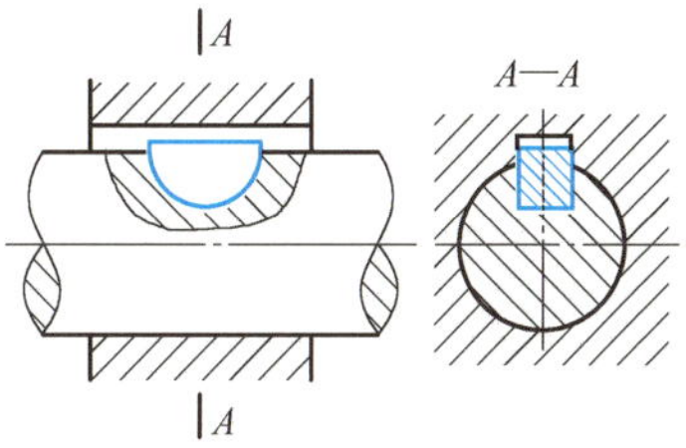	

二、销的种类和销连接的画法

销主要用于零件之间的连接和定位。常用的有圆柱销、圆锥销和开口销等。销的形式、标记和连接画法见表 4—9。

表 4—9　　销的形式、标记和连接画法

名称与标准号	形式	标记示例	连接画法
圆柱销（GB/T 119.1—2000）	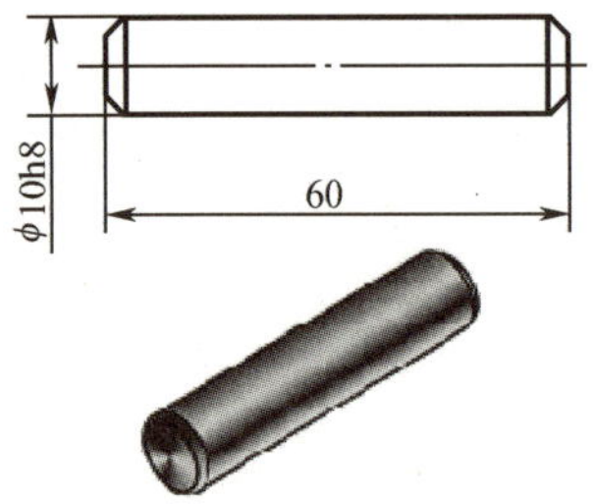	销　GB/T 119.1 10h8×60	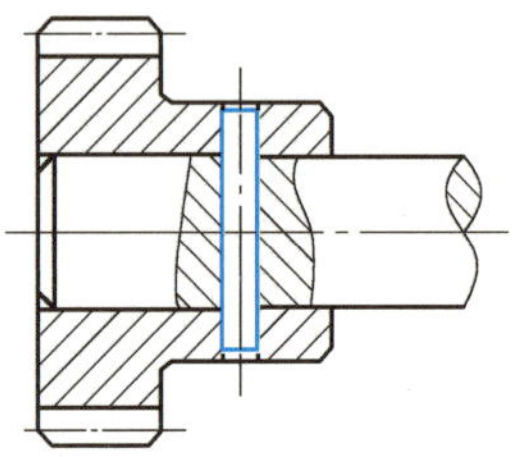
圆锥销（GB/T 117—2000）	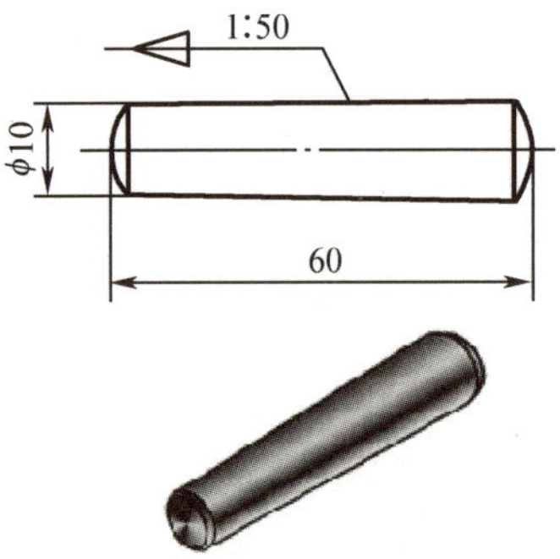	销　GB/T 117 10×60	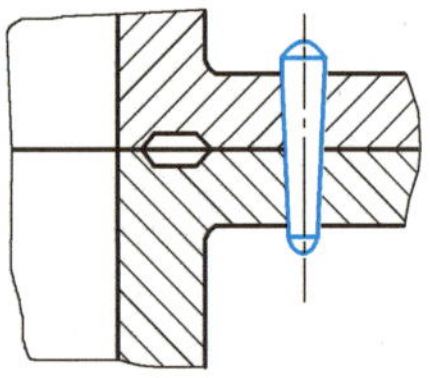
开口销（GB/T 91—2000）	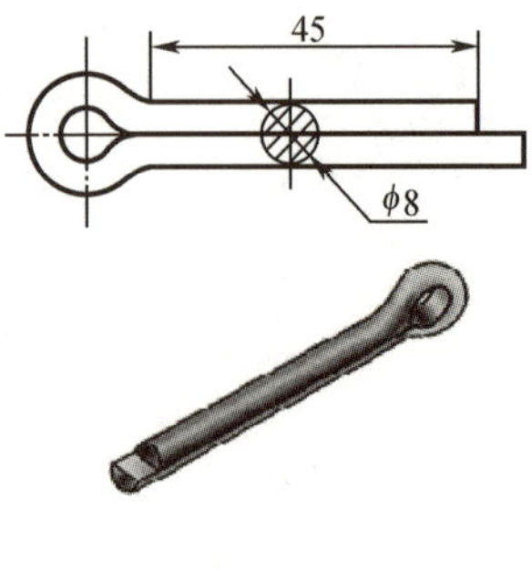	销　GB/T 91 8×45	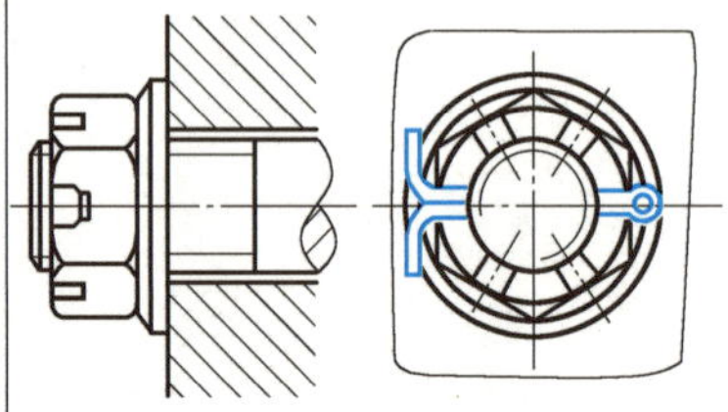

§4—4　滚动轴承的画法

学习目标

1. 能识读装配图中的滚动轴承。
2. 能解释滚动轴承上的标记。

滚动轴承是各种机械、交通运输设备中用来支承旋转轴的部件，其结构如图 4—15 所示。

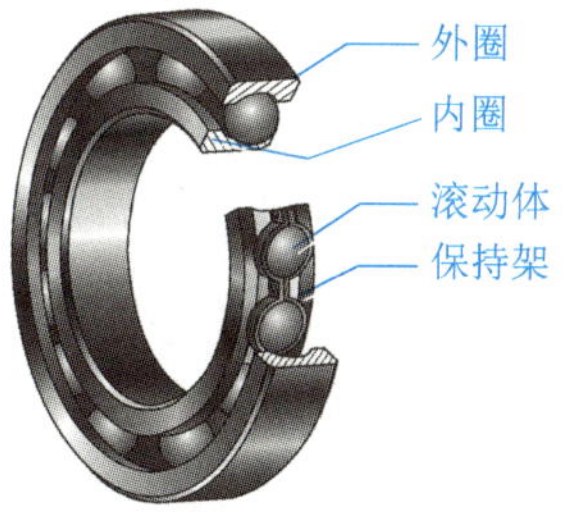

图 4—15　滚动轴承的基本结构

一、滚动轴承的标记

滚动轴承的标记由名称、代号、标准编号三部分组成。如滚动轴承标记：

滚动轴承　6308　GB/T 276—2013

名称——滚动轴承；滚动轴承代号——6308；标准编号——GB/T 276—2013

其中滚动轴承代号由基本代号、前置代号和后置代号构成。

1. 基本代号

基本代号表示轴承的基本类型、结构和尺寸，是轴承代号的基础。基本代号（滚针轴承除外）由轴承类型代号、尺寸系列代号、内径代号三部分组成，例如：

滚动轴承　6　2　07　GB/T 276—2013

轴承类型代号——6；尺寸系列代号——2；内径代号——07

（1）轴承类型代号

轴承类型代号用数字或字母表示，见表 4—10。如“6”表示深沟球轴承；“0”表示双列角接触球轴承，在轴承类型代号中可省略“0”。

表 4—10　滚动轴承类型代号（摘自 GB/T 272—2017）

代号	轴承类型	代号	轴承类型
0	双列角接触球轴承	6	深沟球轴承
1	调心球轴承	7	角接触球轴承
2	调心滚子轴承和推力调心滚子轴承	8	推力圆柱滚子轴承
3	圆锥滚子轴承	N	圆柱滚子轴承（双列或多列用字母 NN 表示）
4	双列深沟球轴承	U	外球面球轴承
5	推力球轴承	QJ	四点接触球轴承

注：在表中代号后或前加字母或数字表示该类轴承中的不同结构。

（2）尺寸系列代号

尺寸系列代号用数字表示。尺寸系列代号由轴承的宽（高）度系列代号和直径系列代号组合而成。向心轴承和推力轴承尺寸系列代号符合表 4—11 的规定。

表 4—11　向心轴承和推力轴承尺寸系列代号

直径系列代号	向心轴承								推力轴承			
	宽度系列代号								高度系列代号			
	8	0	1	2	3	4	5	6	7	9	1	2
	尺寸系列代号											
7	—	—	17	—	37	—	—	—	—	—	—	—
8	—	08	18	28	38	48	58	68	—	—	—	—
9	—	09	19	29	39	49	59	69	—	—	—	—
0	—	00	10	20	30	40	50	60	70	90	10	—
1	—	01	11	21	31	41	51	61	71	91	11	—
2	82	02	12	22	32	42	52	62	72	92	12	22
3	83	03	13	23	33	—	—	—	73	93	13	23
4	—	04	—	24	—	—	—	—	74	94	14	24
5	—	—	—	—	—	—	—	—	—	95	—	—

（3）内径代号

轴承的内径代号用数字表示，并符合表 4—12 的规定。

表 4—12　　内径代号

<table>
<tr><th colspan="2">轴承公称内径（mm）</th><th>内径代号</th><th>示例</th></tr>
<tr><td colspan="2">0.6～10（非整数）</td><td>用公称内径毫米数直接表示，在其与尺寸系列代号之间用“/”分开</td><td>深沟球轴承　617/0.6　d=0.6 mm
深沟球轴承　618/2.5　d=2.5 mm</td></tr>
<tr><td colspan="2">1～9（整数）</td><td>用公称内径毫米数直接表示，对深沟及角接触球轴承直径系列 7、8、9，内径与尺寸系列代号之间用“/”分开</td><td>深沟球轴承　625　d=5 mm
深沟球轴承　618/5　d=5 mm
角接触球轴承　707　d=7 mm
角接触球轴承　719/7　d=7 mm</td></tr>
<tr><td rowspan="4">10～17</td><td>10</td><td>00</td><td>深沟球轴承　6200　d=10 mm</td></tr>
<tr><td>12</td><td>01</td><td>调心球轴承　1201　d=12 mm</td></tr>
<tr><td>15</td><td>02</td><td>圆柱滚子轴承　NU202　d=15 mm</td></tr>
<tr><td>17</td><td>03</td><td>推力球轴承　51103　d=17 mm</td></tr>
<tr><td colspan="2">20～480（22、28、32 除外）</td><td>用公称内径毫米数除以 5 的商数表示，商数为个位数时，需在商数左边加“0”，如 08</td><td>调心滚子轴承　22308　d=40 mm
圆柱滚子轴承　NU1096　d=480 mm</td></tr>
<tr><td colspan="2">≥500 以及 22、28、32</td><td>用公称内径毫米数直接表示，但在其与尺寸系列代号之间用“/”分开</td><td>调心滚子轴承　230/500　d=500 mm
深沟球轴承　62/22　d=22 mm</td></tr>
</table>

2. 前置代号和后置代号

前置代号和后置代号是轴承在形状、结构、尺寸、公差、技术要求等方面有改变时，在其基本代号的左右添加的补充代号。其相关规定可查阅国家标准 GB/T 272—2017。

3. 滚动轴承标记示例

示例 1：滚动轴承　6 2 03　GB/T 276—2013

- 03 —— 内径代号，d=17 mm
- 2 —— 尺寸系列（02）代号
- 6 —— 类型代号（深沟球轴承）

示例 2：滚动轴承　2 04　GB/T 296—2015

- 04 —— 内径代号，d=4×5=20 mm
- 2 —— 尺寸系列（02）代号
- （空）—— 类型代号（双列角接触球轴承，“0”可省略）

示例 3：滚动轴承　3　22　10　GB/T 297—2015

- 10：内径代号，$d=10\times5=50$ mm
- 22：尺寸系列代号
- 3：类型代号（圆锥滚子轴承）

二、滚动轴承的表示法

滚动轴承是标准件，为使绘图简便，国家标准规定了简化表示法。常用的简化表示法有规定画法和通用画法。常用滚动轴承的规定画法见表 4—13。

表 4—13　　常用滚动轴承的规定画法

名称	结构形式	规定画法	规定标记示例
深沟球轴承 （GB/T 276—2013）	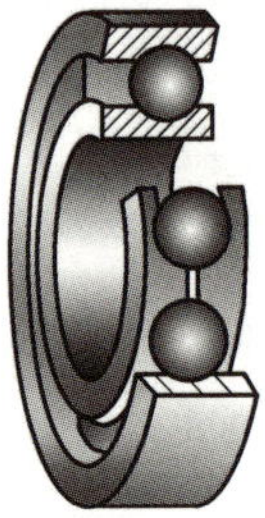	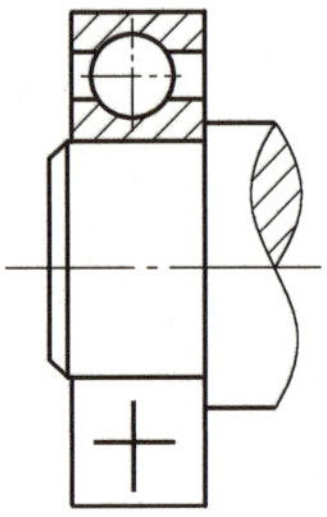	滚动轴承　6　2　06　GB/T 276—2013 06：轴承内径 $d=6\times5=30$mm 2：尺寸系列代号 6：深沟球轴承
圆锥滚子轴承 （GB/T 297—2015）		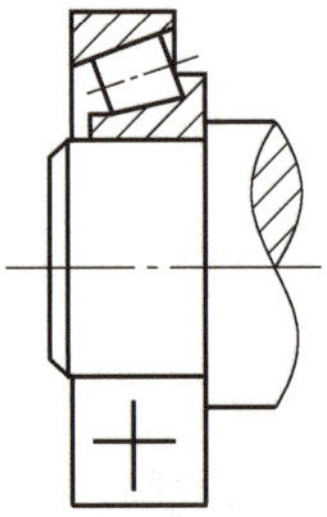	滚动轴承　3　03　08　GB/T 297—2015 08：轴承内径 $d=8\times5=40$mm 03：尺寸系列代号 3：圆锥滚子轴承
推力球轴承 （GB/T 301—2015）		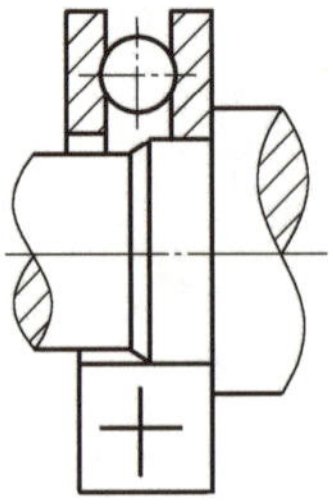	滚动轴承　5　11　04　GB/T 301—2015 04：轴承内径 $d=4\times5=20$mm 11：尺寸系列代号 5：推力球轴承

在装配图中，若不必确切地表示滚动轴承的外形轮廓、载荷特性及结构特征，可采用通用画法。通用画法是在轴的两侧用矩形线框（粗实线）及位于线框中央正立的十字形符号（粗实线）表示，如图 4—16 所示。通用画法适用于表达各种类型的滚动轴承。

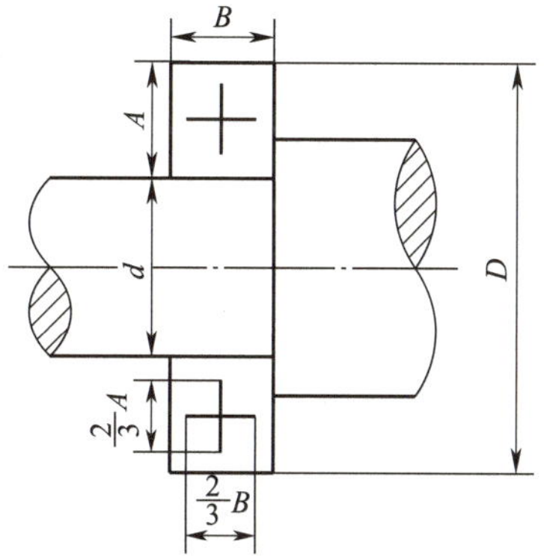

图 4—16　滚动轴承的通用画法

实践观察

从汽车装置中找出下列各种常用零部件，观察其形状、结构并说出其作用。

（1）螺栓、双头螺柱、螺钉、螺母、垫圈等。

（2）不同类型、不同轮体结构的齿轮。

（3）键和销。

第五章

零件图

§5—1　零件图概述

学习目标

了解零件图的内容和作用。

任何一台机器或一个部件都是由若干零件组装而成的，而加工零件首先要以零件图为依据。图 5—1 所示的活塞销即汽车发动机活塞连杆总成中的一个零件。

从图 5—1 所示的零件图中可以了解汽车活塞销的形状、尺寸大小、材料和加工要求等。零件图是表达零件的形状、大小、材料和加工要求的图样，是制造和检验零件的依据，是生产部门的基本技术文件。

由图 5—1 可知，一张完整的零件图应包含一组视图、完整的尺寸、技术要求和标题栏四项内容。

一、一组视图

综合运用视图、剖视图、断面图和其他规定画法，把零件的内外形状和结构完整、准确、清晰地表达出来。

二、完整的尺寸

完整的尺寸是指用以确定零件形状、大小及各部分结构的相对位置，能满足零件制造和检验所需要的全部尺寸。尺寸标注要求做到正确、完整、清晰、合理。

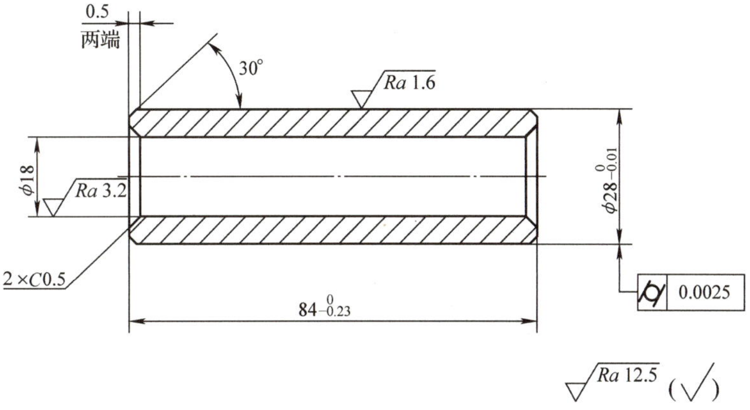

技术要求

1. 内外圆表面渗碳，渗碳层深度为0.7~1.0。
2. 外圆表面硬度为58~63HRC。
3. 心部硬度为24~35HRC。

制图			活塞销	比例	1:1
审核					
			15Cr		

图 5—1　汽车活塞销零件图

三、技术要求

用国家标准规定的符号、代号、标记或文字，说明零件在制造、检验和装配过程中应达到的技术要求，如尺寸公差、表面结构要求、几何公差、热处理及表面处理的要求等。

四、标题栏

标题栏是指用以填写零件名称、材料、图号、比例以及制图、审核人员签名和日期等的表格。

§5—2 零件表达方案的选择

学习目标

1. 能初步确定较简单零件的表达方案。
2. 能识读简单零件图。

汽车活塞销可以有图 5—1 和图 5—2（活塞销尺寸及加工要求同图 5—1，两端四处倒角，图略）两种表达方案。哪一种表达方案更简练呢？很显然，图 5—1 只用一个剖视图就简单、直观、清楚地表达了活塞销的内、外结构及形状。因此，要正确、完整、清晰地表达零件的结构及形状，必须根据零件的结构特点，灵活地选择视图、剖视图、断面图等表达方法，恰当地选择主视图和其他视图，确定一个比较合理的表达方案，在满足充分表达零件结构和形状及看图方便的前提下，使视图数量最少，力求表达简便。

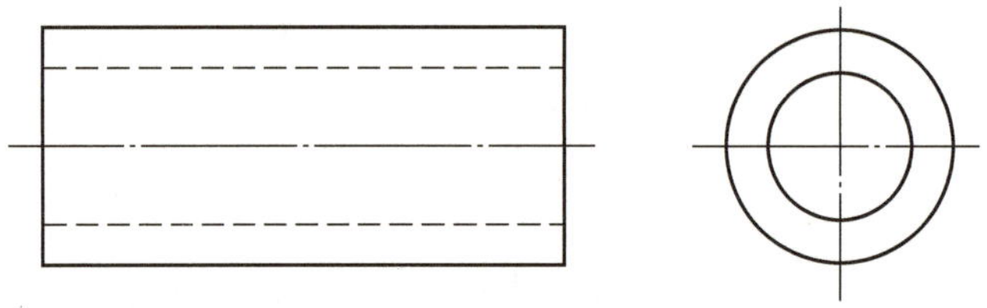

图 5—2 汽车活塞销表达方案

一、主视图的选择

主视图是零件图中最重要的视图，画图和看图一般都是从主视图入手，因此，主视图选择合理与否直接决定看图和画图是否方便。在选择主视图时通常综合考虑以下两点：

1. 应显示零件形状和位置特征

主视图应尽量反映零件各组成部分的结构、形状和相对位置。这主要取决于主视图投射方向的选定。如图 5—3 所示为气门零件图，显然投射方向 A 为正确选择，投射方向 B、C 不能显示零件形状和位置特征。

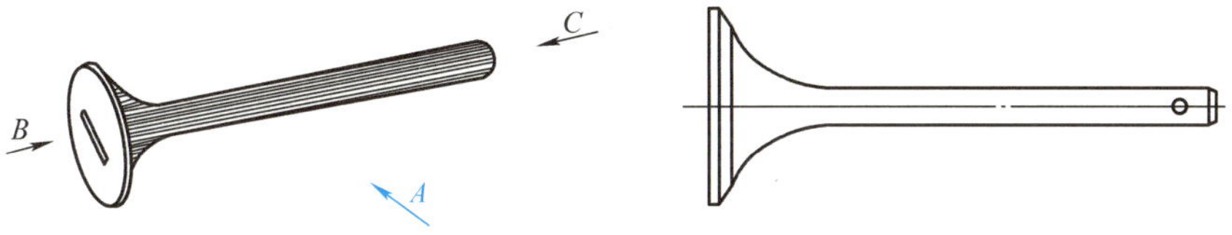

a)　　　　　　　　　　b)

图 5—3　气门零件图的主视图投射方向

2. 应符合零件的加工位置或工作位置

零件的主视图应尽可能与零件的加工位置一致，这样加工、测量时图和物对照方便，如图 5—4 所示。轴套类和轮盘类等回转体零件常按其车削、磨削加工位置绘制主视图。

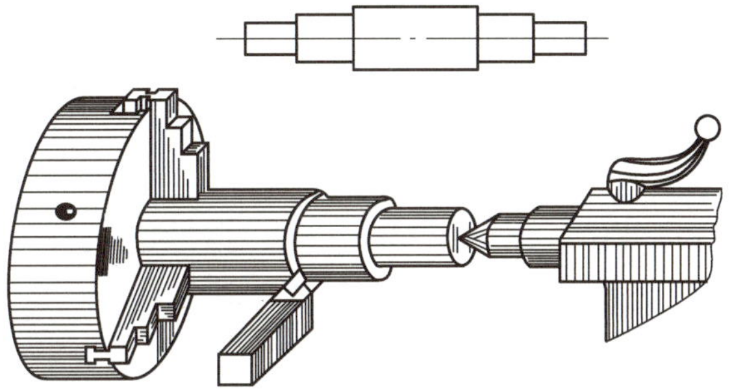

图 5—4　按加工位置选择主视图

如图 5—5 所示，吊车上的吊钩和汽车上的前拖钩虽然结构相似，但由于它们的工作情况不同，所以主视图的选择就不一样。

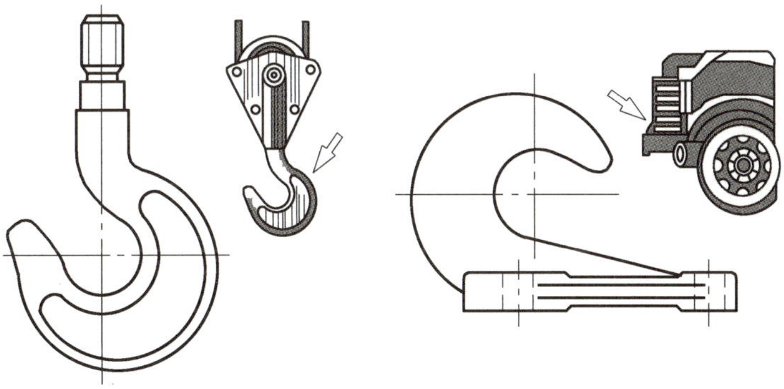

a)　　　　　　　　　　b)

图 5—5　按工作位置选择主视图

二、其他视图的选择

主视图确定以后，要分析该零件还有哪些结构、形状未表达清楚，再考虑如何将主视图尚未表达清楚的部位辅以其他视图表达，并使每个视图都有表达重点。在选择视图时，应优先选择基本视图以及在基本视图上作剖视图。总之，要在满足看图方便和充分表达清楚零件结构、形状的前提下，尽量减少视图数量，力求制图简便。

如图 5—6 所示为气门间隙调整螺栓，其结构为同轴回转体，用一个视图就可以完整地表达出来。

如图 5—7 所示为汽车备胎支架，其结构较复杂，需用三个视图才能表达完整，主视图采用全剖视图表达出支架的主体结构、肋板的形状、凸台及小孔的位置；俯视图表达了支承板的形状、肋板的数目及固定板和凸台的位置；左视图则表达了固定板、凸台的形状以及固定板上小孔和肋板的位置。

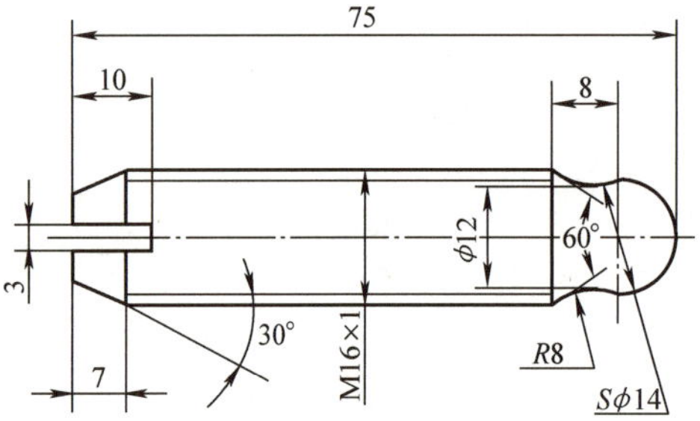

图 5—6　气门间隙调整螺栓

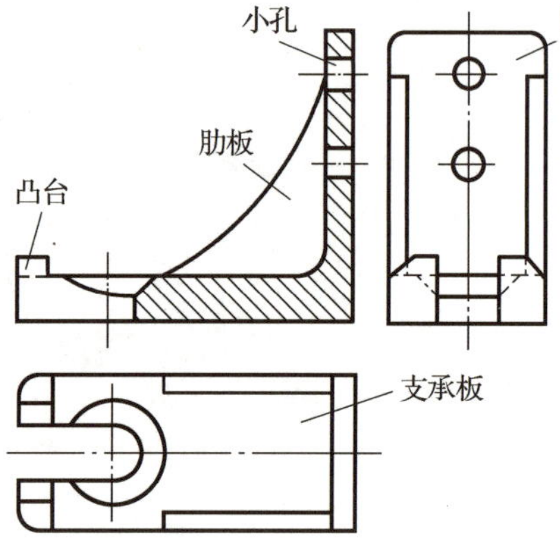

图 5—7　汽车备胎支架

§5—3　零件图的尺寸标注

学习目标

1. 了解零件图尺寸标注的一般规则。
2. 能识读较简单零件图上标注的尺寸。

零件图上的尺寸标注必须做到正确、完整、清晰、合理。所谓合理，就是指既要符合零件的设计要求，又要符合工艺要求，便于零件的加工和检验。这就要求做到两方面，一是合理选择尺寸基准；二是掌握合理标注尺寸的一般原则。

一、合理选择尺寸基准

零件在设计、制造和检验时，度量尺寸的起点称为尺寸基准。如图 5—8 所示为常见的尺寸基准。

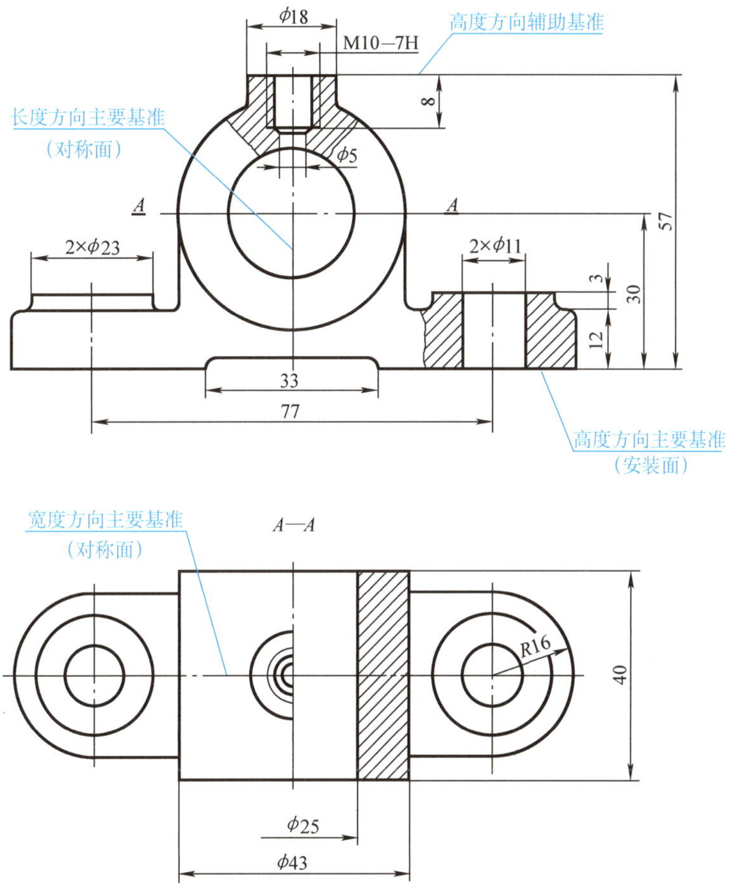

图 5—8　常见的尺寸基准

每个零件都有长、宽、高三个方向的尺寸，每个方向至少要选择一个尺寸基准。有时根据设计、制造、测量的需要，还会附加一些基准，它们称为辅助基准。

用作基准的几何元素通常为零件的主要加工面、对称平面、主要回转轴线、重要支承面或接合面。

二、合理标注尺寸的一般原则

1. 重要尺寸应直接注出

重要尺寸是指直接影响零件在机器中的工作性能和位置关系的尺寸，如零件之间的配合尺寸、重要的安装及定位尺寸等。

如图 5—9 所示的轴承座，为了保证轴装入轴承座后两端高度相等，轴承座孔的中心到底面的距离很重要，必须从作为高度基准的底面直接标出。底板上两孔左右对称分布，则两孔轴线距离应从长度基准（对称平面）直接标注。因此，图 5—9a 标注的方法是正确合理的；而图 5—9b 标注的方法容易造成误差的积累，不能满足装配要求，是不合理的。

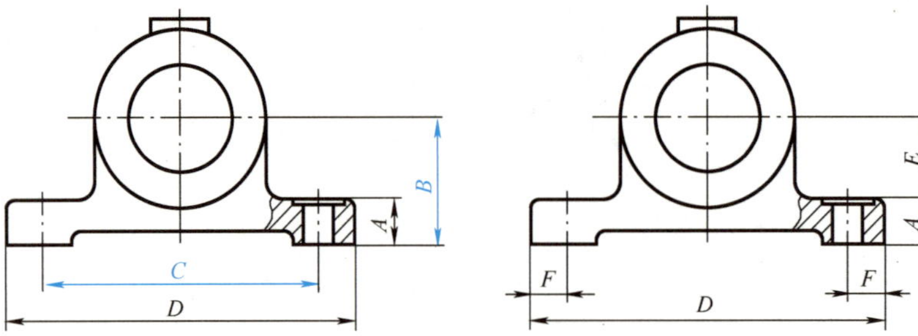

a）　　　b）

图 5—9　轴承座重要尺寸的直接标注

a）合理　b）不合理

2. 避免出现封闭尺寸链

封闭尺寸链是指尺寸线首尾相接，绕成一整圈的一组尺寸，如图 5—10b 所示。

因为每个尺寸的精度都将受到其他尺寸的影响，图 5—10b 中尺寸 l_4 的误差是 l_1、l_2、l_3 各段误差的总和，精度难以保证。因此，应选一个尺寸链中最不重要的尺寸空出不注，以便使所有的尺寸误差都积累到这一段上，从而保证重要尺寸的精度要求，如图 5—10a 所示。

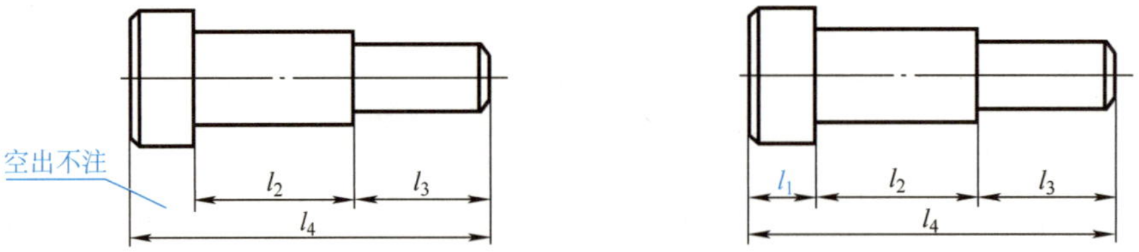

a）　　　b）

图 5—10　避免出现封闭尺寸链

a）正确　b）不正确

3. 便于加工和测量

（1）考虑符合加工工序的要求

如图 5—11 所示的小轴，每一加工工序所需尺寸都要在图中直接注出。

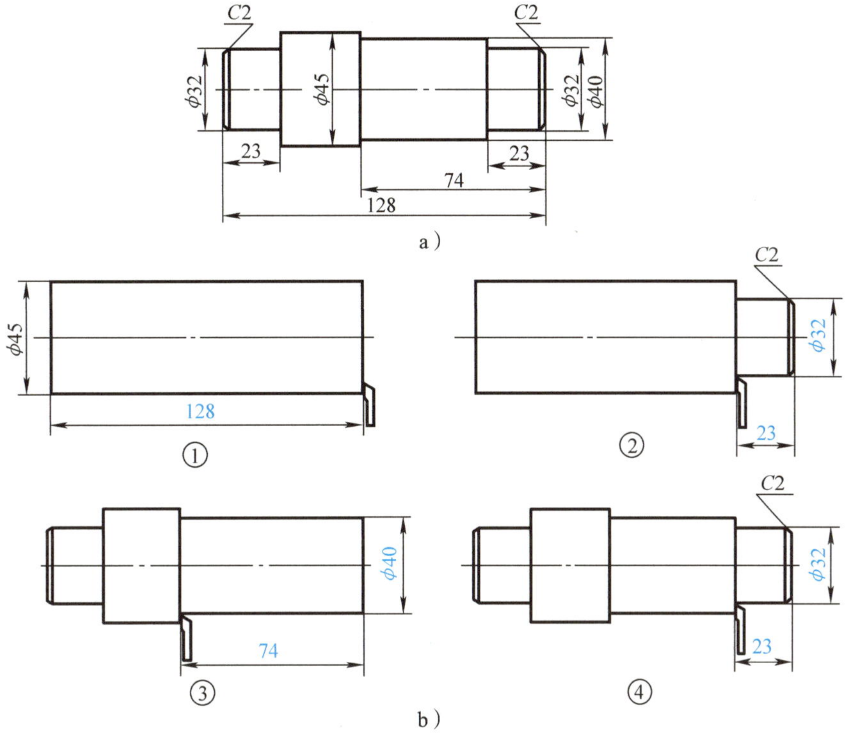

图 5—11　标注尺寸要符合加工工序要求

a）小轴零件图　b）加工工序所需尺寸

（2）考虑测量方便

要考虑测量时使用普通工具就能直接测量，以减少专用量具的设计和制造，如图5—12 所示。

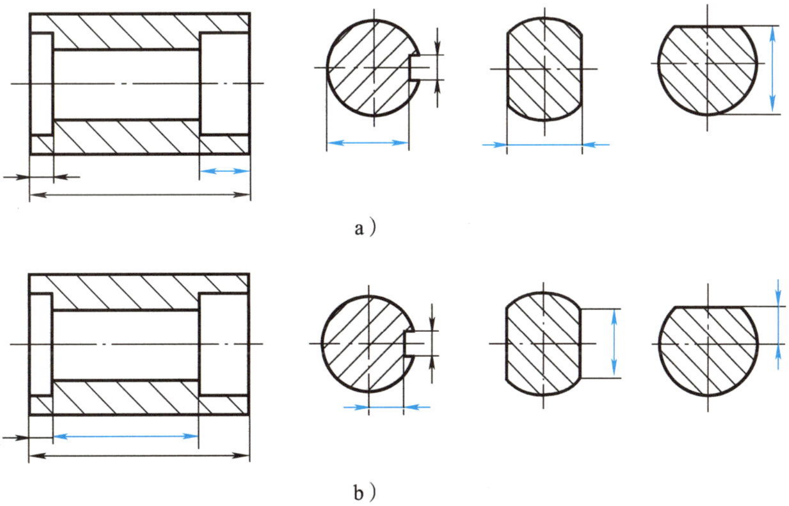

图 5—12　标注尺寸要便于测量

a）合理　b）不合理

（3）考虑符合工艺要求

一个零件往往需要多种加工方法并经多道工序加工完成，标注尺寸时应尽量满足工艺要求。如图 5—13 所示，零件的半圆键槽是用盘形铣刀加工的，应标注出铣刀的直径和位置，以便于选刀和加工。

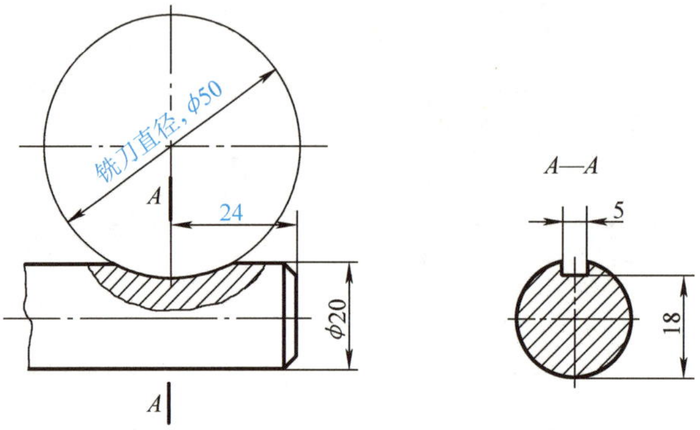

图 5—13　标注尺寸要便于加工

4. 非加工面与加工面的尺寸标注

对于铸造、锻造的零件，同一方向上的加工面和非加工面应各选择一个基准，分别标注有关尺寸，并且两个基准之间只允许有一个联系尺寸。

如图 5—14a 所示，零件的非加工面由一组高度尺寸 M_1、M_2、M_3、M_4 相联系；加工面由另一组高度尺寸 L_1、L_2 相联系；加工基准面与非加工基准面之间的高度尺寸由一个尺寸 A 相联系。

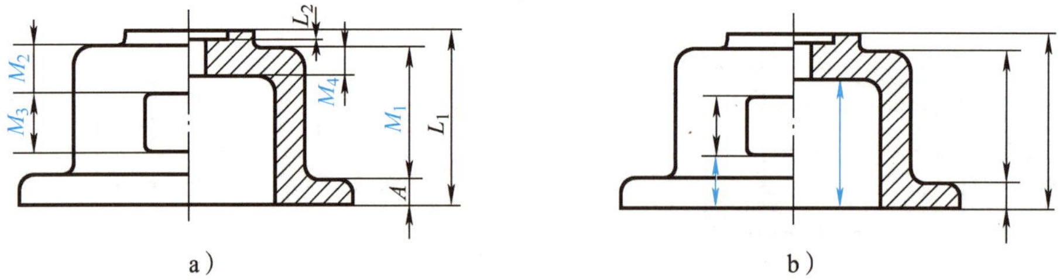

图 5—14　非加工面与加工面的尺寸标注

a）合理　b）不合理

而图 5—14b 所标注的尺寸不合理。这是因为铸造件、锻造件表面误差较大，如每个非加工面都与加工面联系起来，那么切削该加工面时所有的尺寸都会发生改变，要达到同时保证这些尺寸的要求就较困难。

5. 各种孔的标注方法

零件上各种孔的标注方法见表 5—1。

表 5—1　　各种孔的标注方法

零件结构类型		简化注法	一般注法	说明
光孔	一般孔	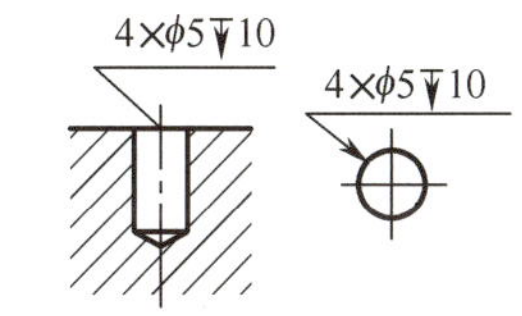	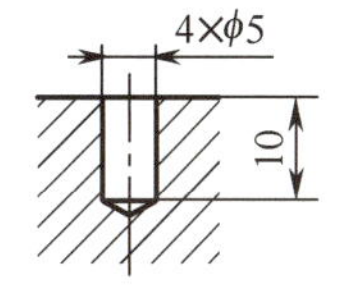	↧：深度符号 4×ϕ5 ↧ 10 表示直径为 5 mm、深度为 10 mm 的四个光孔
	精加工孔	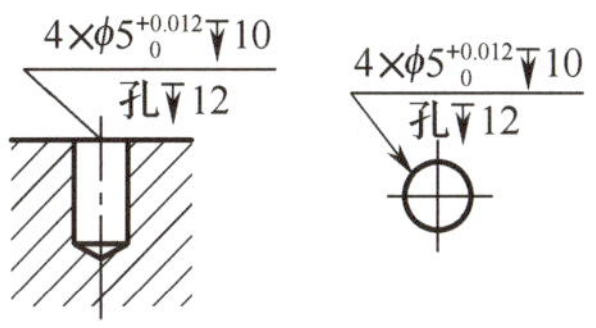	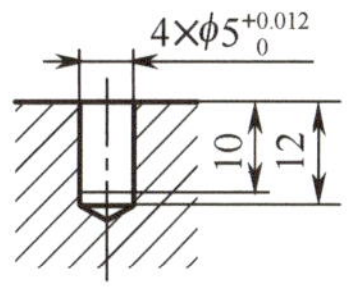	四个光孔深为 12 mm，钻孔后需精加工至 $\phi5^{+0.012}_{0}$ mm，深度为 10 mm
	锥孔	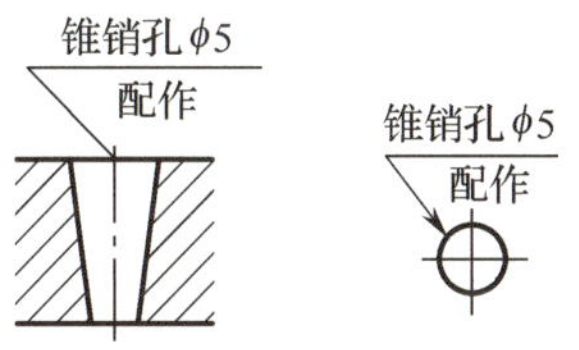	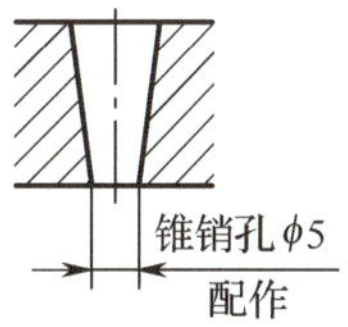	与锥销孔相配的圆锥销小头直径（公称直径）为 5 mm。锥销孔通常是两零件装配在一起后加工的，故应注明“配作”
沉孔	锥形沉孔	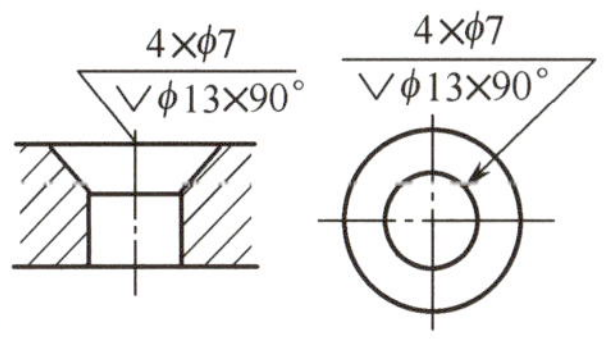	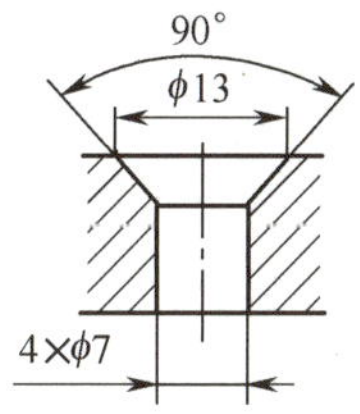	∨：埋头孔符号 ∨ ϕ13×90°表示 90°锥形沉孔的最大直径为 13 mm
	柱形沉孔	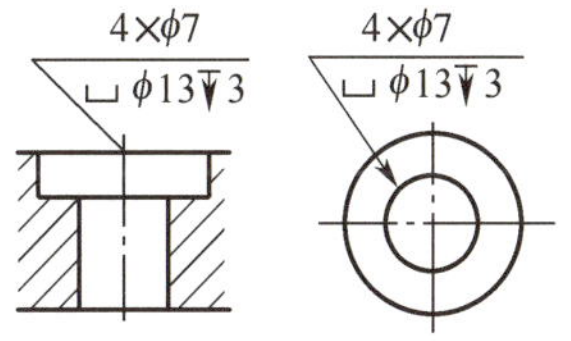	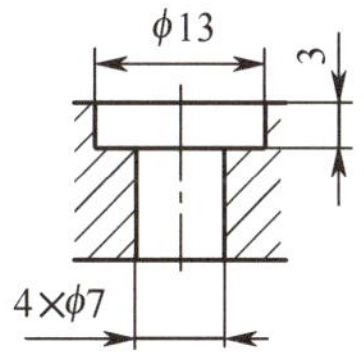	⌴：沉孔符号 四个柱形沉孔的直径为 13 mm，深度为 3 mm
	锪平沉孔	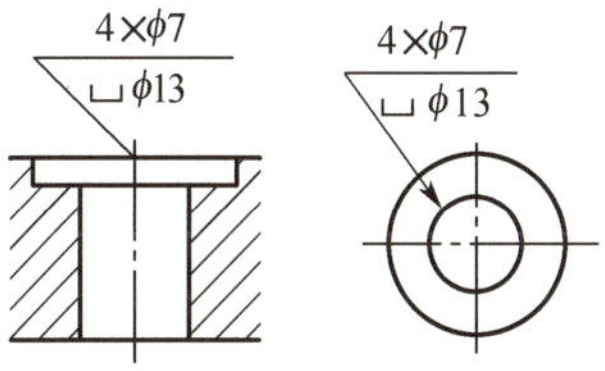	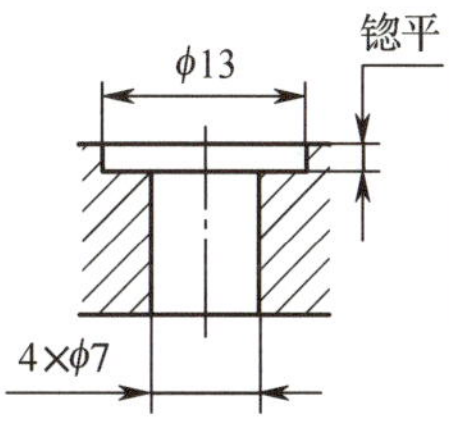	⌴：锪平符号 锪平沉孔 ϕ13 mm 的深度不必标注，一般锪平到不出现毛面为止

续表

零件结构类型		简化注法	一般注法	说明
螺孔	通孔	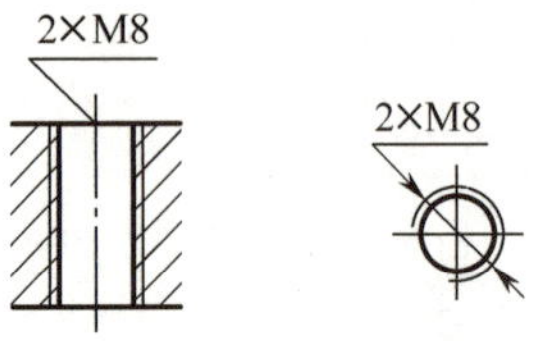	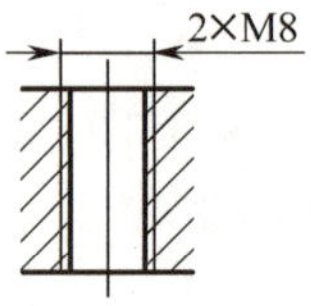	2 × M8 表示公称直径为 8 mm 的两个螺孔
	不通孔	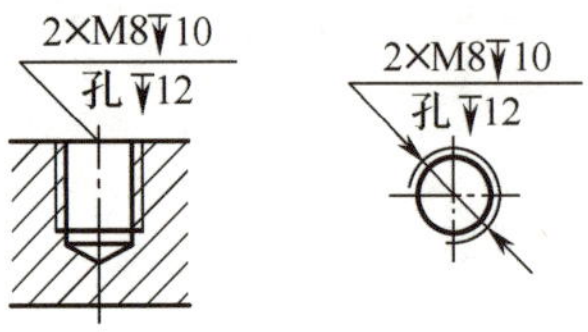	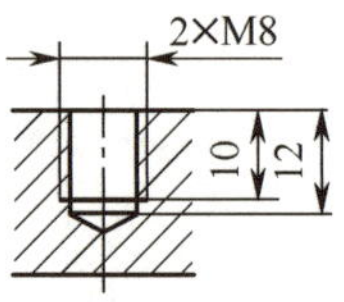	表示两个 M8 螺孔的螺纹长度为 10 mm，钻孔深度为 12 mm

【例 5—1】 如图 5—15 所示，标注减速器输出轴的尺寸。

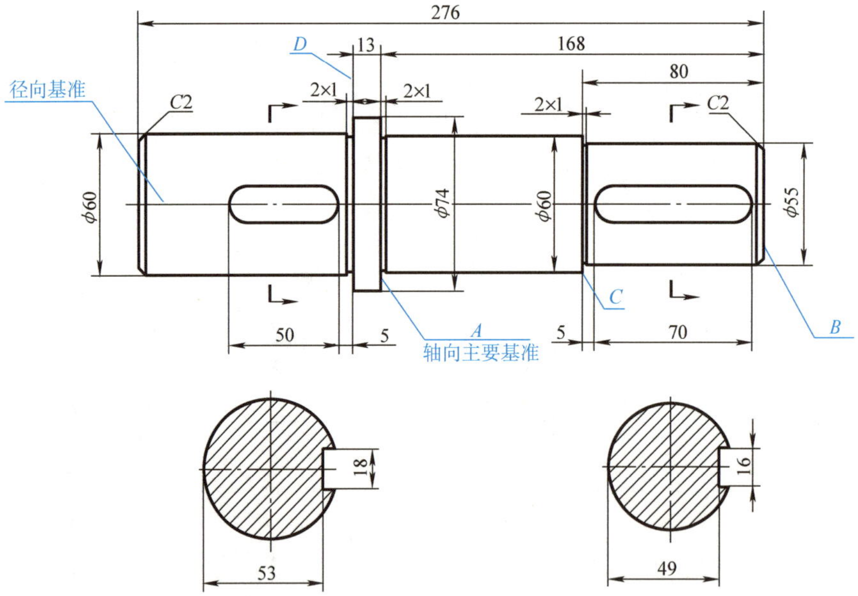

图 5—15　标注减速器输出轴的尺寸

按轴的加工特点和工作情况，选择轴线为径向基准，端面 A 为轴向主要基准。标注尺寸的顺序如下：

（1）由径向基准直接注出尺寸 $\phi60$、$\phi74$、$\phi60$、$\phi55$。

（2）由作为轴向主要基准的端面 A 直接注出尺寸 168 和 13，定出轴向辅助基准 B 和 D，由轴向辅助基准 B 标注尺寸 80，再定出轴向辅助基准 C。

（3）由轴向辅助基准 C、D 分别注出两个键槽的定位尺寸 5，并注出两个键槽的长度 70、50。

§5—4 零件图上的技术要求

学习目标

能识读机械图样上极限与配合、几何公差、表面结构要求等技术要求，了解各项技术要求所代表的含义。

技术要求是机械图样上必不可少的重要组成部分，它包括制造和检验所需的全部技术参数，归纳起来主要可分为极限与配合、几何公差、表面结构要求、材料的热处理及表面处理要求等。

在给出这些要求时，凡国家标准已规定了代号和符号的，应直接标注在视图上；无规定代号或符号的，则要以“技术要求”为标题，在标题栏附近逐条用文字说明。

本节仅对常在视图中直接标注的技术要求加以介绍。

一、极限与配合

1. 尺寸公差

在实际生产中，零件的尺寸不可能加工得绝对准确，使所有的零件都在一个给定的尺寸值上，因而尺寸应允许在一个规定的范围内变动。

为了满足使用过程中不同松紧程度的要求，必须对孔、轴的直径分别给出限制范围，孔与轴的尺寸公差及公差带见表 5—2。如孔径允许变动范围是 ϕ30～30. 021 mm，轴径允许变动范围是 ϕ29. 980～29. 993 mm，而允许尺寸变动的两个极限值称为极限尺寸。

表 5—2　孔与轴的尺寸公差及公差带

零件	公称尺寸及尺寸公差	尺寸公差带图	允许尺寸变动范围
孔	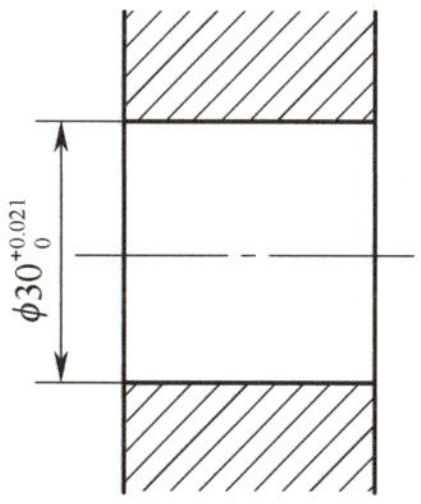	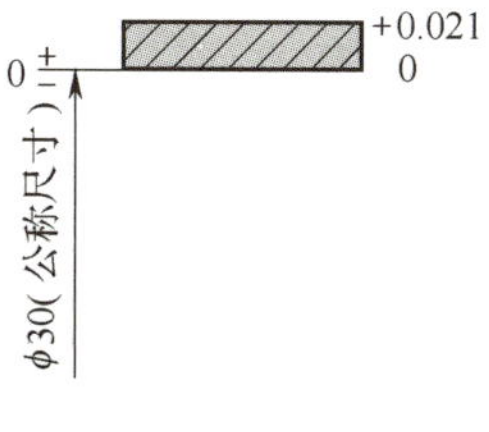	ϕ30～30. 021 mm

续表

零件	公称尺寸及尺寸公差	尺寸公差带图	允许尺寸变动范围
轴	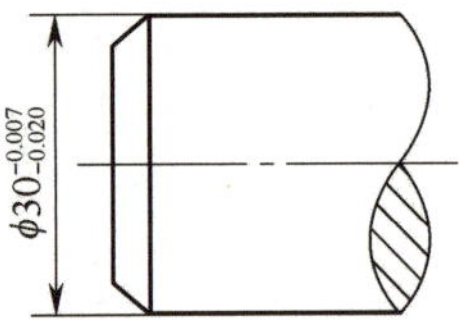	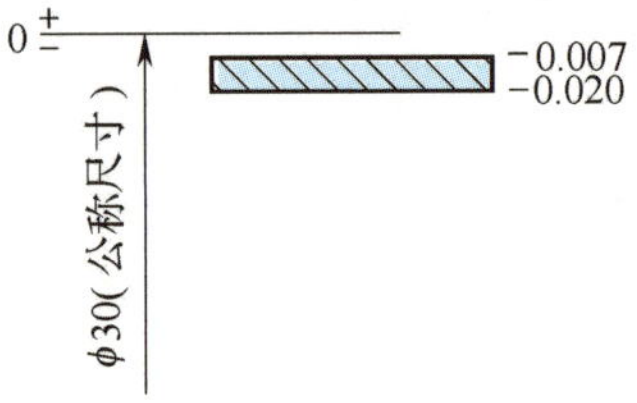	ϕ29. 980～29. 993 mm

（1）公称尺寸

公称尺寸是指零件理想形状要素的尺寸，是根据零件的强度、结构要求在设计时确定的。如表 5—2 中的 ϕ30 mm。

（2）极限尺寸

极限尺寸是指允许尺寸要素变化的两个界限值，分为上极限尺寸和下极限尺寸。

（3）极限偏差

极限偏差分为上极限偏差和下极限偏差。孔的上、下极限偏差分别用大写字母 ES 和 EI 表示；轴的上、下极限偏差分别用小写字母 es 和 ei 表示。

1）上极限偏差是指上极限尺寸减其公称尺寸所得的代数差。

2）下极限偏差是指下极限尺寸减其公称尺寸所得的代数差。

（4）尺寸公差（简称公差）

尺寸公差是指允许尺寸的变动量，等于上极限尺寸与下极限尺寸之差，或上极限偏差减下极限偏差。尺寸公差是一个绝对值，没有正负，也不能为零，如表 5—2 中的尺寸公差为：

孔的公差＝30. 021－30＝0. 021－0＝0. 021 mm

轴的公差＝29. 993－29. 980＝（－0. 007）－（－0. 020）＝0. 013 mm

（5）公差带及公差带图

将公称尺寸、极限偏差、公差之间的关系用放大的比例画成简图，称为公差带图。在公差带图中，代表公称尺寸的一条基准直线称为零线，由代表上极限偏差、下极限偏差或上极限尺寸、下极限尺寸的两条平行直线所限定的一个区域称为公差带，如图 5—16 所示。

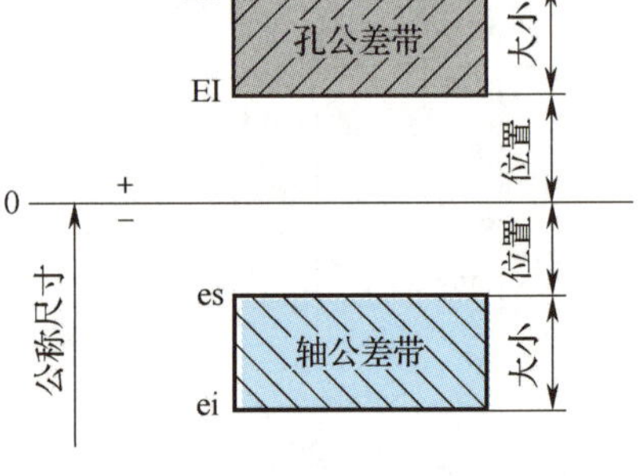

图 5—16　公差带图

（6）标准公差（IT）

标准公差分为 20 个等级，即 IT01、IT0、IT1、IT2、…、IT18。IT 表示公差，数字表示公差等级，用来确定尺寸精度。从 IT01 至 IT18，公差等级依次降低，IT01 级的等级最高，其公差值最小，尺寸的精确程度最高；IT18 级的等级最低，其公差值最大，尺寸精度最低。标准公差数值见表 5—3。

表 5—3 标准公差数值（摘自 GB/T 1800.1—2009）

公称尺寸（mm）		标准公差等级																	
		IT1	IT2	IT3	IT4	IT5	IT6	IT7	IT8	IT9	IT10	IT11	IT12	IT13	IT14	IT15	IT16	IT17	IT18
大于	至	μm											mm						
—	3	0.8	1.2	2	3	4	6	10	14	25	40	60	0.1	0.14	0.25	0.4	0.6	1	1.4
3	6	1	1.5	2.5	4	5	8	12	18	30	48	75	0.12	0.18	0.3	0.48	0.75	1.2	1.8
6	10	1	1.5	2.5	4	6	9	15	22	36	58	90	0.15	0.22	0.36	0.58	0.9	1.5	2.2
10	18	1.2	2	3	5	8	11	18	27	43	70	110	0.18	0.27	0.43	0.7	1.1	1.8	2.7
18	30	1.5	2.5	4	6	9	13	21	33	52	84	130	0.21	0.33	0.52	0.84	1.3	2.1	3.3
30	50	1.5	2.5	4	7	11	16	25	39	62	100	160	0.25	0.39	0.62	1	1.6	2.5	3.9
50	80	2	3	5	8	13	19	30	46	74	120	190	0.3	0.46	0.74	1.2	1.9	3	4.6
80	120	2.5	4	6	10	15	22	35	54	87	140	220	0.35	0.54	0.87	1.4	2.2	3.5	5.4
120	180	3.5	5	8	12	18	25	40	63	100	160	250	0.4	0.63	1	1.6	2.5	4	6.3
180	250	4.5	7	10	14	20	29	46	72	115	185	290	0.46	0.72	1.15	1.85	2.9	4.6	7.2
250	315	6	8	12	16	23	32	52	81	130	210	320	0.52	0.81	1.3	2.1	3.2	5.2	8.1
315	400	7	9	13	18	25	36	57	89	140	230	360	0.57	0.89	1.4	2.3	3.6	5.7	8.9
400	500	8	10	15	20	27	40	63	97	155	250	400	0.63	0.97	1.55	2.5	4	6.3	9.7

（7）基本偏差

用以确定公差带相对于零线位置的那个极限偏差称为基本偏差。它可能是上极限偏差，也可能是下极限偏差，一般指靠近零线的那个偏差，如图 5—17 所示。

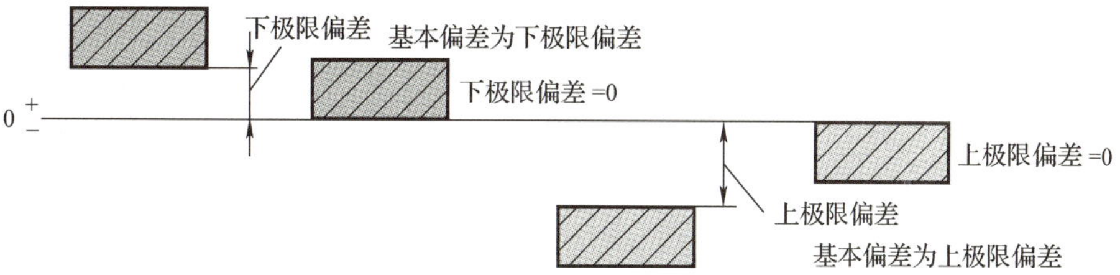

图 5—17 基本偏差

国家标准对孔、轴各规定了 28 个基本偏差，如图 5—18 所示，孔用大写字母表示，轴用小写字母表示。

基本偏差系列图只表示公差带的位置，不表示公差带的大小。因此，图中公差带的一端是开口的，开口一端的位置由标准公差限定。

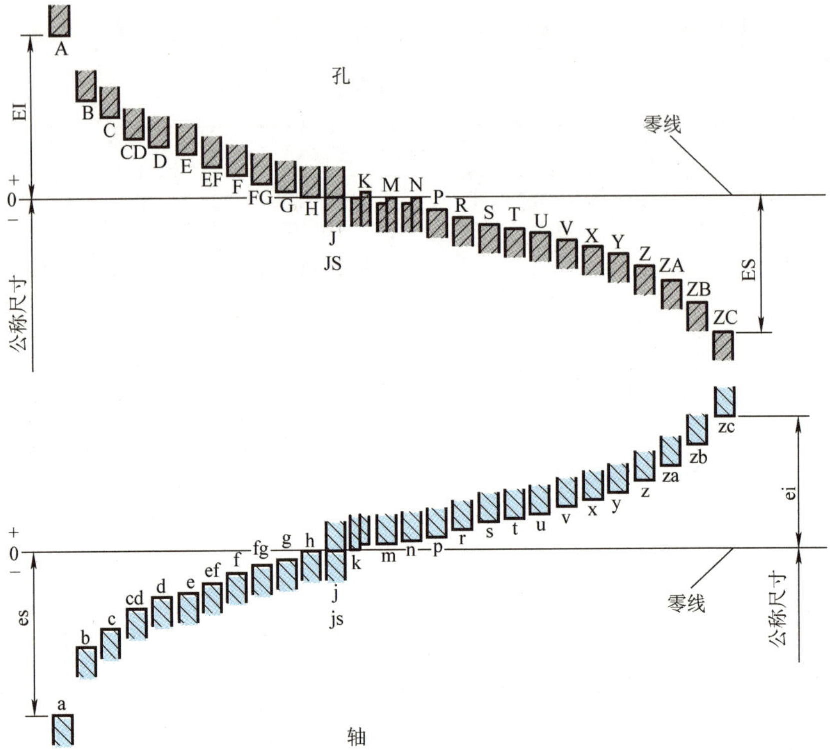

图 5—18　基本偏差系列

如果基本偏差和标准公差都确定了，则孔、轴的公差带大小和位置就确定了。

（8）公差的标注

孔、轴的公差带代号是由基本偏差代号和标准公差等级组合而成的，如 F8、H9、N7 为孔的公差带代号，f5、h6、g7 为轴的公差带代号。

公差带代号的含义：

1）如 ϕ30D9 表示公称尺寸为 ϕ30 mm，基本偏差为 D 的 9 级公差的孔。

2）如 ϕ30d9 表示公称尺寸为 ϕ30 mm，基本偏差为 d 的 9 级公差的轴。

依据孔、轴的公差带代号，可在孔和轴的极限偏差数值表①中查得其上极限偏差和下极限偏差的数值。在零件图中，线性尺寸公差可用图 5—19 所示的形式之一标注。角度尺寸公差的标注如图 5—20 所示。

2. 配合

公称尺寸相同的、相互结合的孔和轴公差带之间的关系称为配合。

① 参见国家标准《产品几何技术规范（GPS）　极限与配合　第 2 部分：标准公差等级和孔、轴极限偏差表》（GB/T 1800.2—2009）。

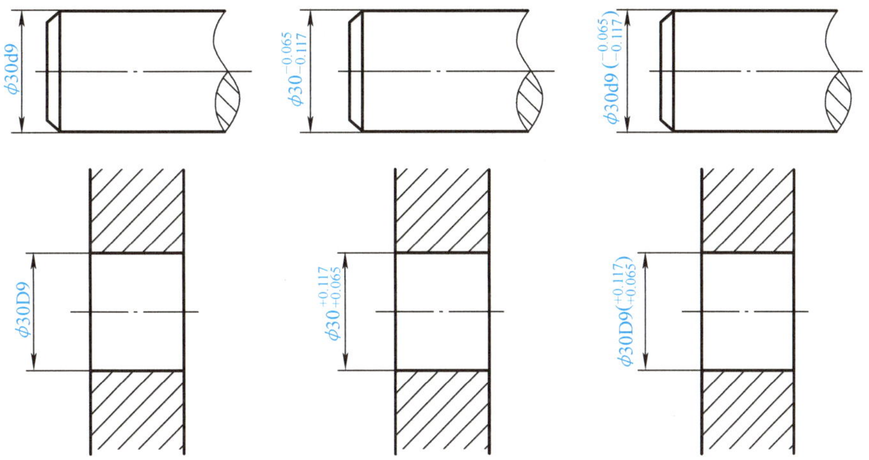

图 5—19 零件图中公差的标注形式

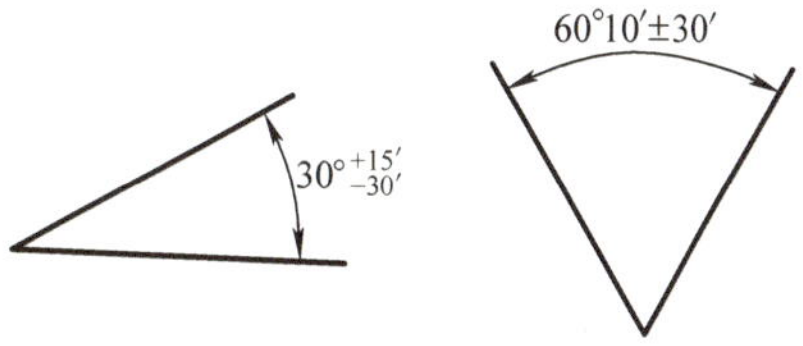

图 5—20 角度尺寸公差的标注

（1）配合种类

根据使用要求不同，孔和轴之间的配合有松有紧。孔的尺寸减去相配合的轴的尺寸之差为正值时，称为间隙；反之称为过盈。配合分为间隙配合、过盈配合和过渡配合三种类型。

1）间隙配合。孔的公差带在轴的公差带之上，装配后存在间隙（包括最小间隙为零时）的配合称为间隙配合，如图 5—21 所示，间隙配合的孔与轴可以产生相对运动。

最大间隙＝孔的上极限尺寸－轴的下极限尺寸

最小间隙＝孔的下极限尺寸－轴的上极限尺寸

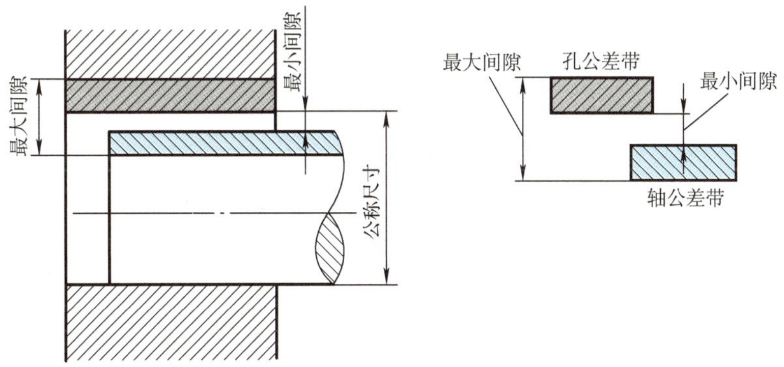

图 5—21 间隙配合

2）过盈配合。孔的公差带在轴的公差带之下，装配后存在过盈（包括最小过盈为零时）的配合称为过盈配合，如图 5—22 所示，过盈配合的孔与轴不能产生相对运动。

最大过盈＝孔的下极限尺寸－轴的上极限尺寸

最小过盈＝孔的上极限尺寸－轴的下极限尺寸

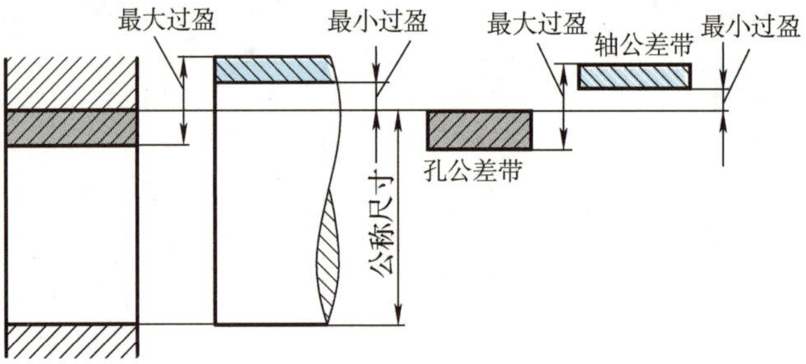

图 5—22　过盈配合

3）过渡配合。孔的公差带与轴的公差带相互交叠，装配后可能出现间隙，也可能出现过盈的配合称为过渡配合，过渡配合的间隙或过盈都较小。孔与轴既能实现定位，又可以方便拆卸，如图 5—23 所示。

最大间隙＝孔的上极限尺寸－轴的下极限尺寸

最大过盈＝孔的下极限尺寸－轴的上极限尺寸

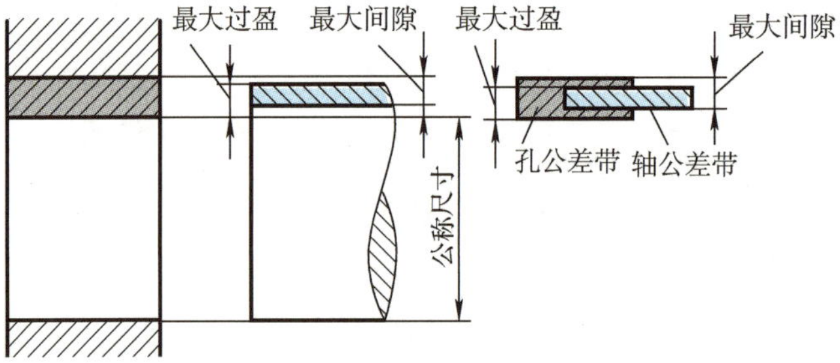

图 5—23　过渡配合

（2）配合制

在加工有配合的零件时，为了减少刀具、量具的规格和数量，获得最大的经济效益，实现配合的标准化，国家标准规定取其中一个零件为基准件，使其基本偏差不变，通过改变另一个零件的基本偏差来达到不同的配合要求，称为配合的基准制。国家标准规定了两种配合制度，即基孔制和基轴制。

1）基孔制配合。基孔制配合是基本偏差一定的孔的公差带与不同基本偏差的轴的公差带形成各种配合的一种制度。基孔制配合的孔称为基准孔，其基本偏差为下极限偏差，数值为零，代号为 H。图 5—24a 所示为采用基孔制配合所得到的各种不同程度的配合。

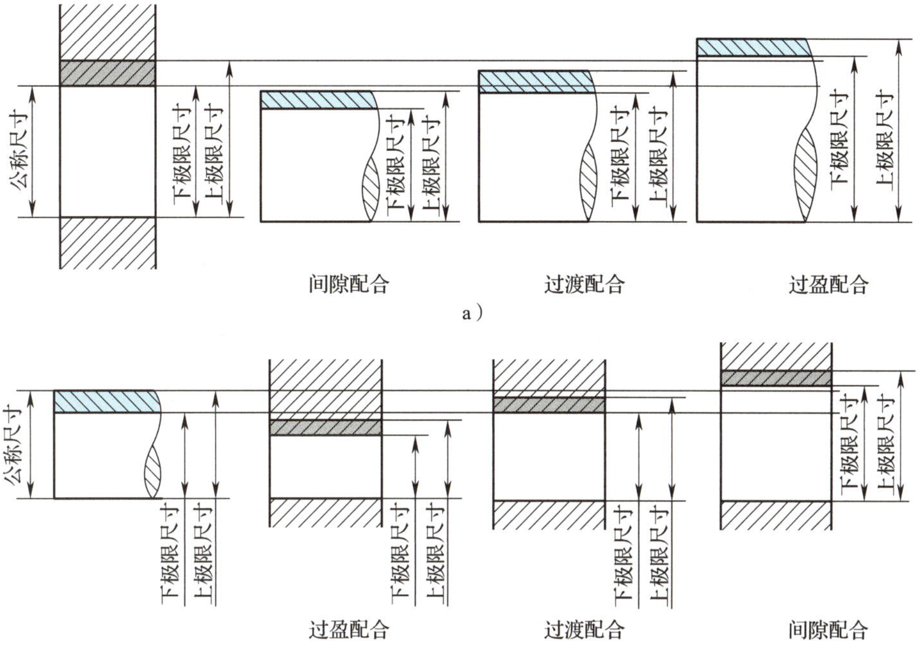

b）

图 5—24 配合的基准制

a）基孔制 b）基轴制

2）基轴制配合。基轴制配合是基本偏差一定的轴的公差带与不同基本偏差的孔的公差带形成各种配合的一种制度。基轴制配合的轴称为基准轴，其基本偏差为上极限偏差，数值为零，代号为 h。图 5—24b 所示为采用基轴制配合所得到的各种不同程度的配合。

（3）配合的代号和标注

1）配合代号的组成。配合的代号由孔、轴公差带代号组合而成，用分数形式来表示，分子为孔的公差带代号，分母为轴的公差带代号，即

“公称尺寸$\frac{\text{孔的公差带代号}}{\text{轴的公差带代号}}$” 或 “公称尺寸 孔的公差带代号/轴的公差带代号”

如 ϕ30H8/f7 表示公称尺寸为 ϕ30 mm，基孔制配合，基准孔的公差等级为 8 级，轴的基本偏差为 f、公差等级为 7 级，其配合代号还可以写为 $\phi 30\,\frac{H8}{f7}$。

在配合代号中，如果分子含有 H，即为基孔制配合；如果分母含有 h，即为基轴制配合；若分子含有 H，分母也含有 h，一般既可看作基孔制配合，也可看作基轴制配合。

2）配合代号的标注。配合代号在装配图中的标注如图 5—25 所示。

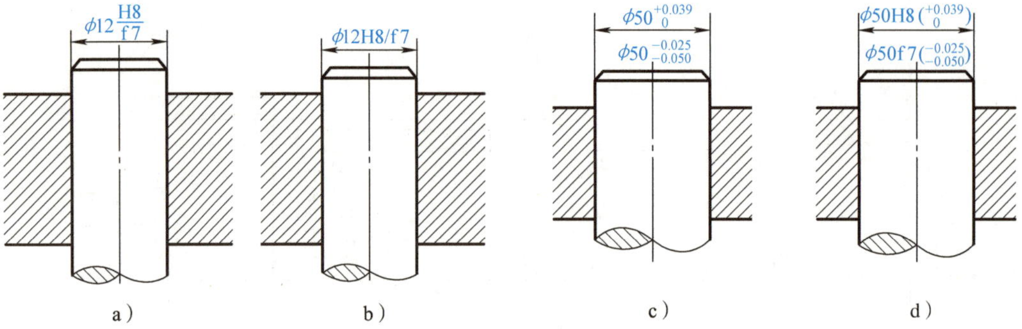

图 5—25　装配图中配合的标注

二、几何公差

零件要满足互换性，不仅要达到尺寸精度要求，还要达到组成零件要素的几何精度的要求。

1. 几何公差符号

几何公差的几何特征及符号见表 5—4。

表 5—4　几何公差的几何特征及符号

公差类型	几何特征	符号	有无基准	公差类型	几何特征	符号	有无基准
形状公差	直线度	—	无	位置公差	位置度	⌖	有或无
	平面度	▱	无		同心度（用于中心点）	◎	有
	圆度	○	无		同轴度（用于轴线）	◎	有
	圆柱度	⌭	无		对称度	⌯	有
	线轮廓度	⌒	无		线轮廓度	⌒	有
	面轮廓度	⌓	无		面轮廓度	⌓	有
方向公差	平行度	//	有	跳动公差	圆跳动	↗	有
	垂直度	⊥	有				
	倾斜度	∠	有		全跳动	⌰	有
	线轮廓度	⌒	有				
	面轮廓度	⌓	有				

2. 几何公差的代号与基准

几何公差代号包括几何特征符号、公差框格和指引线、几何公差数值和有关符号、基准字母和有关符号，如图 5—26a 所示。

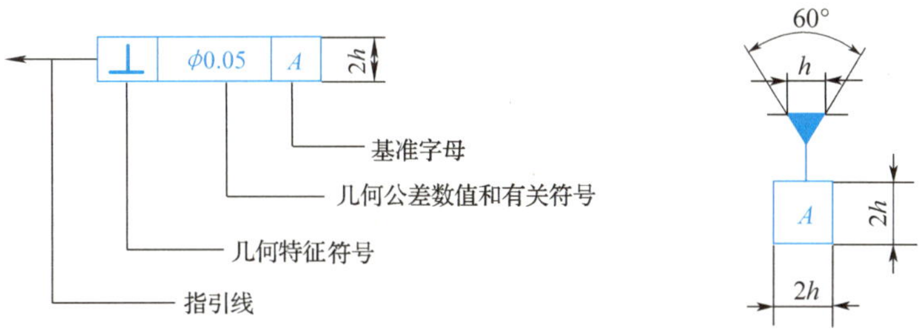

a）　　b）

图 5—26　几何公差代号及基准符号

a）几何公差代号　b）基准符号

公差框格用细实线绘制，高度是图样中数字或字母高度的两倍，长度则与所填写内容相适应。指引线由指示箭头和细实线构成，指示箭头指向被测要素，用细实线与框格相连。

被测要素的方向、位置和跳动公差总是相对于一定的基准要素而言的，基准要素用基准符号表示。基准符号由大写字母、方框、连线和一个涂黑的等边或等腰三角形组成，如图 5—26b 所示。

无论基准符号的方向如何，字母都应水平书写。

3. 几何公差的标注

如图 5—27 所示为一根气门阀杆。当被测要素为轮廓线或轮廓面时，指引线箭头应指向该要素的轮廓线或其延长线，并与尺寸线明显错开，如图 5—27 中圆跳动和圆柱度公差的标注；当被测要素为轴线（中心平面、中心点）时，应将箭头与相应的尺寸线对齐，如图5—27 中 M8×1—7H 螺纹轴线的同轴度公差的标注。

当基准要素是轴线时，应将基准符号与该要素的尺寸线对齐，如基准 A。

三、表面结构要求

表面结构要求包括零件表面的表面结构参数、加工工艺、表面纹理及方向、加工余量、传输带、取样长度等。表面结构参数有粗糙度参数、波纹度参数和原始轮廓参数等，其中粗糙度参数是最常用的表面结构要求。

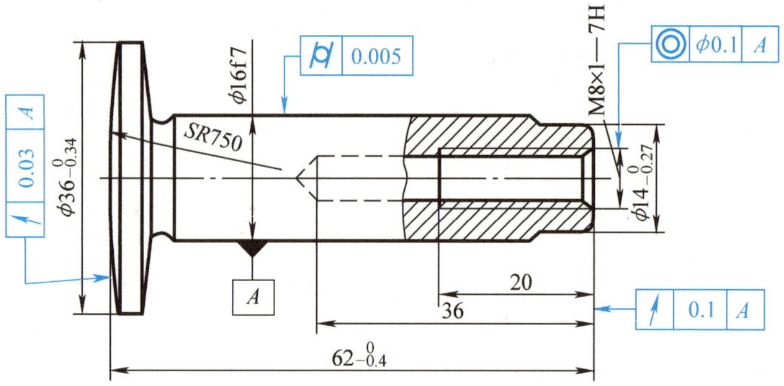

图 5—27　几何公差标注示例

1. 表面粗糙度的基本概念

零件经过加工后的表面并不是绝对光滑的，用放大镜观察，可以看到有许多微小的凸峰和凹谷，如图5—28 所示。这种零件加工表面上具有的由较小间距的微小峰谷组成的微观几何形状特征称为表面粗糙度。其形成与工件材料、加工方法、刀具、设备、环境条件等都有密切关系。

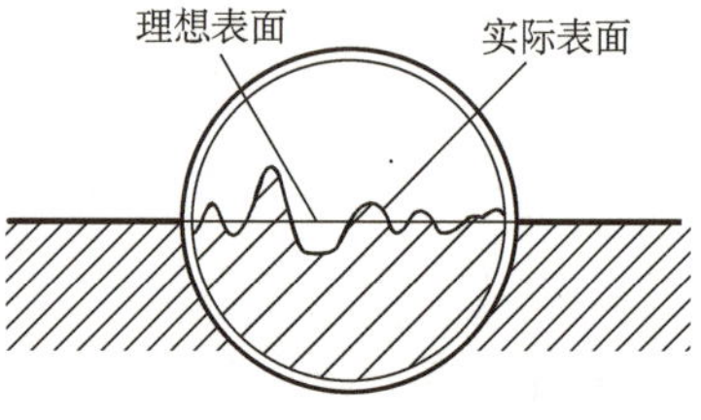

图 5—28　表面粗糙度的概念

表面粗糙度是评定零件表面质量的一项重要技术指标，对于零件的配合、耐磨性、耐腐蚀性和密封性都有显著的影响，是零件图中必不可少的技术要求。

2. 表面粗糙度的评定参数

国家标准规定的主要评定参数包括轮廓算数平均偏差 Ra 和轮廓最大高度 Rz。

3. 表面结构的图形符号

对表面结构的要求可用几种不同的图形符号表示，见表 5—5。

表 5—5　标注表面结构要求时的图形符号

符号名称	符　号	含　义
基本图形符号	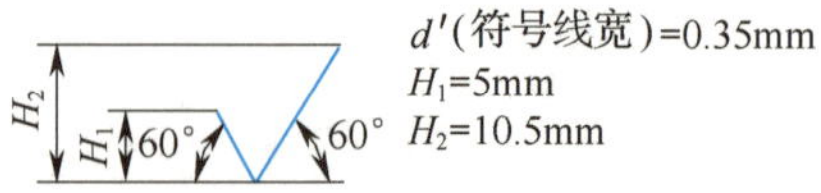	由两条不等长的与标注表面成 60°夹角的直线构成，仅用于简化代号标注，没有补充说明时不能单独使用
扩展图形符号		在基本图形符号上加一短横，表示指定表面用去除材料的方法获得，如通过机械加工获得的表面

续表

符号名称	符　号	含　义
扩展图形符号		在基本图形符号上加一圆圈，表示指定表面用非去除材料的方法获得
完整图形符号		在以上符号的长边上加一横线，以便注写表面结构的各种要求

4. 表面结构要求在图形符号中的注写位置

为了明确表面结构要求，除了标注表面结构参数和数值外，必要时应标注补充要求，包括取样长度、加工工艺、表面纹理及方向、加工余量等。这些要求在图形符号中的注写位置如图 5—29 所示。

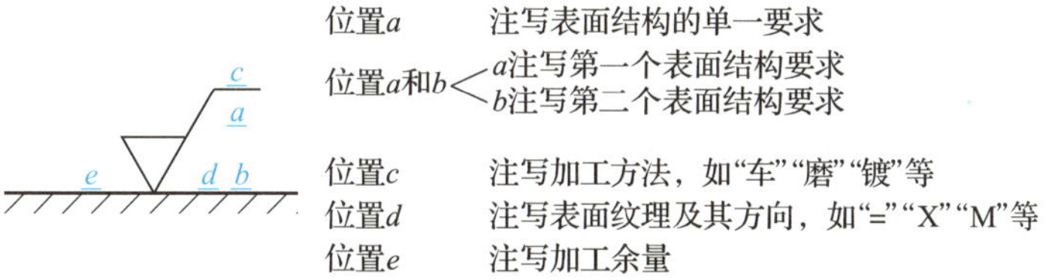

图 5—29　补充要求的注写位置（a～e）

5. 表面结构要求在图样中的标注

（1）每一表面的表面结构要求一般只标注一次，并尽可能标注在相应的尺寸及其公差的同一视图上。除非另有说明，所标注的表面结构要求是对完工零件的要求。

（2）表面结构要求的注写和读取方向与尺寸的注写和读取方向一致。表面结构要求可标注在轮廓线上，其符号应从材料外指向并接触表面（见图 5—30）。必要时，表面结构要求也可用带箭头或黑点的指引线引出标注（见图 5—31）。

（3）在不致引起误解时，表面结构要求可以标注在给定的尺寸线上（见图5—32）。

（4）表面结构要求可标注在几何公差框格的上方（见图 5—33）。

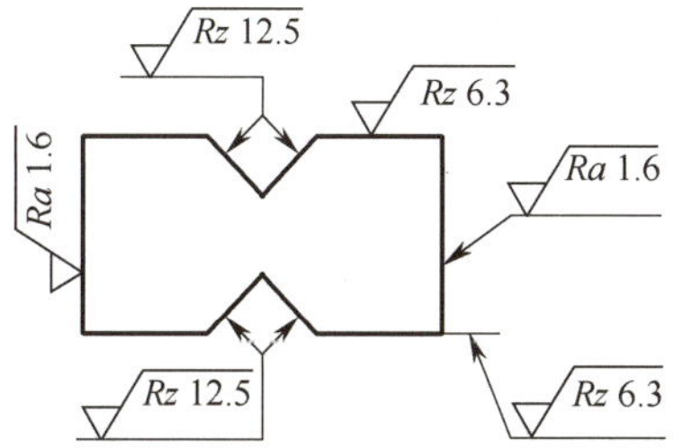

图 5—30　表面结构要求在轮廓线上的标注

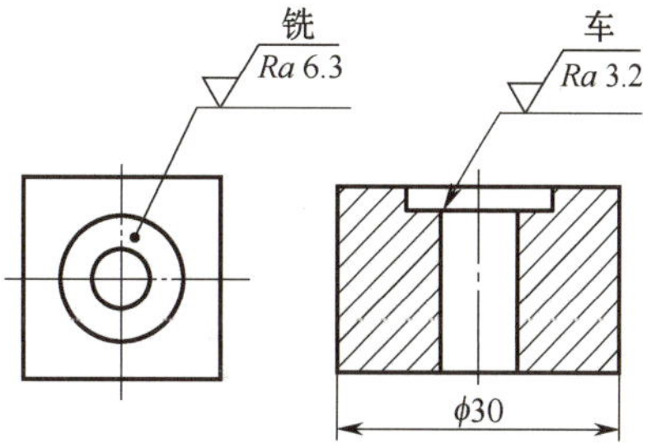

图 5—31　用指引线引出标注表面结构要求

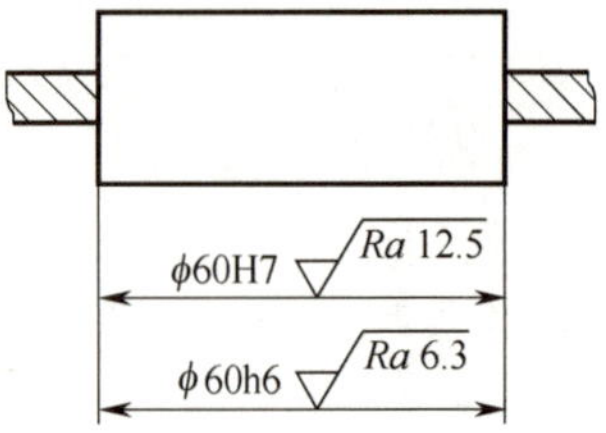

● 图 5—32　表面结构要求标注在尺寸线上

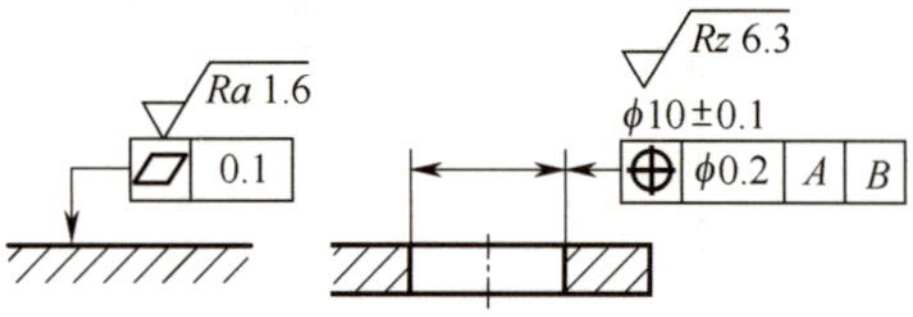

● 图 5—33　表面结构要求标注在几何公差框格的上方

（5）表面结构要求可以直接标注在延长线上，或用带箭头的指引线引出标注（见图 5—34）。

（6）圆柱和棱柱表面的表面结构要求只标注一次（见图 5—34）。

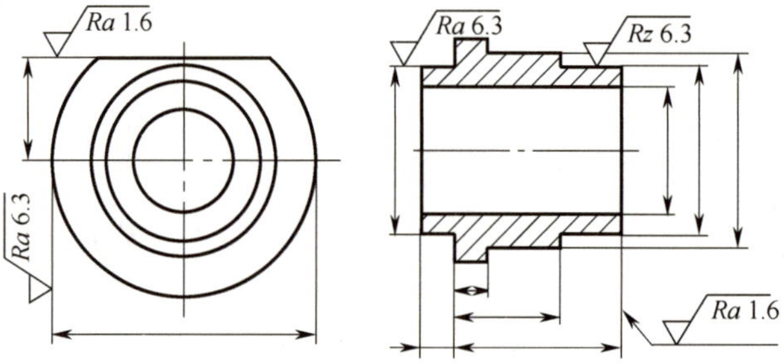

● 图 5—34　表面结构要求标注在圆柱特征的延长线上

零件图中还有一些技术要求，如材料的热处理、表面处理以及其他特定要求等，若需说明，可在标题栏附近用简明的文字注写。

§5—5　识读零件图

学习目标

1. 掌握识读零件图的方法和步骤。
2. 能识读中等复杂程度的汽车零件图。

在制造、维修汽车或其他机械设备时，经常要识读零件图，技术人员需根据零件图来确定零件的合理加工方法和维修要求等。在实际生产中遇到的零件种类繁多，结构多样，形状各异。一般零件，按其结构和形状，大体可分为轴套类、轮盘类、叉架类和箱体类，学会识读各类典型零件图，有利于掌握汽车零件的加工、装配、维修和使用技能。

一、识读零件图的方法和步骤

1. 看标题栏

首先通过标题栏了解零件的名称、材料、比例等，从而为掌握零件的作用、结构特点和制造要求提供线索。

2. 结构及表达分析

浏览全图，找出主视图，确定各视图间的关系，分析剖视图、断面图的剖切位置及使用各种表示方法的目的。

3. 尺寸分析

找出长、宽、高三个方向的主要尺寸基准，然后从基准入手，结合形体分析，识读各部分形体的定形尺寸、定位尺寸及总体尺寸。

4. 了解技术要求

了解尺寸公差、表面结构要求、几何公差、热处理及表面处理等方面的要求，区分各加工表面的精度，以便确定合理的加工方法，制订出正确的制造工艺方案。

二、识读典型零件图示例

1. 轴套类零件

汽车上的半轴、变速器输入轴和输出轴、钢板销、凸轮轴、发动机曲轴、空气压缩机曲轴、柱塞泵柱塞、柱塞套等均属于轴套类零件。其主要作用是与传动件等接合并传递动力。

识读如图 5—35 所示柱塞套零件图的具体步骤如下。

(1) 看标题栏

该零件名称为柱塞套（是柴油发动机燃料供给系统喷油泵总成中的一个零件），材料为合金钢 CrWMn，绘图比例为 2∶1。

(2) 结构及表达分析

该零件选用两个图形，主视图采用全剖视图，表达了柱塞套的内、外结构和形状。*A—A* 移出断面图重点表达 $\phi3.4$ mm 孔及宽 5 mm 的圆弧槽的形状和位置。该柱塞套外形由两个同轴不等径的圆柱组成，内部为 $\phi10_{-0.036}^{\ 0}$ mm 的通孔，左右两端均倒角，该柱塞套距右端（10±0.027）mm 处正下方有一个 $\phi3.4$ mm 的圆柱通孔，距右端（12±0.022）mm 处正上方也有一个 $\phi3.4$ mm 的圆孔，孔正上方与宽 5 mm、直径为 10 mm 的圆弧槽相通。

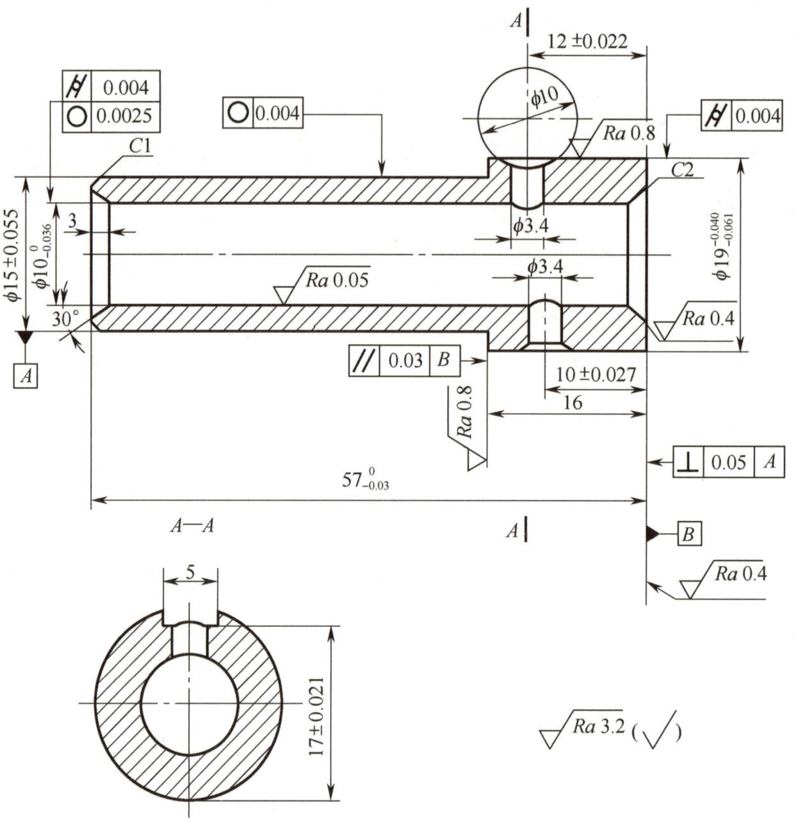

制图			柱塞套	比例	2:1
审核					
			CrWMn		

图 5—35　柱塞套零件图

(3) 尺寸分析

该零件图的径向尺寸基准为内、外圆柱的轴线。轴向尺寸主要基准为右端面，尺寸 (10±0.027) mm、(12±0.022) mm、16 mm、$57^{0}_{-0.03}$ mm 均从该端面标出。宽 5 mm 的圆弧槽深以外圆柱表面为基准标出是为了测量方便。视图中的定位尺寸有 (12±0.022) mm、(10±0.027) mm、(17±0.021) mm，其余均为定形尺寸。

(4) 了解技术要求

该柱塞套所有表面均为切削加工表面。内孔的表面光洁，表面粗糙度 *Ra* 值为

0.05 μm，最粗糙表面的表面粗糙度 *Ra* 值为 3.2 μm。标有尺寸公差的尺寸有 $\phi(15\pm0.055)$ mm、$\phi10_{-0.036}^{\ 0}$ mm、$\phi19_{-0.061}^{-0.040}$ mm、（12±0.022）mm、（10±0.027）mm、（17±0.021）mm、$57_{-0.03}^{\ 0}$ mm 等。标注的几何公差有：$\phi10_{-0.036}^{\ 0}$ mm 孔的圆柱度公差为 0.004 mm、圆度公差为 0.002 5 mm；$\phi(15\pm0.055)$mm 圆柱面的圆度公差为 0.004 mm；$\phi19_{-0.061}^{-0.040}$ mm 圆柱面的圆柱度公差为0.004 mm；零件右端面对 $\phi(15\pm0.055)$ mm 圆柱面轴线的垂直度公差为 0.05 mm；$\phi19_{-0.061}^{-0.040}$ mm圆柱的左端面对右端面的平行度公差为 0.03 mm。

通过以上分析可以看出，该零件结构尺寸不大，但尺寸精度、几何精度以及表面质量要求很高，且材料的性能要求也较高，是柱塞喷油泵中一个较重要的零件。

2. 轮盘类零件

汽车上离合器中压盘、法兰盘、气泵带轮、气泵盖、端盖等均属于轮盘类零件。轮盘类零件主要起连接、支承、轴向定位、密封及传递转矩的作用。

识读如图 5—36 所示盖零件图的具体步骤如下。

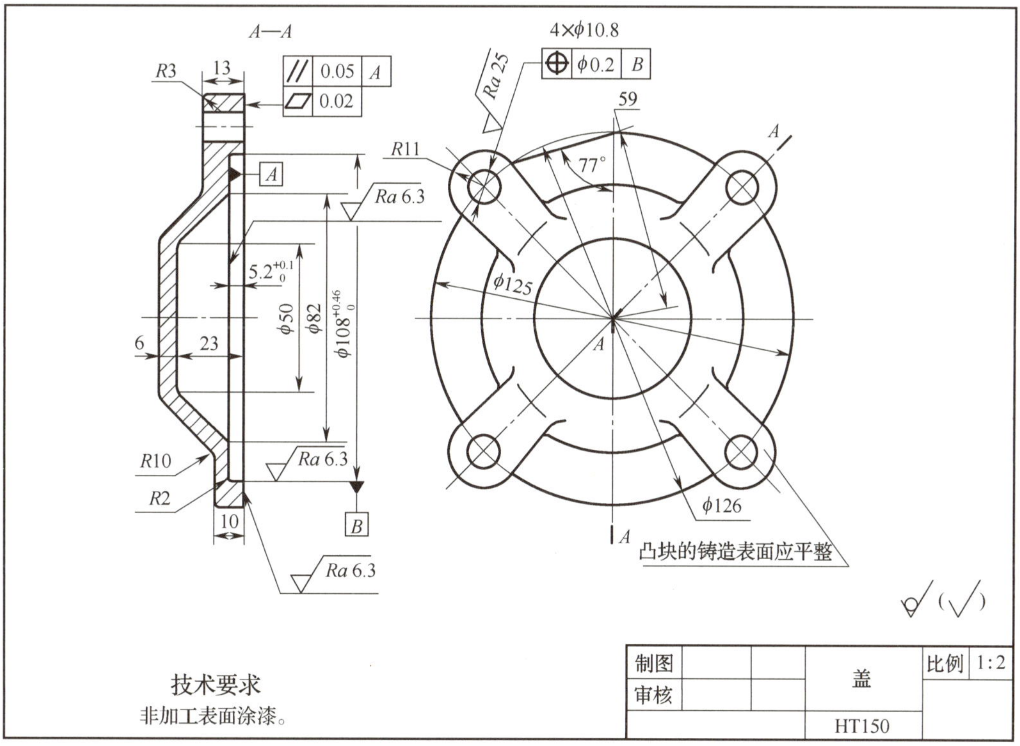

图 5—36　盖零件图

（1）看标题栏

该零件名称为盖（用于汽车变速器中间轴后球轴承的密封），材料为灰铸铁 HT150，绘图比例为 1∶2。

（2）结构及表达分析

该零件用两个图形表达，主视图是用两个相交的剖切平面剖切获得的全剖视图，反映盖内部结构及连接孔形状。左视图表达左端面外形及连接孔的分布情况。该盖的基本结构如同一锅盖，右端面较光洁、平整，为密封面，有一直径为 $108^{+0.46}_{0}$ mm、深为 $5.2^{+0.1}_{0}$ mm 的凹坑与球轴承外圈配合，盖上均布四个连接孔，并带有放射形的加强肋，盖的左上方在尺寸 59 mm 处削平一处，以避免与其他零件发生干涉。

（3）尺寸分析

该盖以 $\phi108^{+0.46}_{0}$ mm 孔轴线为径向尺寸基准，轴向以右端面为尺寸基准。

（4）了解技术要求

加工表面的表面粗糙度 *Ra* 值最小为 6.3 μm，最大为 25 μm，其余为不加工表面。标有尺寸公差的有 $\phi108^{+0.46}_{0}$ mm 和 $5.2^{+0.1}_{0}$ mm。标注的几何公差有：右端面的平面度公差为0.02 mm、对凹坑端面的平行度公差为 0.05 mm；四个 $\phi10.8$ mm 孔的轴线对 $\phi108^{+0.46}_{0}$ mm 孔轴线的位置度公差为 $\phi0.2$ mm。

3. 叉架类零件

汽车上的拨叉、连杆、支架、支座等均属于叉架类零件。叉架类零件通常起传动、连接、调节、制动、支承等作用。如图 5—37 所示为拨叉零件图。

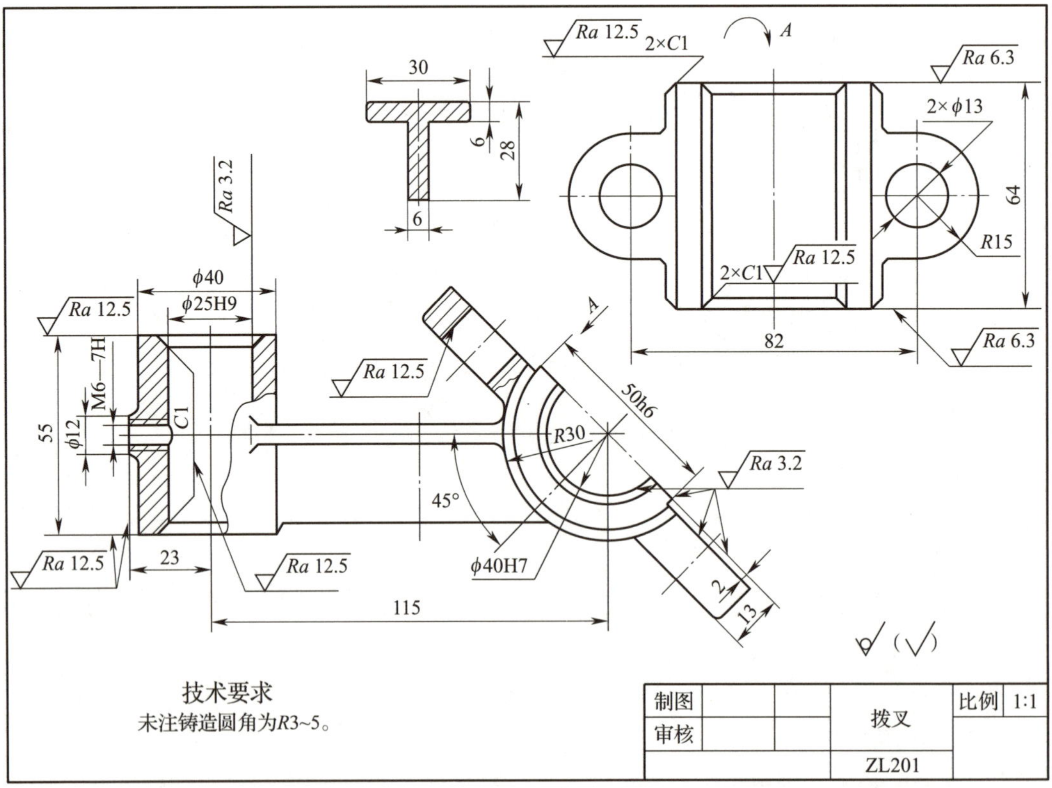

图 5—37　拨叉零件图

试根据上述轴套类及轮盘类零件图的识读与分析方法，自行完成拨叉零件图的识读。

4. 箱体类零件

汽车上的变速器壳体、转向器壳体、气缸体、泵体、后桥壳等均属于箱体类零件。该类零件的主要作用是容纳、支承传动件，也起定位、密封和保护等作用。如图 5—38 所示为泵体零件图。

试根据上述轴套类及轮盘类零件图的识读与分析方法，自行完成泵体零件图的识读。

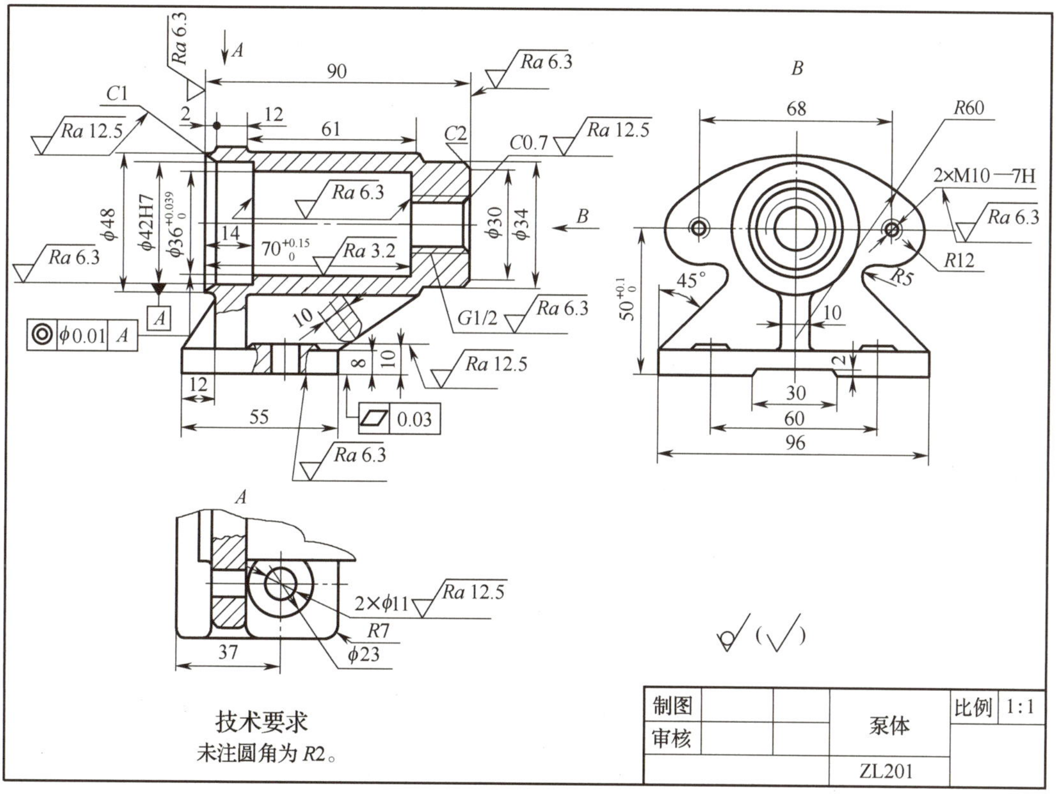

图 5—38 泵体零件图

第六章 装配图

§6—1 装配图概述

学习目标

了解装配图的作用和内容。

一、装配图及其应用

表达机器或部件的工作原理及各组成零件之间的连接、装配关系的图样称为装配图。

在汽车或其他机械生产中，无论是开发新产品，还是对其他产品进行仿制、改造，设计部门都要先根据设计要求画出装配图，以表达机器或部件的工作原理、传动路线以及零件的结构、装配关系、相对位置和连接方式，然后根据装配图分别绘制零件图；生产部门则先根据零件图制造出零件，再根据装配图把零件装配成部件或机器。此外，在安装、调试、操作、检修机器时，也要通过装配图了解机器或部件的结构和性能。因此，装配图是表达设计思想、指导生产和进行技术交流的重要技术文件之一。

二、装配图的内容

图 6—1 所示为滑动轴承的零件分解轴测图，图 6—2 所示为其装配图。从图中可以看出，一张完整的装配图应包括以下几项内容：

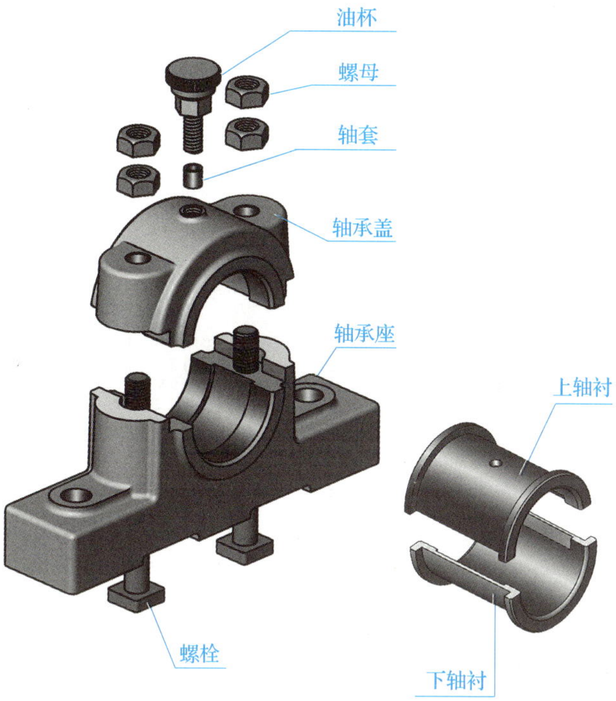

图 6—1 滑动轴承的零件分解轴测图

1. 一组图形

运用必要的视图和各种表达方法，正确、完整、清晰地表达出机器或部件的工作原理，零件间的装配关系、连接方式、传动路线及主要零件的结构和形状等。

2. 必要的尺寸

标注出表示装配体规格（性能）、外形以及装配、检验、安装时所需的尺寸。

3. 技术要求

用文字或符号说明机器或部件在装配、调试、安装、验收及使用中的技术要求等。

4. 零件序号、标题栏和明细栏

在装配图上，对机器或部件上的每一种零件都要按顺序编号；标题栏一般应注明单位名称、图样名称、图样代号、投影符号、绘图比例、质量以及设计、审核人员签名和日期等；明细栏应填写零件的序号、代号、名称、数量、材料等内容。

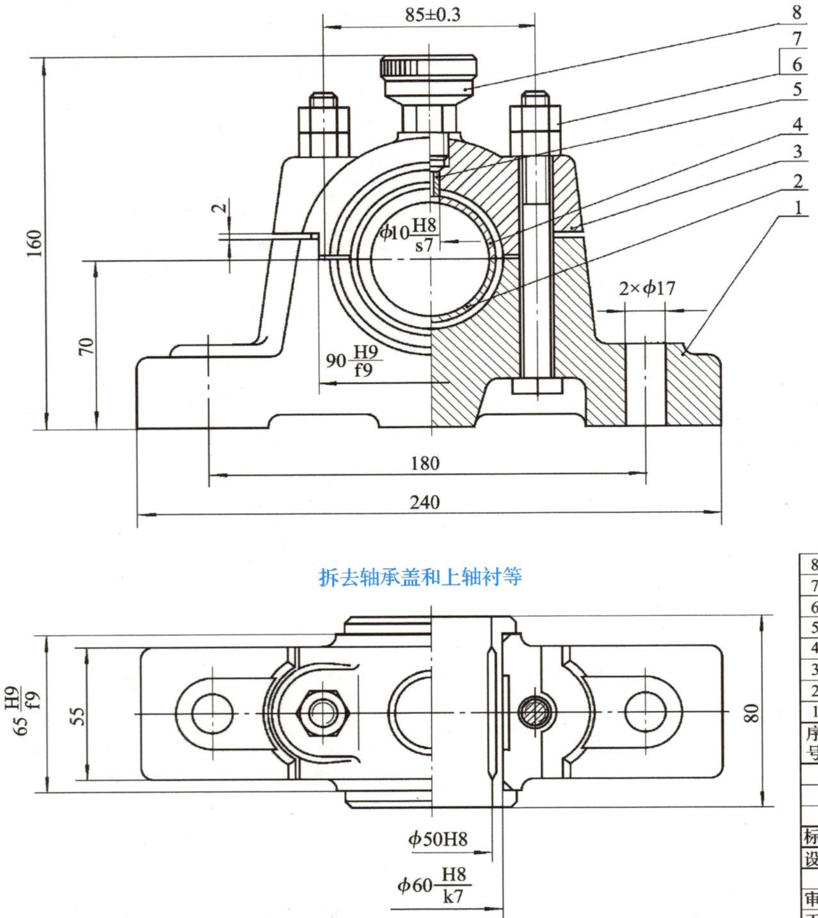

技术要求

1. 上、下轴衬与轴承座及轴承盖之间应保证接触良好。
2. 轴衬最大压力$p \leqslant 27.4$MPa。
3. 轴衬与轴颈最大线速度$v \leqslant 8$m/s。
4. 轴承温度低于120℃。

序号	代号	名称	数量	材料	单件质量	总计质量	备注
8	JB/T 7940.3—1995	油杯B12	1				
7	GB/T 6170—2015	螺母M12	4				
6	GB/T 8—1988	螺栓M12×130	2				
5	GB/T 18324—2001	轴套	1	Q235A			
4		上轴衬	1	ZCuA110Fe3			
3		轴承盖	1	HT150			
2		下轴衬	1	ZCuA110Fe3			
1		轴承座	1	HT150			

标记	处数	分区	更改文件号	签名	年、月、日				滑动轴承
设计			标准化			阶段标记	质量	比例	
审核									
工艺			批准			共 张	第 张		

图 6—2 滑动轴承装配图

§6—2　装配图画法

学习目标

认识装配图的规定画法和特殊画法。

用于零件图的各种表达方法（视图、剖视图、断面图等）同样适用于装配图。但由于装配图和零件图所需要表达的重点不同，因此，装配图另有一些规定画法和特殊画法。

一、规定画法

装配图的规定画法如图 6—3 所示。

1. 相邻零件轮廓线的画法

两个零件的接触面或配合面只画一条轮廓线；凡是非接触、非配合的两表面，无论间隙多小，都必须画出两条轮廓线。

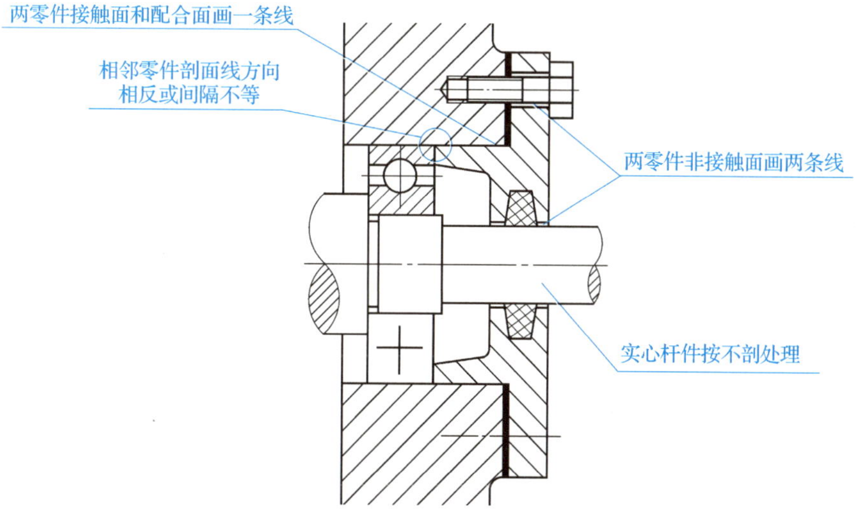

图 6—3　装配图的规定画法

2. 相邻零件的剖面线画法

在剖视图中，相接触的两零件的剖面线方向应相反，或方向一致而间隔不等。在一张装配图上，每个被剖切的零件在所有视图上的剖面线方向、间隔、倾斜角度都应一致，以便于对照视图，识别零件。

当零件厚度小于 2 mm 时，允许以涂黑来代替剖面符号。

3. 实心零件的画法

在装配图中，对于紧固件以及轴、杆、球、键、销等实心零件，若纵向剖切，且剖切平面通过其对称平面或轴线，则这些零件均按不剖绘制。

二、特殊画法

1. 拆卸画法

(1) 在装配图中，当某些零件遮住所需表达的其他零件时，可假想将某些零件拆卸后再绘制视图。如图 6—4 所示球阀装配图，其左视图中就拆去了扳手等零件，以使其他零件的形状表达得更清楚。

(2) 在装配图中，可假想沿某些零件的接合面剖切后再进行投射，在零件接合面上不画剖面线，但被切到的部分必须画出剖面线。如图 6—2 所示的俯视图，为了表示轴衬与轴承座的装配情况，图的右半部分就是沿轴承盖与轴承座的接合面剖切的。

以上两种画法，若需要说明时，可在其视图上方注明“拆去××等”字样。

2. 假想画法

(1) 对于机器或部件中可动零件的极限位置，可用细双点画线画出其轮廓线。如图 6—5 所示，用细双点画线画出了车床尾座上手柄的另一个极限位置。

(2) 对于与本部件有关但不属于本部件的相邻辅助零部件，可用细双点画线表示其与本部件的连接关系，如图 6—6 所示夹具中的工件。

3. 夸大画法

对薄片零件、细丝弹簧和微小间隙等，若按其实际尺寸在装配图上很难画出或难以明确表示时，可采用夸大画法。如图 6—3、图 6—4 中的垫片即采用了夸大画法。

4. 简化画法

(1) 装配图中若干相同的零件组，如螺栓连接等，允许仅详细地画出一组或几组，其余只需用细点画线表示其位置，如图 6—7a 所示。

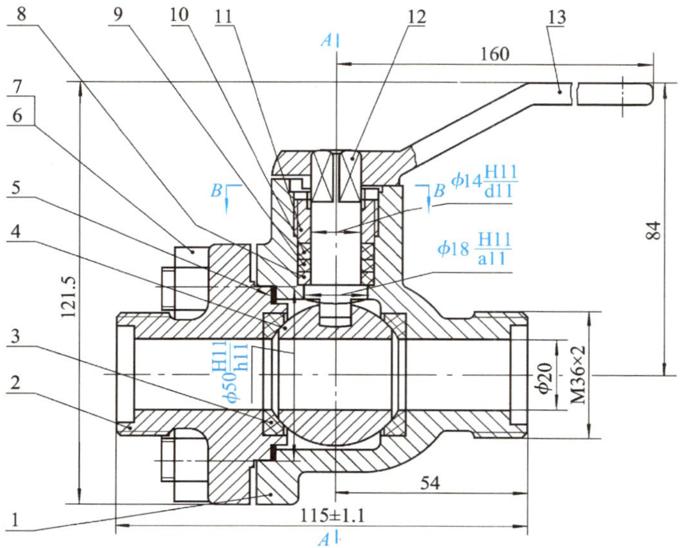

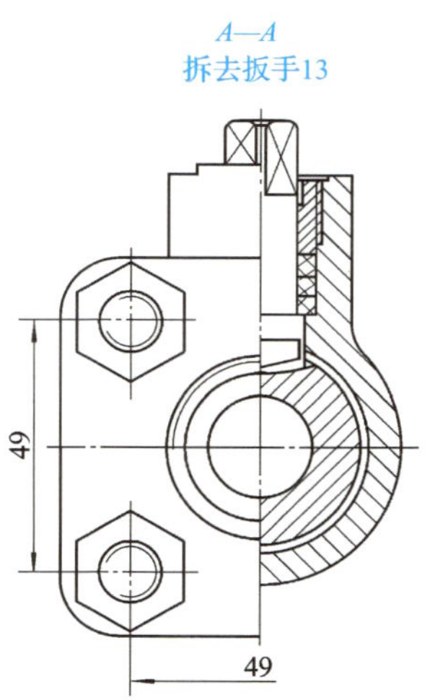

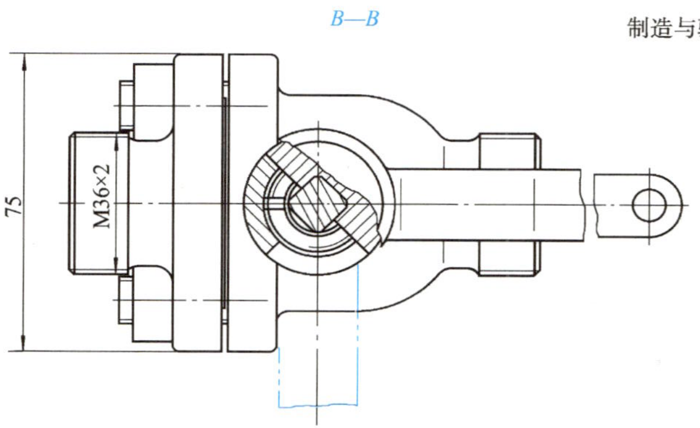

技术要求

制造与验收技术条件应符合国家标准的规定。

序号	代号	名称	数量	材料	单件质量	总计质量	备注
13		扳手	1	ZG230—450			
12		阀杆	1	40Cr			
11		填料压紧套	1	35			
10		上填料	2	聚四氯乙烯			
9		中填料	1	聚四氯乙烯			
8		填料垫	1	40Cr			
7	GB/T 6170—2000	螺母M12	4	Q235			
6	GB/T 897—1988	螺柱M12×30	4	Q235			
5		调整垫	1	聚四氯乙烯			
4		阀芯	1	40Cr			
3		密封圈	2	聚四氯乙烯			
2		阀盖	1	ZG230—450			
1		阀体	1	ZG230—450			

标记	处数	分区	更改文件号	签名	年、月、日				
设计			标准化			阶段标记	质量	比例	球 阀
审核									
工艺			批准			共 张		第 张	

图 6—4 球阀装配图

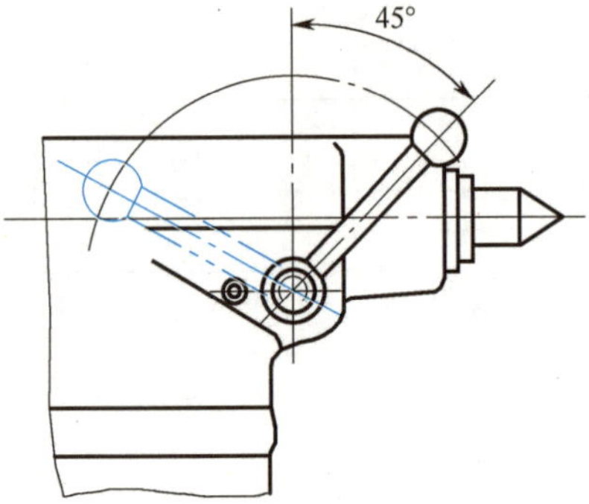

● 图 6—5 可动零件极限位置的表示方法

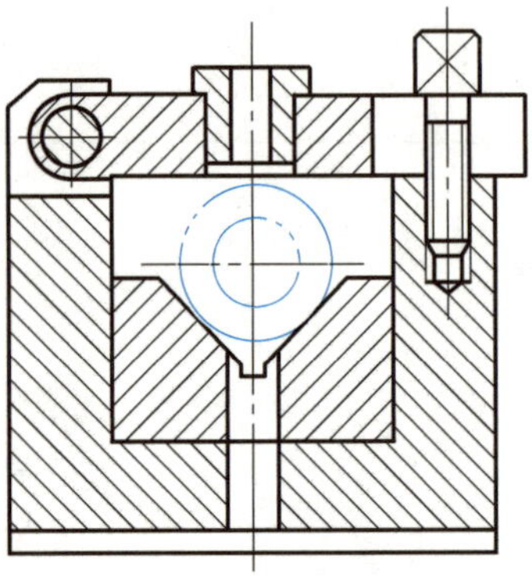

● 图 6—6 夹具上相邻辅助零件的表示方法

（2）在装配图中，零件的某些工艺结构，如倒角、圆角、退刀槽等允许不画，螺栓头部、螺母、滚动轴承均可采用简化画法，如图 6—7b 所示。

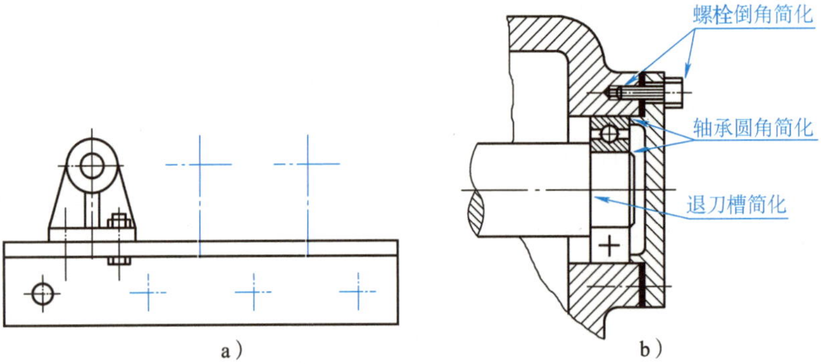

● 图 6—7 简化画法

§6—3 装配图的尺寸标注和技术要求

学习目标

能读懂装配图的尺寸标注和技术要求。

一、尺寸标注

装配图上标注尺寸的目的与零件图不同，因为装配图不是制造零件的直接依据，不需要注出每个零件的所有尺寸，而只要求注出与装配体的装配、检验、安装或调试等有关的尺寸。装配图中的尺寸可分为以下几类：

1. 规格（性能）尺寸

规格（性能）尺寸是表示装配体的规格或性能的尺寸。它作为设计的一个重要数据，在画图之前就已确定。如图 6—2 所示滑动轴承的孔径 ϕ50H8，它反映了该部件所支承轴的直径大小；图 6—4 所示球阀的通孔直径 ϕ20 mm，表明了管路的通径。

2. 装配尺寸

装配尺寸是表示装配体各零件之间装配关系的尺寸，通常有以下两种：

（1）配合尺寸

配合尺寸是用来表示两个零件之间配合性质的尺寸，如图 6—2 中的 90H9/f9 和 ϕ10H8/s7。

（2）相对位置尺寸

零件在装配时，需要保证的相对位置尺寸包括两齿轮的中心距、主要轴线到基准面的定位尺寸等。

3. 安装尺寸

安装尺寸是指将装配体安装到地基或其他机器上时所需的尺寸，如图 6—2 所示的安装孔尺寸 2×ϕ17 mm 和孔的定位尺寸 180 mm 等。

4. 外形尺寸

外形尺寸是表示装配体的总长、总宽、总高的尺寸，提供了装配体在包装、运输和安装过程中所占的空间大小。如图 6—2 所示的 240 mm、80 mm、160 mm；图 6—4 所示的（115±1.1）mm、75 mm、121.5 mm。

5. 其他重要尺寸

它是指在设计中经过计算或根据某种需要而确定的，但又不属于上述几类尺寸的一些重要尺寸。如图 6—2 所示的（85±0.3）mm，图 6—4 所示的 M36×2 等。

一张装配图中，不一定将这五类尺寸标全，在标注尺寸时应根据装配体的具体情况而定。

二、技术要求

不同性能的装配体，其技术要求也各不相同。拟定技术要求一般可从以下几个方面考虑：

1. 装配要求

它是指装配方法和在装配过程中需注意的事项及装配后应达到的要求，如准确度、装配间隙、润滑要求等。

2. 检验、调试要求

它是指对装配体基本性能进行检验、试验时的要求。

3. 使用要求

它是指对装配体进行维护、保养、使用时的注意事项和要求。

装配图上的技术要求应根据装配体的结构特点和使用性能适当填写，技术要求一般注写在标题栏的左侧或上方。

§6—4　装配图中零部件的序号和明细栏

学习目标

能识读装配图中的零部件序号和明细栏。

在生产中，为了便于看图和生产管理，对装配图中各零部件都必须编写序号，并填写明细栏。明细栏可直接画在装配图标题栏上面，也可另列零部件明细栏，其内容应包含零件的名称、材料及数量等，这样有利于读图时对照查阅，并可根据明细栏做好生产准备工作。

一、零部件序号的编排方法

1. 一般规则

装配图中所有的零部件都必须编写序号。规格相同的零件只编一个序号，标准化组件（如油杯、滚动轴承、电动机等）可看作一个整体编一个序号。同时在明细栏中与图中序号一一对应地列出。

2. 零部件序号的通用表示方法

（1）在所指零部件的可见轮廓内画一圆点，自圆点画指引线（细实线），指引线的另一端画出水平细实线或细实线圆，在水平线上或圆内注写序号，如图 6—8a 所示。

（2）在指引线附近直接注写序号，如图 6—8b 所示。

（3）若所指部分是很薄的零件或涂黑的剖面，不便于画圆点，则可用箭头代替圆点并指向该部分的轮廓，如图 6—8c 所示。

但应注意，同一张装配图中编注序号的形式应一致，序号字号比装配图中所注尺寸数字的字号大一号或两号。

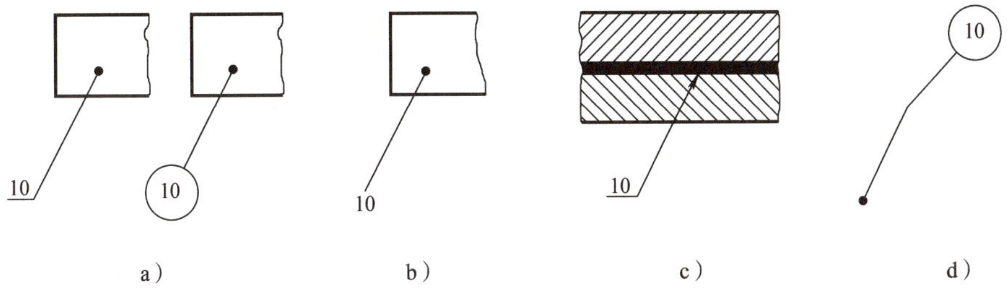

图 6—8 序号的表示方法

3. 指引线

指引线相互不能相交，也不要与剖面线平行。必要时可画成折线，但只允许转折一次，如图 6—8d 所示。对于一组紧固件及装配关系清楚的零件组，可采用公共指引线，如图 6—9 所示。

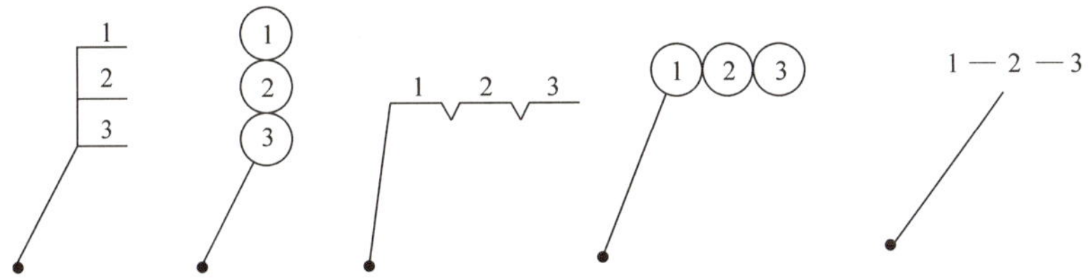

图 6—9 公共指引线

4. 序号

序号应按顺时针或逆时针方向顺次排列整齐。如在整个图上无法连续排列时，应尽量在每个水平或垂直方向顺次排列。

二、明细栏

明细栏一般由序号、代号、名称、数量、材料、备注等组成，其格式如图 6—10 所示。也可按实际需要增加或减少内容。

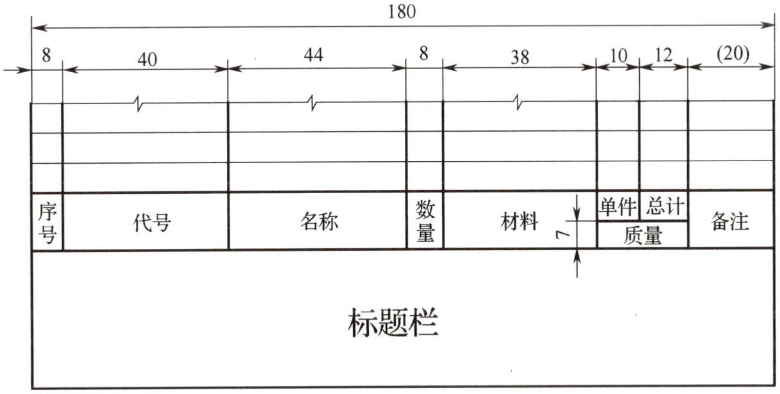

图 6—10 明细栏的格式

明细栏一般配置在装配图中标题栏的上方，按由下而上的顺序填写。当位置不够时，可紧靠在标题栏的左边自下而上延伸。若不能在标题栏的上方配置明细栏时，可作为装配图的续页按 A4 幅面单独给出，但其顺序应是由下而上填写。

§6—5 识读装配图

学习目标

能读懂汽车部件的装配图。

读装配图的目的是了解装配体的工作原理和使用性能，弄清楚零件间的装配关系、连接方式和各零件的主要结构、作用以及拆装顺序等。下面以图 0—3 所示的活塞连杆总成装配图为例，说明识读装配图的方法和步骤。

一、概括了解

由图 0—3 的标题栏可知该装配体的名称是活塞连杆总成。该装配体上端活塞装入发动机气缸中，做往复直线运动。连杆上端小头通过活塞销与活塞相连接，下端大头通过连杆轴承与曲轴相配合，做旋转运动。由此实现发动机在工作中力的传递与运动方式的转换。如图 6—11 所示为活塞连杆总成的结构，其运动如图 6—12 所示。

由明细栏可知组成该部件的零件有 14 种，通过明细栏还可以了解每种零件的名称、数量、材料以及标准件的规格等，并大致了解装配体的复杂程度。由总体尺寸了解装配体的大小和所占空间。

二、分析视图

对装配图的表达方案进行分析，弄清楚视图、剖视图、断面图的数量，各自的表达意图和各图间相互关系，找出视图名称、剖切位置、投射方向，为下一步深入读图做准备。

该装配图采用了两个基本视图。主视图采用局部剖视图，表达了连杆、连杆衬套与活塞销、活塞之间的装配关系。左视图是整个总成的外形图，它突出了连杆的形状，并表达出连杆大端的连接情况。

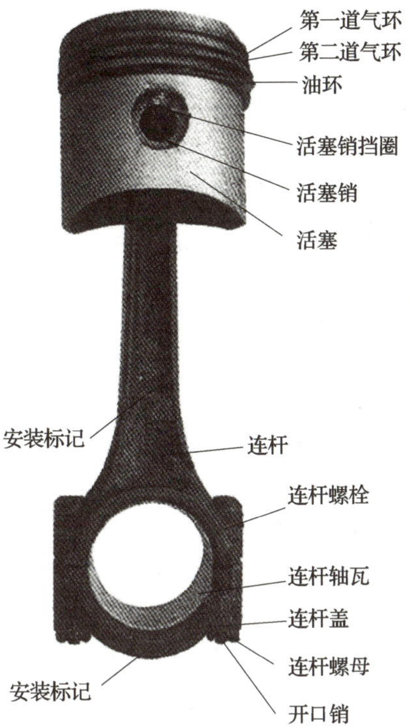

图 6—11　活塞连杆总成的结构

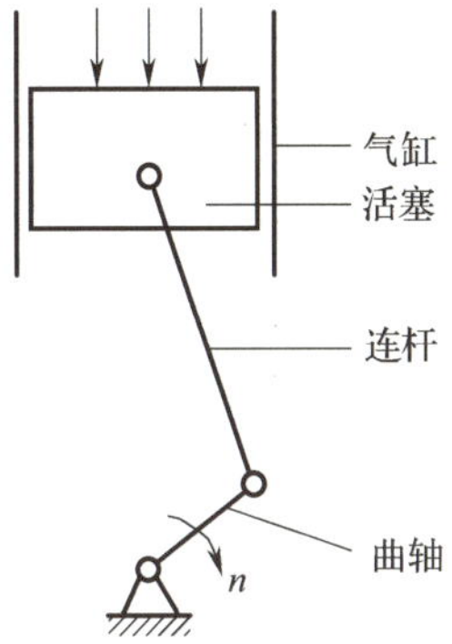

图 6—12　活塞连杆总成的运动

三、分析零件的结构及形状

在明确视图关系和表达意图的基础上，进一步分析零件的结构、形状和作用，可以更好地了解工作原理和结构特点。为此，就要从视图中分离出每个零件的范围和对应关系，利用剖面线的倾斜方向和间距、零件的编号、装配图的规定画法和特殊表达方法(如实心轴不剖切的规定等)，以及借助三角板和分规等查找其投影关系。以主视图为中心，按照先易后难，先看懂连接件、通用件，再读一般零件的顺序进行识读。

四、分析装配关系

由图 0—3 可以看出：活塞环（油环和气环）装在活塞的凹槽内；活塞通过活塞销与连杆小头相连接；活塞销端面以活塞销挡圈定位，防止活塞销轴向窜动；连杆轴瓦装在连杆大头内；连杆盖与连杆大端用连杆螺栓连接。

五、分析尺寸

分析装配图中每一个尺寸的作用（即五类尺寸），弄清楚部件的尺寸规格以及零件间的配合性质和外形大小等。

(1) 如图 0—3 所示，活塞下部呈椭圆状，其长轴直径为 101.55 mm、短轴直径为

101.49 mm，连杆大头轴瓦内径为 $65.5^{+0.015}_{0}$ mm，是活塞连杆总成的主要规格尺寸。

（2）ϕ28N6/h5 是活塞销与活塞的配合尺寸。其公称尺寸为 28 mm，轴的基本偏差代号是 h，公差等级为 5 级；孔的基本偏差代号为 N，公差等级是 6 级，为基轴制的过盈配合。

（3）连杆大、小端两孔的中心距为（217±0.05）mm，是保证连杆准确地安装在活塞和曲轴之间的主要尺寸。（56±0.08）mm 是活塞顶部平面至销孔中心的距离，是保证气缸压缩比的关键尺寸。另外，如 $38^{+0.17}_{-0.26}$ mm 等也是不可缺少的重要尺寸。

（4）在总体尺寸中，装配体总长为 101.49 mm、总宽为 101.55 mm、总高为 321 mm（56 mm+217 mm+48 mm）。

六、分析装配体的技术要求

在图 0—3 中，装配技术要求为按说明书进行装配。

活塞连杆总成的实物分解图如图 6—13 所示。

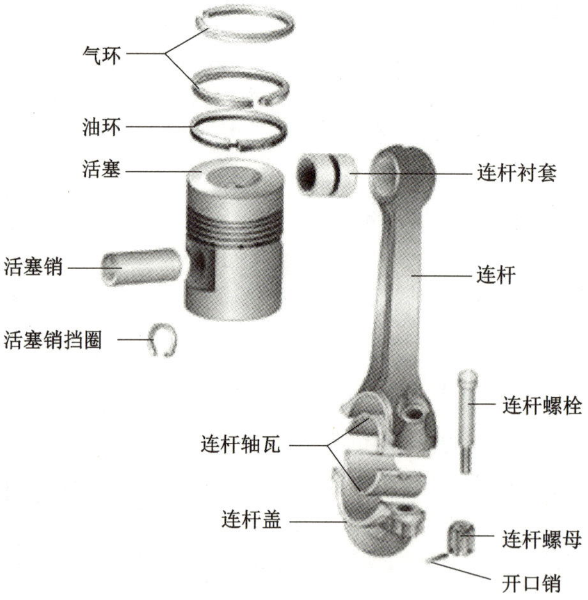

图 6—13　活塞连杆总成的实物分解图

总之，识读装配图时，应先全面分析、综合归纳、获得完整概念，得到对装配体的总的认识；然后根据装配图，分析其传动路线、工作原理与拆装顺序、装配与使用特点，以及安装、使用中应注意的问题等。

第七章

展开图

在汽车设备中，经常遇到用金属板料加工制成的各种构件，如汽车车身、水箱、消声器等。制造这类构件时，通常要根据构件的投影图（即视图）画出展开图，按展开图切割下料并卷折成形，经焊接、铆接制成。如图 7—1 所示为分离器外形，它是由圆管、锥管、等径圆管弯头以及上圆下方构件组成的。

将构件按表面的真实形状和大小依次摊平在一个平面上称为表面展开，展开后所得的图形称为展开图，如图 7—2 所示。

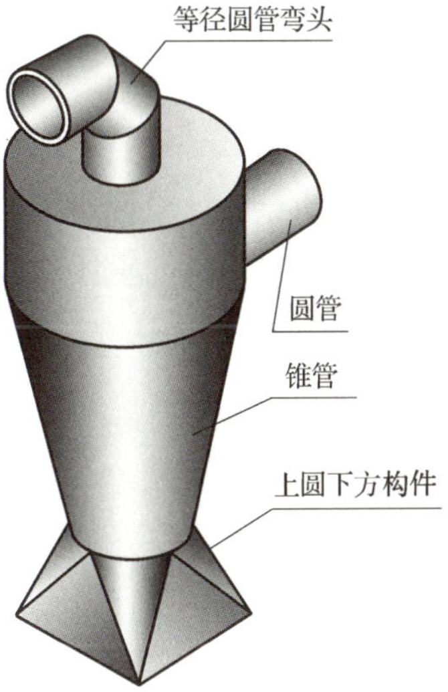

图 7—1　分离器外形

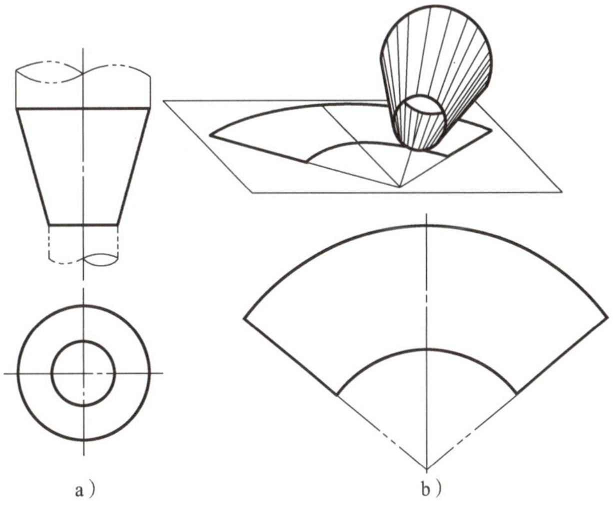

图 7—2　展开图的概念

a）投影图　b）展开图

常见的可展表面能全部平整地摊平在一个平面上，而不发生撕裂或折叠，包括棱柱体、圆柱体、棱锥体、圆锥体的表面。无论哪一种图形，都是按表面实形展开，为了求得各表面的实形，就必须求得构成表面各线段的实长。以下各节将介绍实长的求法和几种常见形体的展开。

§7—1　线段实长的求法

学习目标

会用直角三角形法和旋转法求线段实长。

形体中的线段若平行于投影面，其视图可反映实长，若不平行于投影面则不能反映实长，这就必须通过作图法或计算法求得线段实长。常用的求实长作图法主要有直角三角形法和旋转法。

一、直角三角形法

如图 7—3b 所示，已知空间线段 AB 的两面投影 ab 和 $a'b'$，求线段 AB 的实长。

众所周知，如已知一个直角三角形的两条直角边的长度，其斜边的长度即可求出。如图 7—3a 所示，由于 AB 倾斜于两投影面，所以其投影均不反映实长。这时作一辅助线 $AC/\!/ab$，得直角三角形 ABC。直角三角形一条直角边 AC 的长度等于空间直线在俯视图中的投影长度 ab，另一条直角边 BC 的长度为该直线段在主视图中投影的坐标差 $b'c'$，则斜边即为空间线段的实长 AB。

求 AB 实长的作图步骤如图 7—3b 所示。

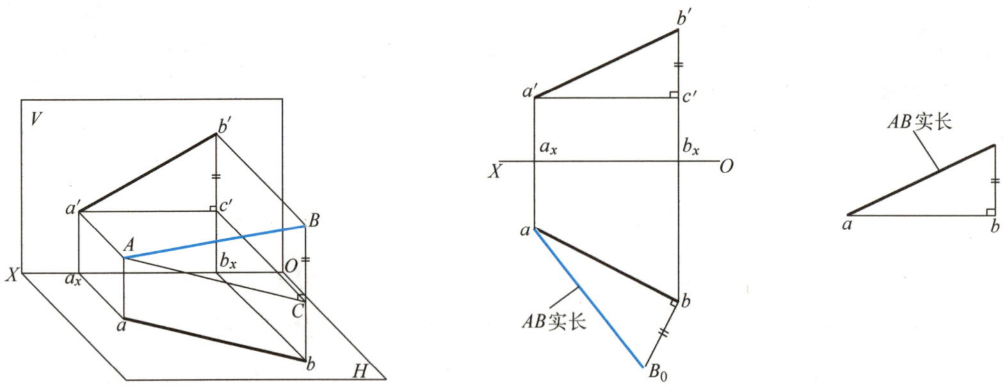

a)　　b)　　c)

图 7—3　用直角三角形法求线段的实长

(1) 过 b 作 ab 的垂线，截取 $bB_0=b'c'$。

(2) 连 aB_0 即为线段 AB 的实长。

具体作图过程也可脱离原来的投影，选择一个适当的位置作图，以便保持图形清晰，其作图方法完全相同，如图 7—3c 所示。

二、旋转法

如图 7—4b 所示，已知空间线段 AB 的两面投影 ab 和 $a'b'$，求线段 AB 的实长。

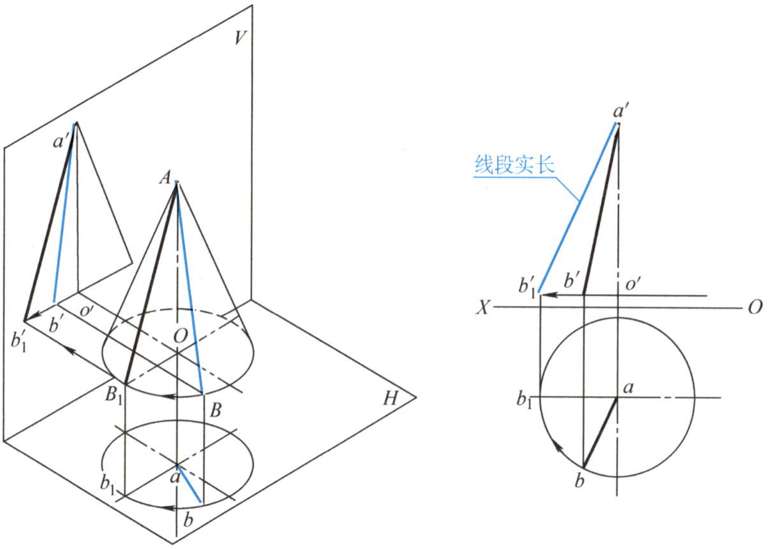

a)　　b)

图 7—4　用旋转法求线段的实长

众所周知，当一直线段平行于一投影面时，它在该投影面上的投影反映实长。如图 7—4a 所示，线段 AB 与任一投影面均不平行，所以其投影均不反映实长。这时过端点 A 取垂直于 H 面的直线 AO 为轴，将线段 AB 绕该轴旋转到正平线位置 AB_1，其新的正面投影 $a'b_1'$ 反映实长。

求 AB 实长的作图步骤如图 7—4b 所示。

(1) 以 a 为圆心，将线段 ab 旋转到与正投影面平行的位置，得线段 ab_1。

(2) 过 b' 作投影轴 OX 的平行线，过 b_1 作投影轴 OX 的垂线，两线相交得 b_1'。

(3) 线段 $a'b_1'$ 即为线段 AB 的实长。

§7—2　柱体的展开

学习目标

能绘制棱柱面和圆柱面的展开图。

一、棱柱面的展开

1. 直立四棱柱面的展开

如图 7—5 所示的直立四棱柱面由四个平面组成，且各直立棱边均垂直于水平面，长度相等，顺序画出四个面的实际大小，即将其展开。绘制直立四棱柱面展开图的步骤见表 7—1。

2. 斜口直立四棱柱面的展开

如图 7—6 所示，斜口直立四棱柱面由四个平面组成，且各棱边均垂直于水平面，只是高度不同，因此其展开过程与直立四棱柱相似。绘制斜口直立四棱柱面展开图的步骤见表 7—2。

表 7—1　　绘制直立四棱柱面展开图的步骤

<table>
<tr><th>步　骤</th><th>图　例</th><th>说　明</th></tr>
<tr><td>1. 作视图，展开底边</td><td>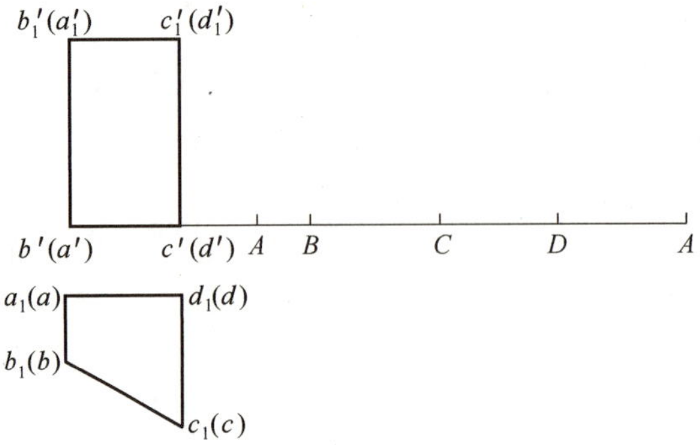
</td><td>（1）作直立四棱柱面的视图
（2）在下底面正面投影延长线上的适当位置依次截取 $AB=ab$、$BC=bc$、$CD=cd$、$DA=da$，得到线段 AB、BC、CD、DA，即为四棱柱面各底边的实长</td></tr>
</table>

续表

步　骤	图　例	说　明
2. 求四棱柱面各棱边实长，完成展开图	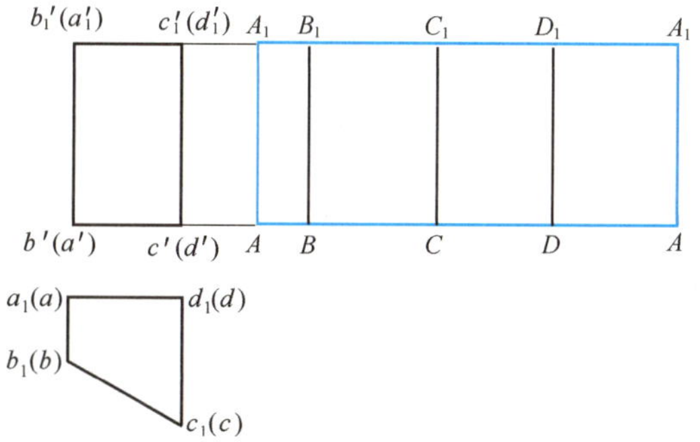	过 A、B、C、D、A 各点作延长线的垂线，取 $AA_1=BB_1=CC_1=DD_1=AA_1=a'a_1'$，连接各点，按标准描深即得直立四棱柱面的展开图

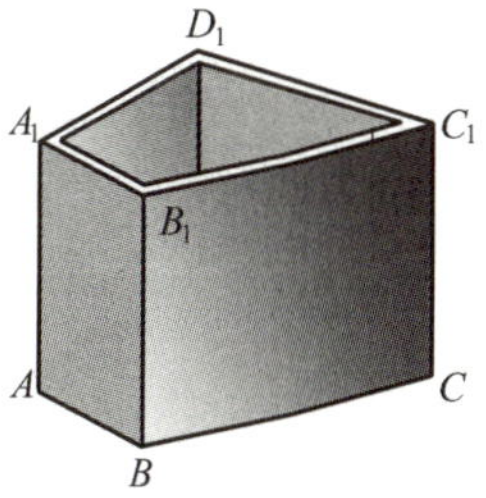

图 7—5　直立四棱柱面

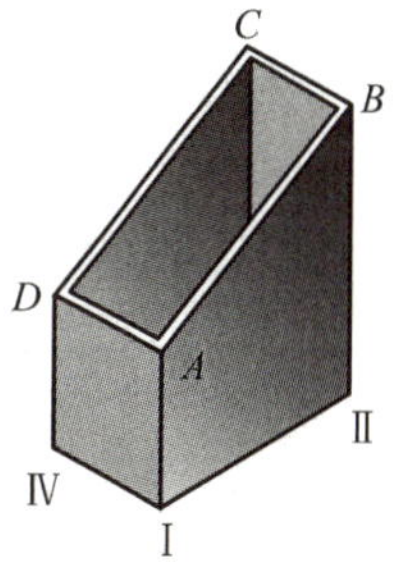

图 7—6　斜口直立四棱柱面

表 7—2　　绘制斜口直立四棱柱面展开图的步骤

步　骤	图　例	说　明
1. 作视图，展开底边	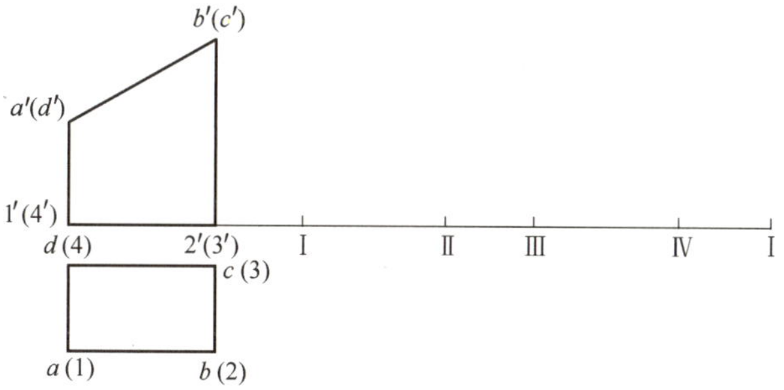	（1）作斜口直立四棱柱面的视图 （2）在下底面正面投影延长线上的适当位置依次截取ⅠⅡ=12、ⅡⅢ=23、ⅢⅣ=34、ⅣⅠ=41，即为四棱柱面各底边实长
2. 求四棱柱面各棱边实长	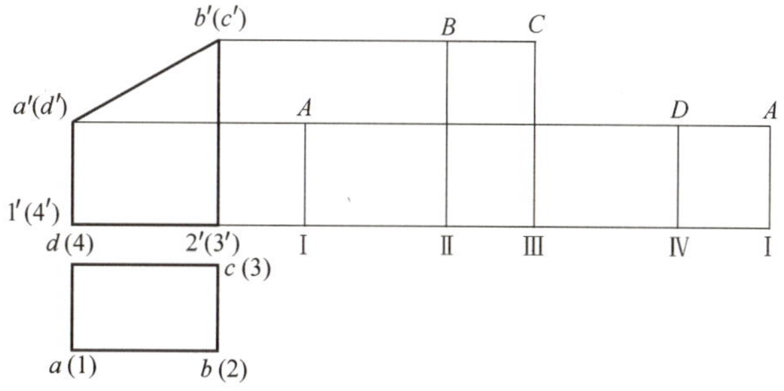	过Ⅰ、Ⅱ、Ⅲ、Ⅳ、Ⅰ各点作延长线的垂线，分别截取ⅠA=1′a′、ⅡB=2′b′、ⅢC=3′c′、ⅣD=4′d′、ⅠA=1′a′，即得斜口直立四棱柱面各棱边的高

续表

步骤	图例	说明
3. 检查连接，完成全图	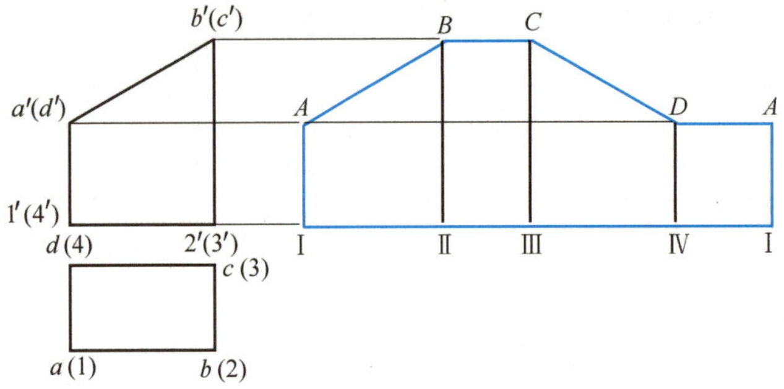	连接 A、B、C、D、A 各点，按标准描深即得斜口直立四棱柱面的展开图

二、圆柱面的展开

1. 斜口直立圆柱面的展开

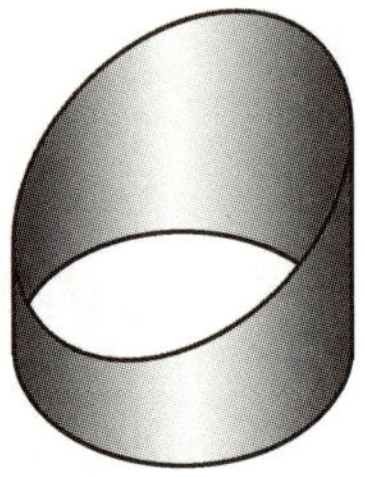

图 7—7 斜口直立圆柱面

如图 7—7 所示，斜口直立圆柱面各素线的高度有差异，但仍互相平行，且与底面垂直，其正面投影反映实长。底圆展开成为直线，依次在底圆展开线上求得各素线的实长并连接，即将其展开。绘制斜口直立圆柱面展开图的步骤见表 7—3。

表 7—3　　绘制斜口直立圆柱面展开图的步骤

步骤	图例	说明
1. 作视图，等分圆周	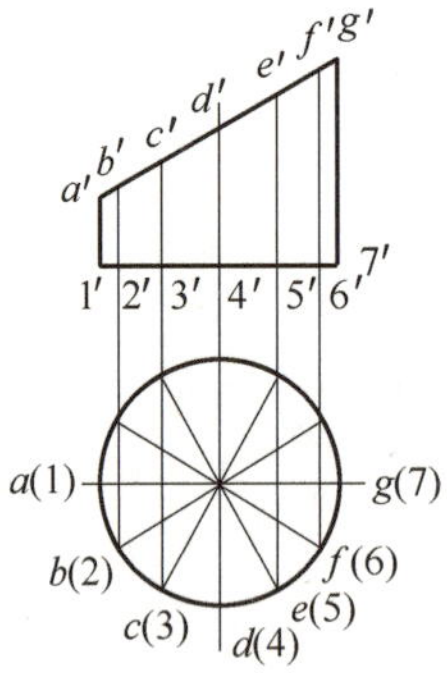	（1）作斜口直立圆柱面的视图 （2）在俯视图上将圆周十二等分，得等分点 a、b、c 等 （3）过各等分点找出主视图上相对应的素线 1′a′、2′b′等 注意：等分数随圆周直径大小而定，等分数越多，展开越准确
2. 展开底圆	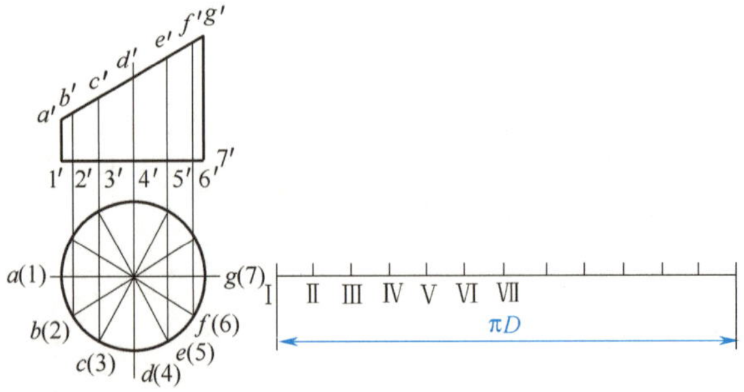	（1）将底圆展开成一直线段，其长度等于圆的周长 πD （2）将其十二等分，得等分点Ⅰ、Ⅱ、Ⅲ等

续表

步　骤	图　例	说　明
3. 求斜口直立圆柱面实长	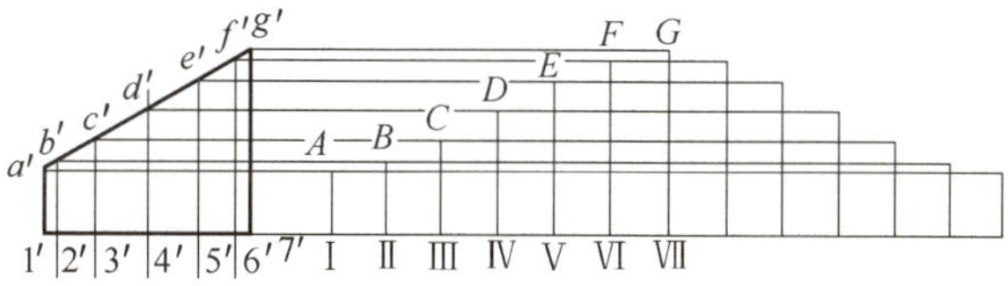	过Ⅰ、Ⅱ、Ⅲ…各点作直线段的垂线，并在垂线上量取相应素线的长度（因为素线在主视图上反映实长），即Ⅰ$A=1'a'$、Ⅱ$B=2'b'$、Ⅲ$C=3'c'$…得到A、B、C…各端点
4. 检查连接，完成全图	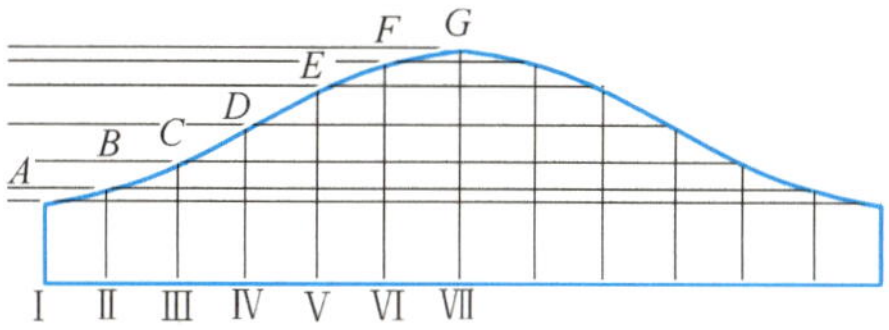	光滑连接A、B、C…各点，按标准描深即得斜口直立圆柱面的展开图

2. 相贯两圆柱面的展开

如图 7—8 所示，相贯两圆柱面大、小两个圆管的轴线是垂直相交的。由于相贯线为两圆管的分界线，也是两圆管连接的部位，因此相贯线应精确绘制然后再进行展开。绘制相贯两圆柱面展开图的步骤见表 7—4。

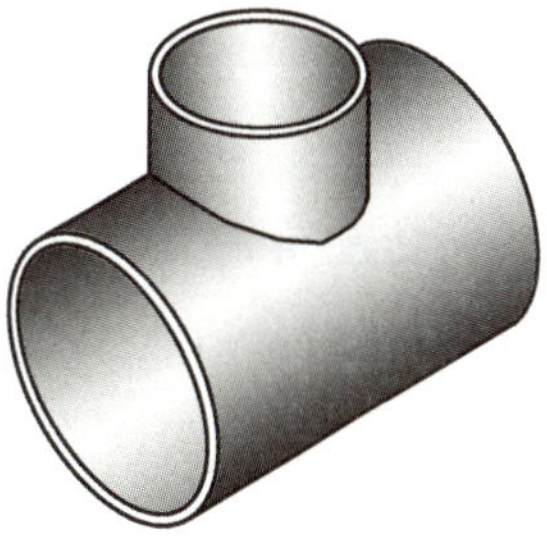

图 7—8　相贯两圆柱面

表 7—4　　绘制相贯两圆柱面展开图的步骤

步　骤	图　例	说　明
1. 作视图，作相贯线	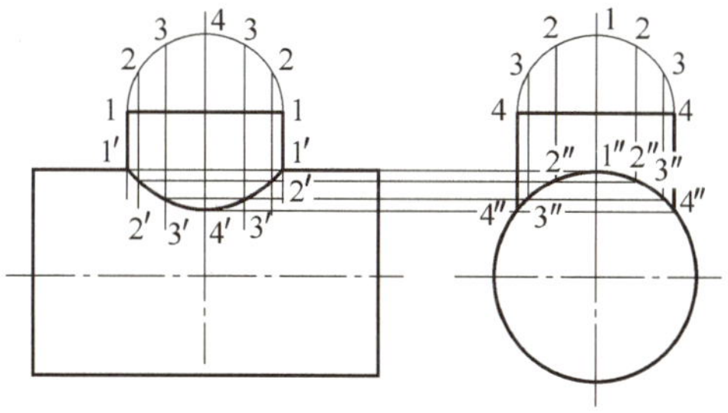	（1）作相贯两圆柱两视图 （2）将小圆管的半圆分成六等份，并标出相应的符号（注意主视图和左视图符号的编写次序），作小圆管相应的等分素线 （3）左视图上等分素线与大圆管的圆交于点 1″、2″、3″、4″，由这些点分别作水平线，在V面投影上与相应的等分素线交于点 1′、2′、3′、4′，用光滑曲线连接各点，按标准描深即为所求相贯线的正面投影
2. 小圆管的展开	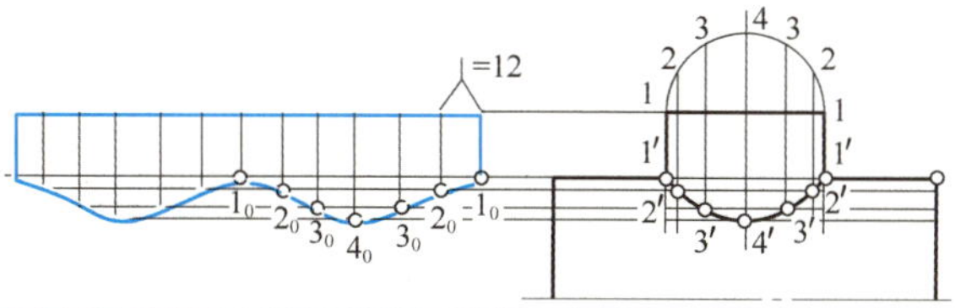	小圆管展开图的画法与作斜口直立圆柱面展开图（见表 7—3）的方法相同，关键是要正确量取各条素线的实长

续表

步 骤	图 例	说 明
3. 大圆管的展开	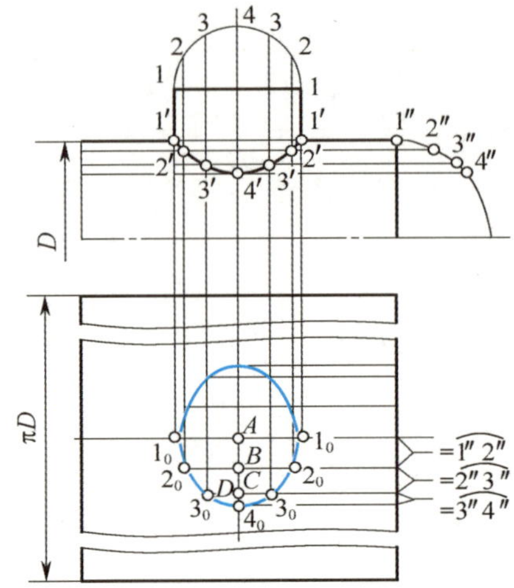	（1）作大圆管的展开图，边长为 πD （2）在垂直方向的中心线上取 A、B、C、D，使 $AB=\overset{\frown}{1''2''}$（可取弦长代替弧长，下同），$BC=\overset{\frown}{2''3''}$，$CD=\overset{\frown}{3''4''}$，再由 A、B、C、D 各点作水平素线，与正面投影中垂直的素线相交得交点 1_0、2_0、3_0、4_0 （3）用作对称点的方法得到相贯线上其他对称点，并依次将各点光滑连接，按标准描深即得大圆管的展开图 注意：在实际工作中，也可将小圆管放样，加工完小圆管后，定位在大圆管上划线开口

3. 等径直角弯管表面的展开

在通风管道设计中，经常用等径直角弯管来连接两互相垂直的等径圆管，改变风道的方向。为了简化作图和节约材料，工程上常采用多节斜口圆管拼接而成一个直角弯管。如图 7—9 所示的等径直角弯管是由四节斜截圆管组成的，中间两节为全节，两端为两个半节。绘制等径直角弯管展开图的步骤见表 7—5。

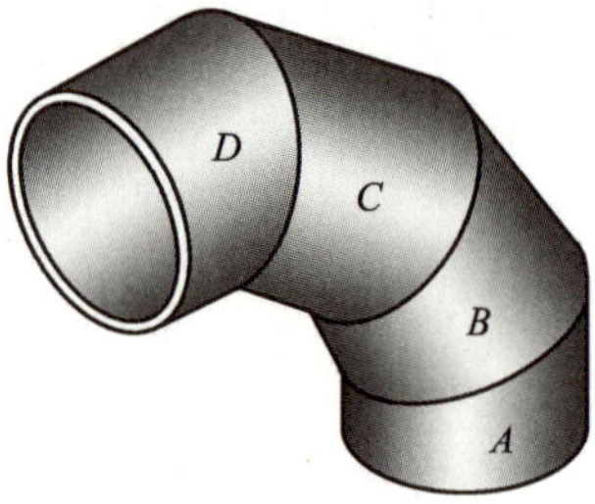

图 7—9　等径直角弯管

表 7—5　　绘制等径直角弯管展开图的步骤

步 骤	图 例	说 明
1. 作弯管的正面投影	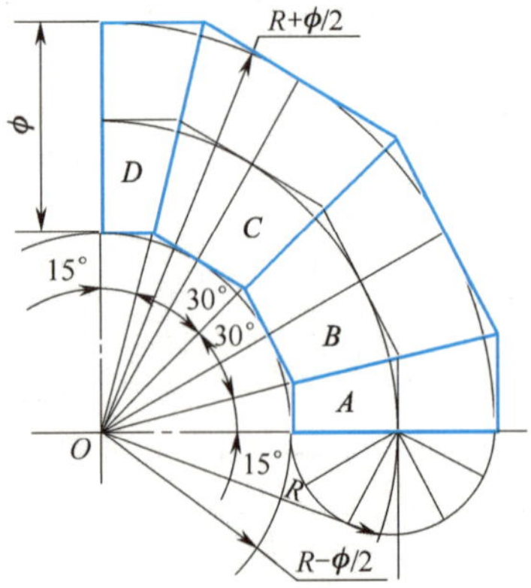	（1）过点 O 作水平线和铅垂线，以 O 为圆心、分别以 $R-\phi/2$、R 和 $R+\phi/2$（ϕ 为弯管管径，R 为弯曲半径）为半径作圆弧 （2）由于整个弯管由两个全节和两个半节组成，因此，半节的中心角 $\alpha=90°/6=15°$，按 15°将直角分成六等份，画出弯管各节的分界线 （3）作出外切于各弧段的切线，按标准描深即完成四节弯管的主视图 注意：在实际工作中，不必画出完整的弯管正面投影，只要求出半节的中心角，作出半节的正面投影，即可进行展开

续表

步　骤	图　例	说　明
2. 将各节拼成一个圆管	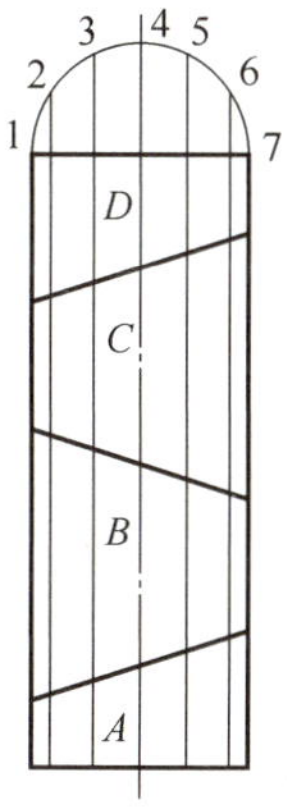	（1）把弯管的 B、D 两节分别绕其轴线转 180°，各节就可以拼成一个圆柱面 （2）在圆柱面上作若干素线 注意：制作等径直角弯管时，也可以将现成的圆管截割成所需节数，再焊接成所要的弯管
3. 展开柱面、素线	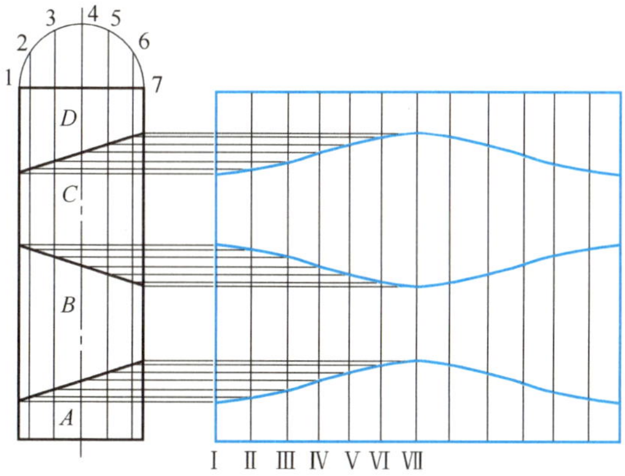	弯管各节展开图的画法与作斜口直立圆柱面展开图（见表 7—3）的画法相同，关键是要正确量取各条素线的实长 注意：若用钢板制作弯管，只需按照斜口直立圆柱面展开的方法展开半节，再把半节的展开图作为样板，在钢板上划线下料

§ 7—3　锥体的展开

学习目标

能绘制四棱台面和圆锥面的展开图。

一、四棱台面的展开

如图 7—10 所示，四棱台的四个棱面都是梯形，在主视图和俯视图上都不能反映实形，所以必须先求出棱线的实长，再按已知边长作三角形的方法，依次作出各三角形棱面的实形，拼得四棱锥展开图，然后截去延长的上段棱锥的各棱面，就是四棱台的展开图。绘制四棱台展开图的步骤见表 7—6。

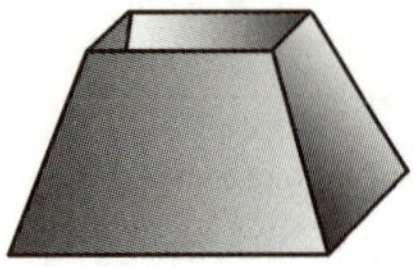

图 7—10　四棱台

表 7—6　　绘制四棱台展开图的步骤

步　骤	图　例	说　明
1. 作视图，求棱锥的棱线实长	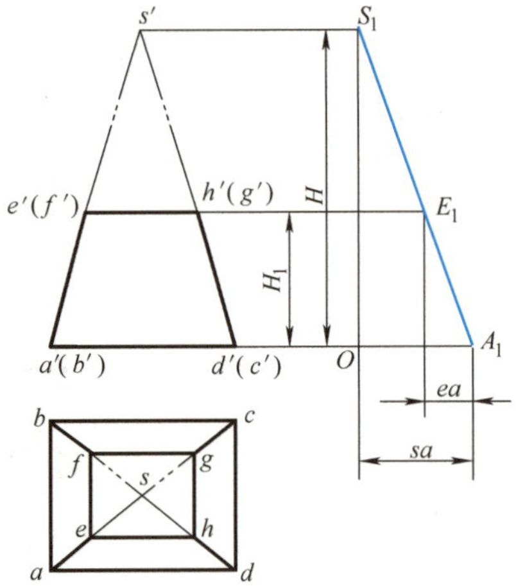	（1）作四棱台视图，延长棱线得四棱锥视图 （2）以 *sa* 之长作水平线 OA_1，作垂线 OS_1 等于四棱锥之高 *H*，则 S_1A_1 即为棱线 *SA* 的实长。在 OS_1 上，量取四棱台的高 H_1，并作水平线，与 S_1A_1 相交得 E_1，则 S_1E_1 即为四棱台延长棱线的实长
2. 展开棱锥	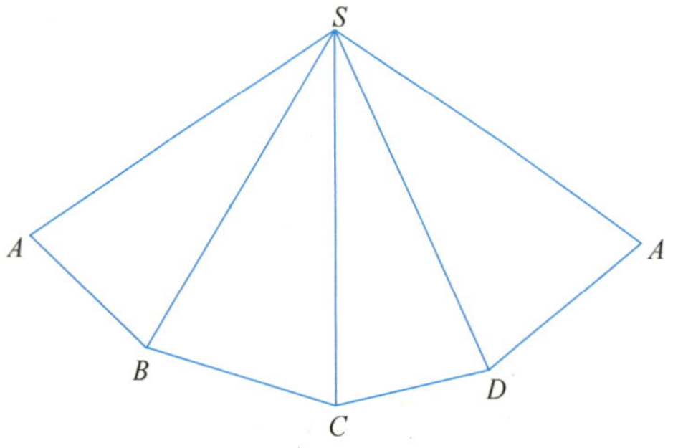	以棱线和底边的实长依次作出 △*SAB*、△*SBC*、△*SCD*、△*SDA*，得四棱锥的展开图
3. 展开棱台	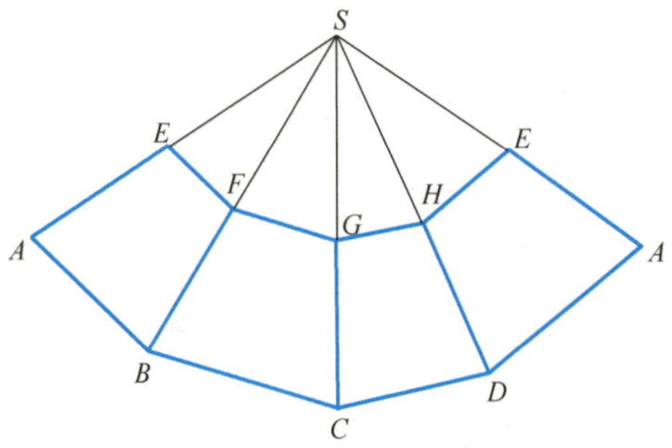	在各棱线上截取延长棱线的实长，得 *E*、*F*、*G*、*H*、*E* 各点，依次连接各点，按标准描深即得四棱台的展开图

二、圆锥面的展开

1. 正圆锥面的展开

如图 7—11 所示，正圆锥的表面展开图为一扇形，其展开方法与棱锥面相似。绘制正圆锥面展开图的步骤见表 7—7。

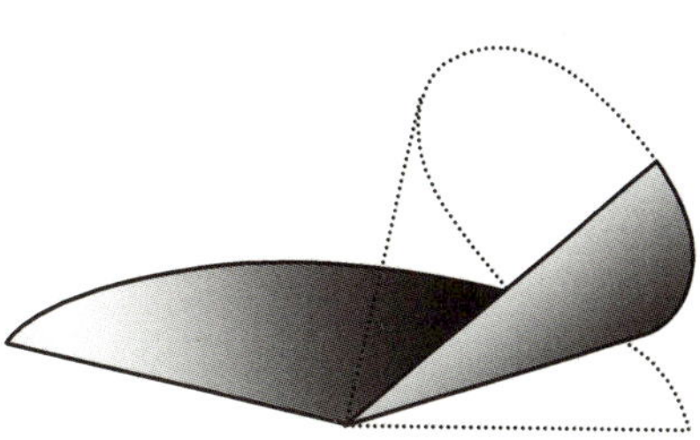

图 7—11　正圆锥面展开图

表 7—7　　绘制正圆锥面展开图的步骤

步　骤	图　例	说　明
1. 作视图，求圆锥素线实长	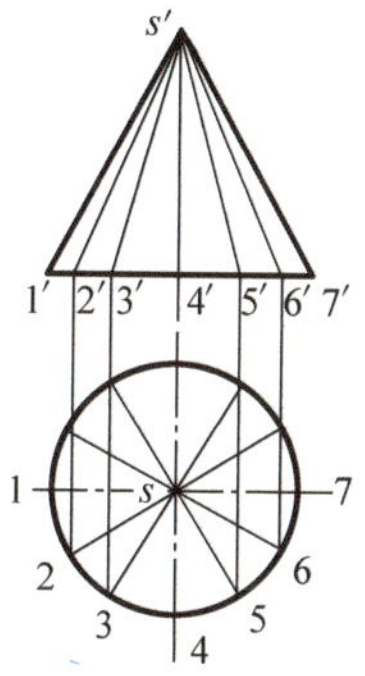	(1) 作正圆锥两视图 (2) 将俯视图圆周十二等分，在主视图上作出相应素线 $s'1'$、$s'2'$… (3) 各素线长度相等，其中 $s'1'$ 和 $s'7'$ 反映素线实长
2. 展开圆锥	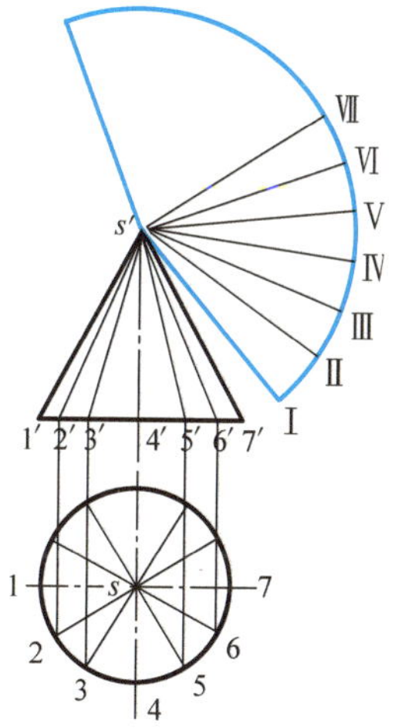	以 s' 为圆心，以素线实长 $s'7'$ 为半径画圆弧，然后近似地以弦长代替弧长，在圆弧上量取 12 段相等距离，即弦长ⅠⅡ＝弧长12、弦长ⅡⅢ＝弧长23，以此类推，将起点、终点与 s' 点相连得一扇形，即为正圆锥的锥面展开图

2. 斜截圆锥管的展开

如图 7—12 所示，斜截圆锥管是由正圆锥面被一平面斜截而得到的，其展开图只需在正圆锥面展开图基础上求出若干条被截断的素线的实长，并光滑连接各点即可得到。绘制斜截圆锥管展开图的步骤见表 7—8。

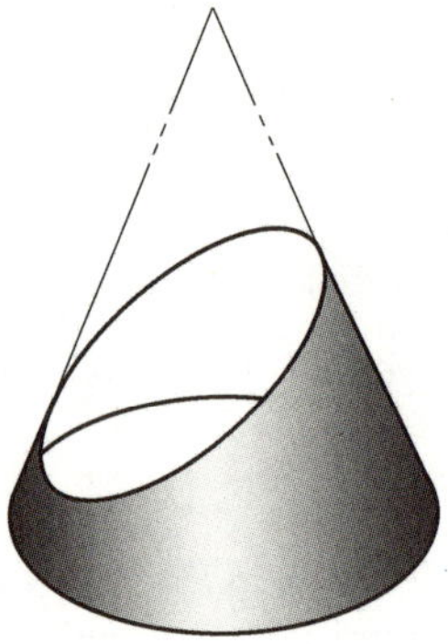

图 7—12　斜截圆锥管

表 7—8

绘制斜截圆锥管展开图的步骤

步　骤	图　例	说　明
1. 画圆锥的两视图，展开圆锥	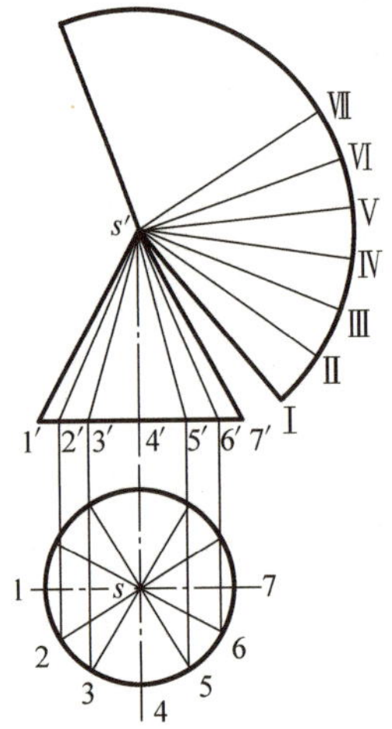	参照表 7—7 作出完整圆锥表面的展开图
2. 求圆锥被截素线实长	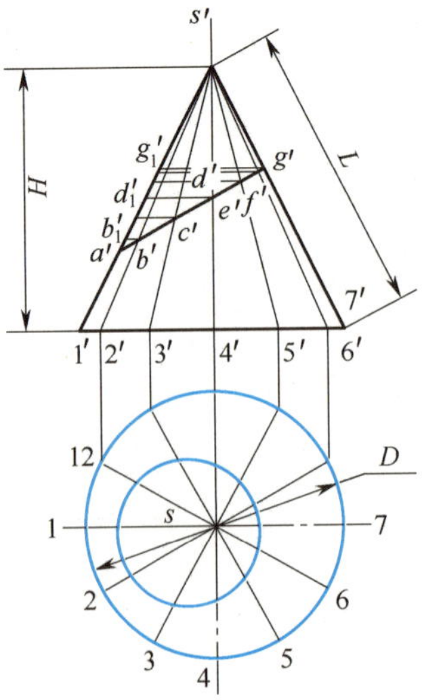	根据旋转法，在主视图中过 b′、c′…各点作水平线与最左边素线相交，各交点到锥顶 s′的距离等于每条素线被截部分的实长

续表

步 骤	图 例	说 明
3. 展开斜截圆锥管	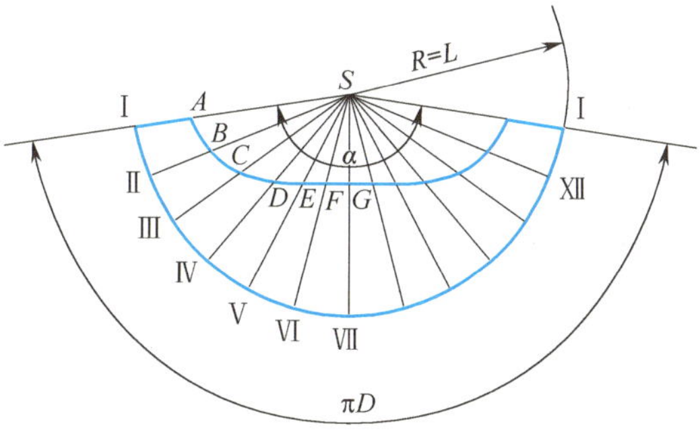	在素线 SⅠ上量取 $SA=s'a'$，求出截交线上 A 点在展开图上的位置；在素线 SⅡ上量取 $SB=s'b_1'$，求出截交线上 B 点在展开图上的位置。同样，用截去的各素线的实长可截得 C、D、E…各点，然后光滑连接各点，即可求得斜截圆锥管的表面展开图

§7—4　上圆下方构件的展开

学习目标

能绘制上圆下方构件的展开图。

如图 7—13 所示，上圆下方构件上端口为圆形，下端口为方形，上口和下口均平行于水平投影面，俯视图反映上口和下口的实形，表面由四个全等的等腰三角形和四个斜圆锥面组成，四个锥面的形状和尺寸完全一致。等腰三角形的两腰不与任意投影面平行，需求出实长。对于斜圆锥面，可等分底圆并作出过等分点的素线，以底圆的弦长代替弧长，这些素线和弦长即把一个锥面分成若干个三角形，求出各素线的实长，用几个三角形近似地代替斜圆锥面。依次展开各个三角形便可作出整个形体表面的展开图。绘制上圆下方构件展开图的步骤见表 7—9。

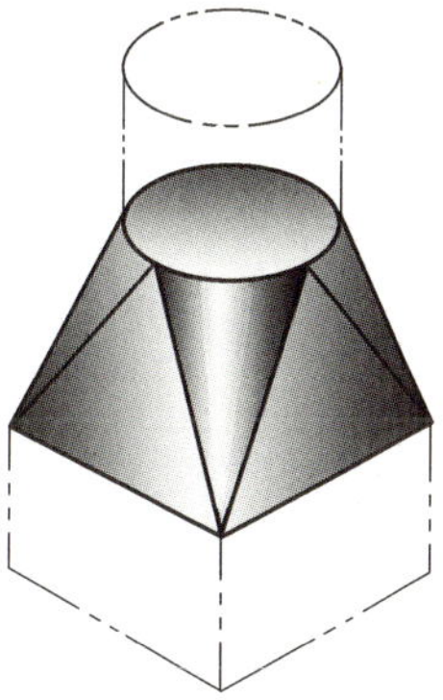

图 7—13　上圆下方构件

表 7—9　　绘制上圆下方构件展开图的步骤

步　骤	图　例	说　明
1. 作视图，等分圆	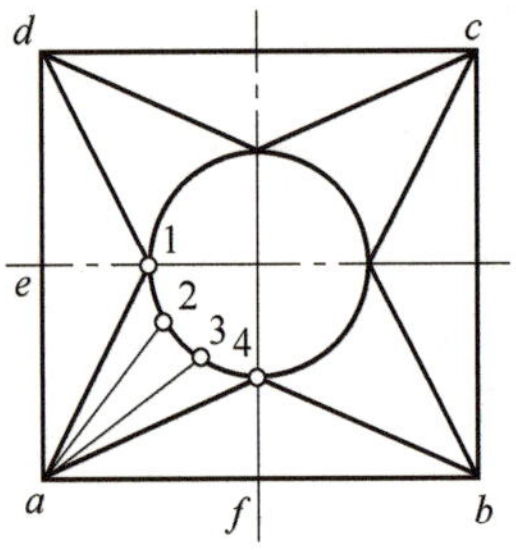	（1）作上圆下方构件视图 （2）在投影图上画出平面与锥面之间的分界线 （3）将圆口分成十二等份，使每个锥面分成三个小三角形
2. 求各边实长	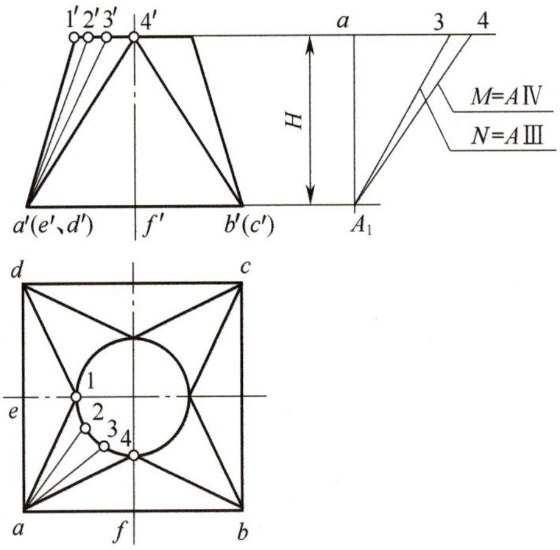	用直角三角形法求出大、小三角形各边实长。依次量取各条线段水平投影 a4、a3，求出它们的实长 M=AⅣ、N=AⅢ
3. 展开等腰三角形	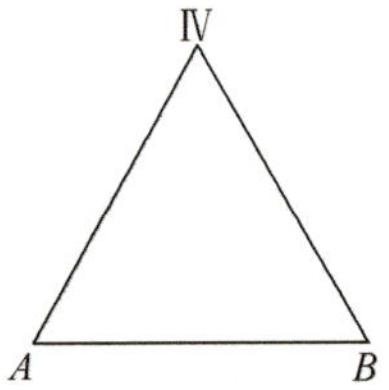	取 AB=ab，分别以 A、B 为圆心，M 为半径作圆弧，交于点Ⅳ，得△ABⅣ，为等腰三角形的实形
4. 展开斜圆锥面	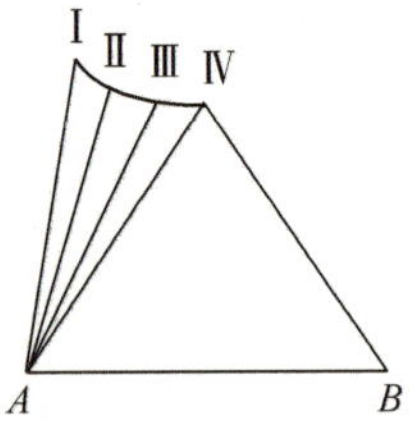	以 A 为圆心、N 为半径画圆弧，再以Ⅳ为圆心、上口等分圆弧的弦长 34 为半径画圆弧，两弧交于点Ⅲ，作出△AⅢⅣ。用同样的方法作出△AⅡⅢ和△AⅠⅡ，再将Ⅰ、Ⅱ、Ⅲ、Ⅳ各点光滑连接，得 1/4 斜圆锥面的展开图 注意：实际作图时，可以按所得 1/4 斜圆锥面的展开图作样板，画其余部分

续表

步　骤	图　例	说　明
5. 展开构件	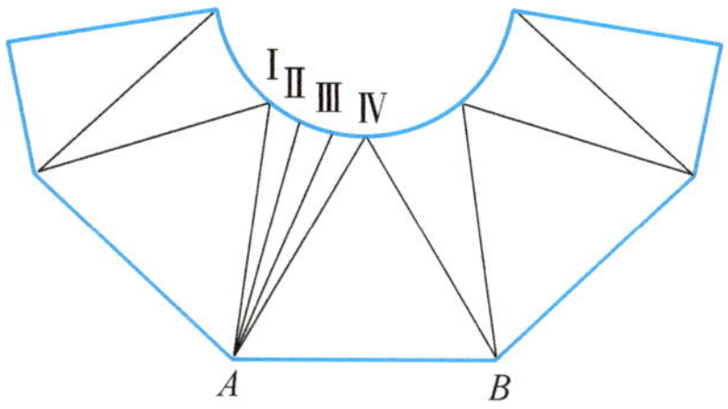	以完全相同的方法向两侧继续作图，最后在两侧分别作出上述等腰三角形的一半，也就是一个直角三角形，按标准描深即得上圆下方构件的展开图

第八章 焊接图

焊接是通过加热或加压，或两者并用，用或不用填充材料，使焊件连接在一起的一种加工工艺方法。通过焊接而成的零件和部件统称为焊接件。

焊接是一种不可拆连接，具有工艺简单、连接可靠、节省金属、劳动强度低等优点，在汽车、机械、化工、电子、建筑等工业生产中应用广泛。常用汽车焊接件包括汽车车身、底盘、水箱等。

焊接图就是利用图形和代号，明确地表示零部件的焊接结构和工艺技术的图样。

本章主要介绍常用焊缝的规定画法及其标注方法。

§8—1 焊缝的表示方法

学习目标

1. 了解常用的焊接方法及其代号。
2. 了解常见焊接接头的种类，熟悉焊缝的常用画法。
3. 能识读焊缝符号。

一、常用的焊接方法及其代号

焊接作为一种金属件的连接方法，按焊接过程中金属所处的状态不同，分为熔化焊接、压力焊接和钎焊三大类。随着焊接技术的不断发展，焊接方法现已达几十种之多。国家标准《焊接及相关工艺方法代号》(GB/T 5185—2005) 规定：用阿拉伯数字代号来表示各种焊接方法。常用焊接方法及其数字代号见表 8—1。

表 8—1 常用焊接方法及其数字代号（摘自 GB/T 5185—2005）

代号	焊接方法	代号	焊接方法	代号	焊接方法	代号	焊接方法
111	焊条电弧焊	22	缝焊	441	爆炸焊	74	感应焊
12	埋弧焊	25	电阻对焊	51	电子束焊	91	硬钎焊
121	单丝埋弧焊	291	高频电阻焊	52	激光焊	912	火焰硬钎焊
15	等离子弧焊	311	氧乙炔焊	71	铝热焊	916	感应硬钎焊
21	点焊	42	摩擦焊	72	电渣焊	942	火焰软钎焊

二、焊缝的图示法

常见的焊接接头有对接接头、搭接接头、T 形接头、角接接头四种，如图 8—1 所示。

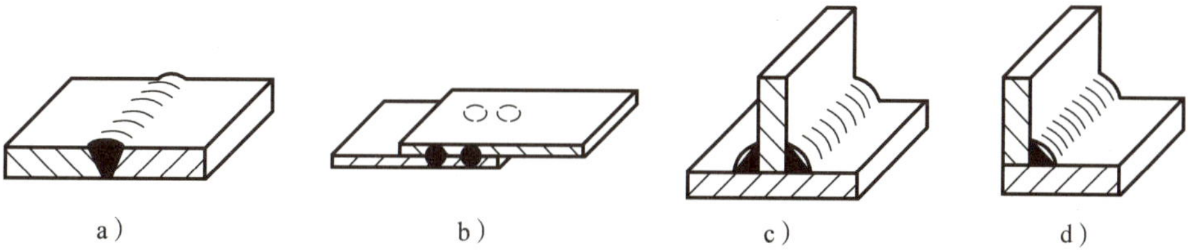

图 8—1 常见的焊接接头

a）对接接头 b）搭接接头 c）T 形接头 d）角接接头

工件被焊接后所形成的接缝称为焊缝。图样中一般不需要特别表示焊缝，通常只在焊缝处按国家标准《焊缝符号表示法》（GB/T 324—2008）和《技术制图 焊缝符号的尺寸、比例及简化表示法》（GB/T 12212—2012）规定的焊缝符号表示。如果需要简易地绘制焊缝，可用视图、剖视图或断面图表示，也可用轴测图示意地表示。

用轴测图示意地表示焊缝的画法如图 8—1 所示。

在视图中，焊缝可用一系列细实线段（允许徒手绘制）表示，如图 8—2a、b、c 所示，也允许采用粗线［线宽为（2～3）*b*］表示，如图 8—2d、e、f 所示，但在同一图样中只允许采用一种画法。

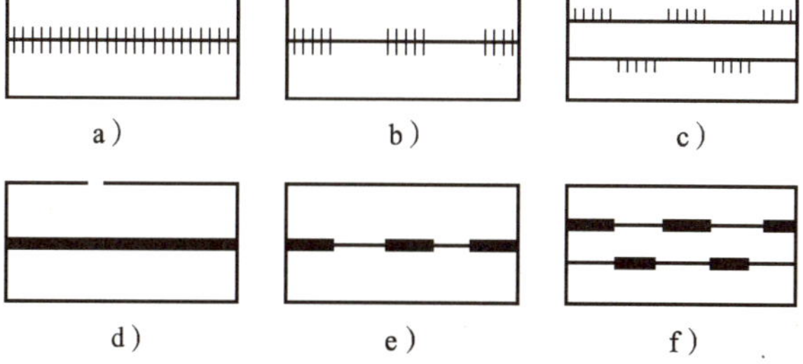

图 8—2 焊缝的画法（一）

在剖视图或断面图上，焊缝的金属熔焊区应涂黑表示，如图 8—3a 所示。若同时需要表示坡口等的形状时，可用粗实线绘制熔焊区的轮廓，用细实线画出焊接前的坡口形状，如图 8—3b 所示。

必要时，可将焊缝部位放大表示并标注有关尺寸，如图 8—4 所示。

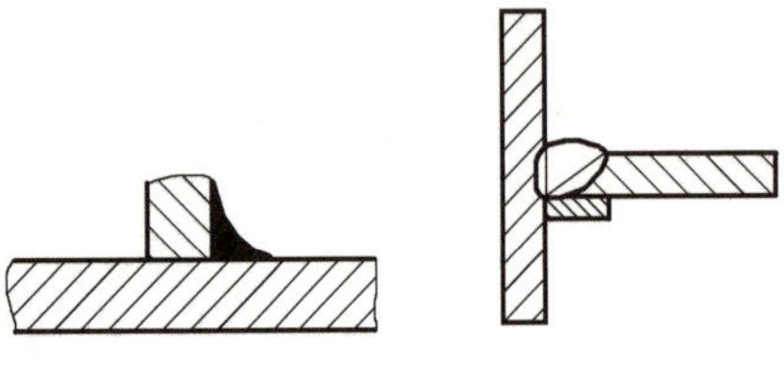

a）　　b）

图 8—3　焊缝的画法（二）

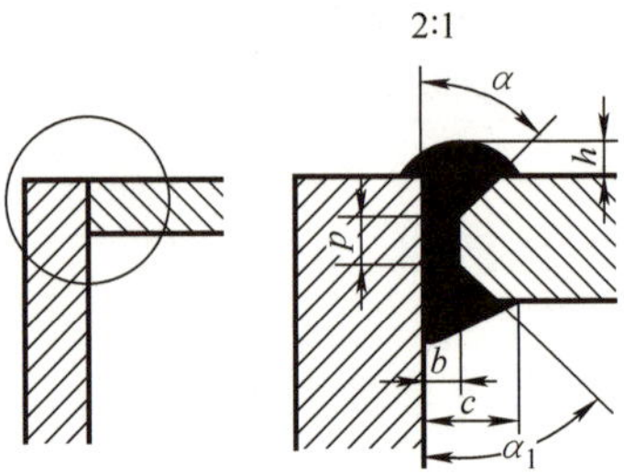

图 8—4　焊缝的局部放大图

三、焊缝符号

在 GB/T 324—2008 中对焊缝符号做了规定，如需进一步了解焊缝坡口的基本形式与尺寸，可查阅国家标准《气焊、焊条电弧焊、气体保护焊和高能束焊的推荐坡口》（GB/T 985.1—2008）和《埋弧焊的推荐坡口》（GB/T 985.2—2008）。

焊缝符号一般由基本符号和指引线组成。必要时还可加上补充符号、尺寸符号及数据等。

1. 指引线

指引线由箭头线和基准线两部分组成，如图 8—5 所示。箭头线用细实线绘制，箭头指向有关焊接处；基准线由两条相互平行的细线（一条为细实线，另一条为细虚线）组成；当需要说明焊接方法时，可在基准线末端增加尾部符号，具体标注方法详见后文。

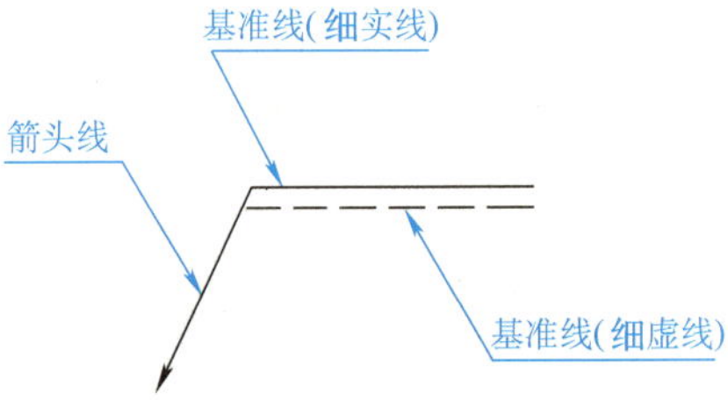

图 8—5　指引线

2. 基本符号

基本符号表示焊缝横截面的基本形式或特征，采用粗实线绘制，用与焊缝横截面形状类似的符号来表示。常用焊缝的基本符号及标注见表 8—2。

表 8—2　常用焊缝的基本符号及标注

名称	焊缝形式	基本符号	标注示例
I 形焊缝	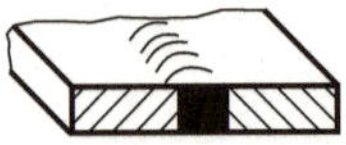		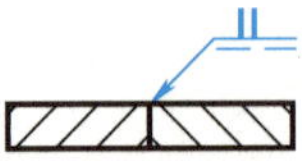

续表

名称	焊缝形式	基本符号	标注示例
V 形焊缝	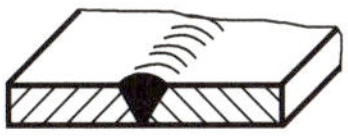		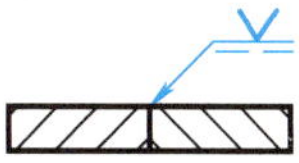
单边 V 形焊缝			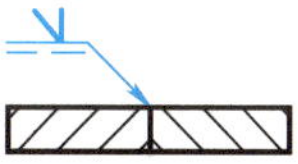
角焊缝	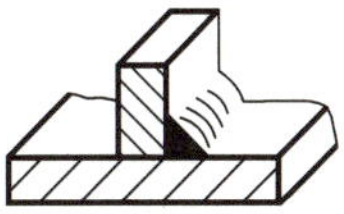		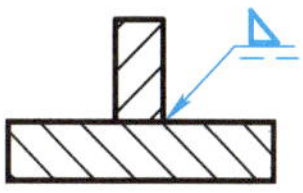
带钝边 U 形焊缝			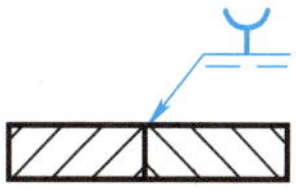
封底焊缝	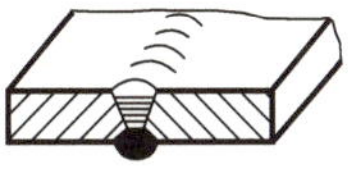		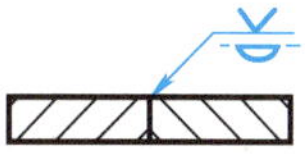
点焊缝	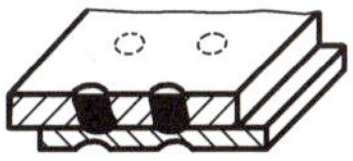		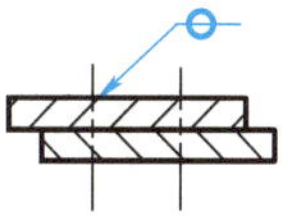

3. 基本符号的组合

标注双面焊焊缝或接头时，基本符号可以组合使用，见表 8—3。

表 8—3　　基本符号的组合

名称	焊缝形式	基本符号	标注示例
双面 V 形焊缝 （X 焊缝）	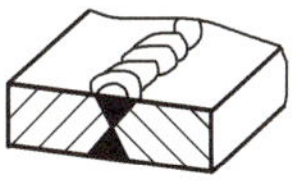		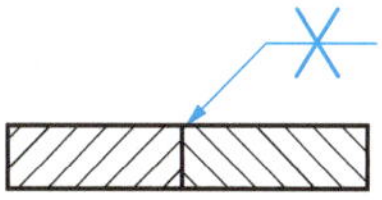
双面单 V 形焊缝 （K 焊缝）	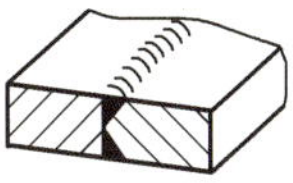		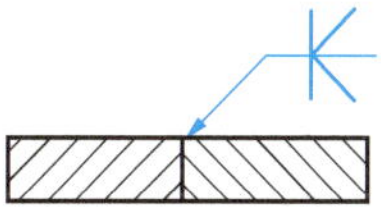
带钝边的双面 V 形焊缝	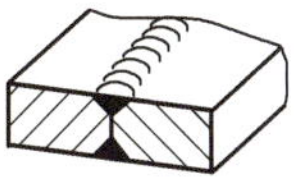		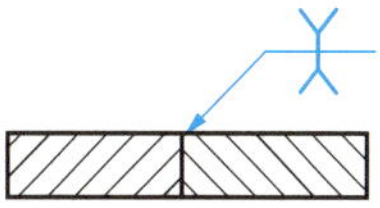
带钝边的双面 单 V 形焊缝	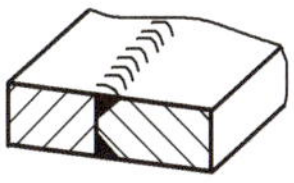		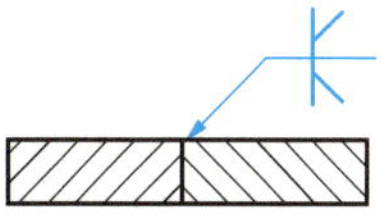
双面 U 形焊缝	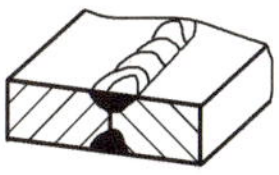		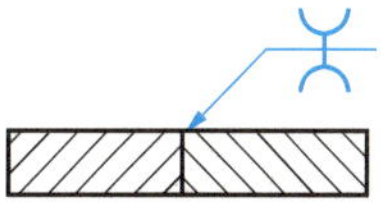

4. 补充符号

补充符号用来补充说明有关焊缝或接头的某些特征（如表面形状、衬垫、焊缝分布、施焊地点等）。补充符号用粗实线绘制，随基本符号标注在相应的位置上。常用的补充符号及标注见表 8—4。

表 8—4　　常用的补充符号及标注

名称	符号	焊缝形式及标注示例	说明
平面	—		平齐 V 形对接焊缝
凹面	◡	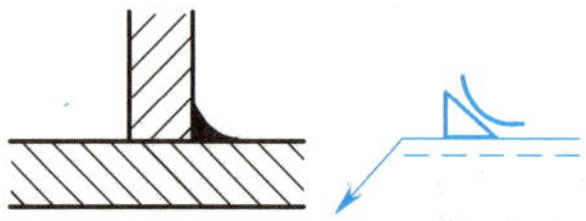	凹陷的角焊缝
凸面	◠	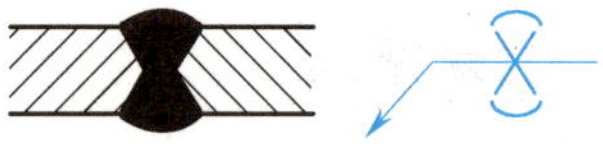	凸起的双面 V 形焊缝
圆滑过渡	⅃	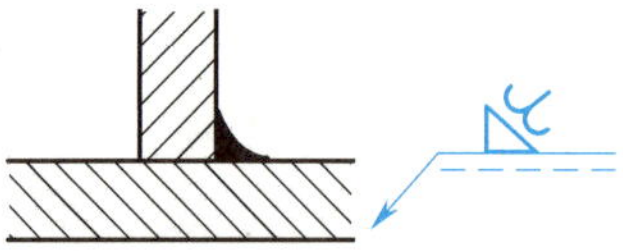	表面过渡平滑的角焊缝
三面焊缝	⊏	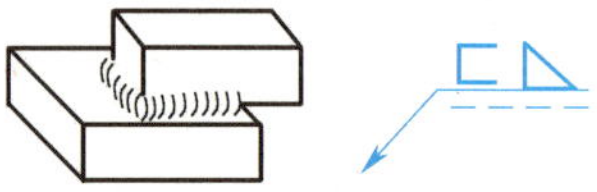	工件三面带有焊缝
周围焊缝	○	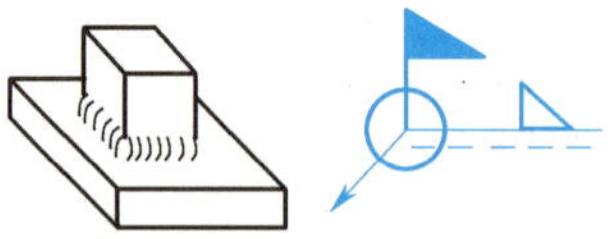	表示在现场沿工件周边施焊的焊缝
现场焊缝	⚑		
尾部	<	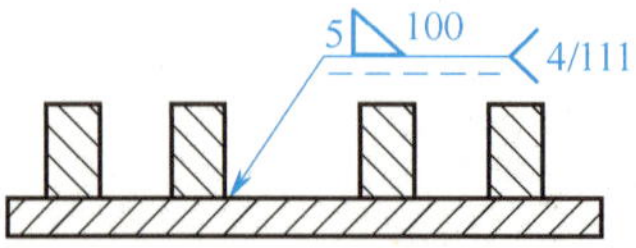	表示焊条电弧焊，有 4 条相同的角焊缝

5. 尺寸符号

必要时，可以在焊缝符号中标注尺寸。常用的焊缝尺寸符号见表 8—5。

表 8—5　　常用的焊缝尺寸符号

名称	符号	示意图
坡口角度 根部间隙 钝边 坡口深度	α *b* *p* *H*	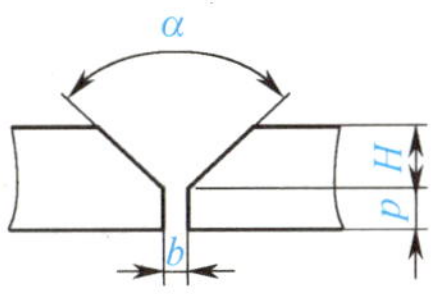
工件厚度 焊缝宽度 根部半径 焊缝有效厚度 余高	δ *c* *R* *S* *h*	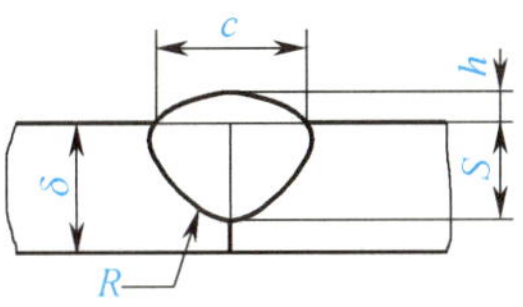

名称	符号	示意图
焊脚尺寸	*K*	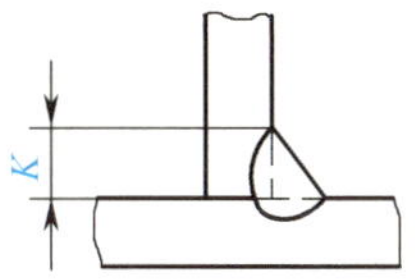
焊缝长度 焊缝间距 焊缝段数	*l* *e* *n*	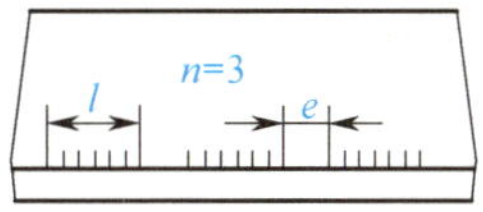
点焊：熔核直径 塞焊：孔径	*d*	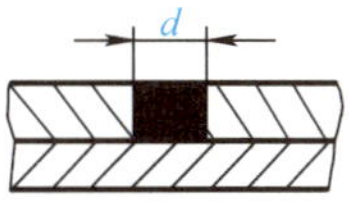

§8—2　焊缝的标注方法

学习目标

1. 掌握焊缝的标注方法和标注规范。
2. 能标注焊缝符号。

一、箭头线和接头的关系

箭头直接指向的接头侧称为“接头的箭头侧”，与之相对的则是“接头的非箭头侧”，如图 8—6 所示。

二、基本符号相对基准线的位置

基准线一般应与图样的底边平行，必要时也可与底边垂直。基准线的细实线和细虚线的位置可根据需要互换。

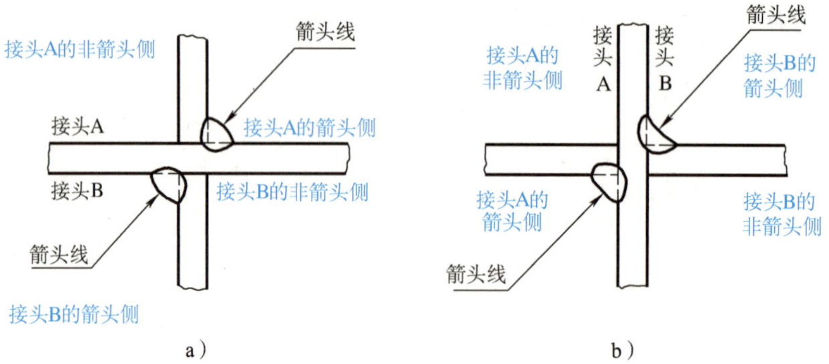

图 8—6 接头的“箭头侧”及“非箭头侧”

为了能在图样上确切地表示焊缝的位置，特将基准符号相对基准线的位置做以下规定：

（1）基本符号在基准线的细实线侧时，表示焊缝在接头的箭头侧，如图 8—7a 所示。

（2）基本符号在基准线的细虚线侧时，表示焊缝在接头的非箭头侧，如图 8—7b 所示。

（3）对称焊缝允许省略细虚线，如图 8—7c 所示。

（4）在明确焊缝分布位置的情况下，有些双面焊缝也可省略细虚线，如图 8—7d 所示。

（5）在不至于引起误解的情况下，当箭头线指向焊缝，而非箭头侧又无焊缝要求时，允许省略非箭头侧的基准线（细虚线），如图 8—8 所示。

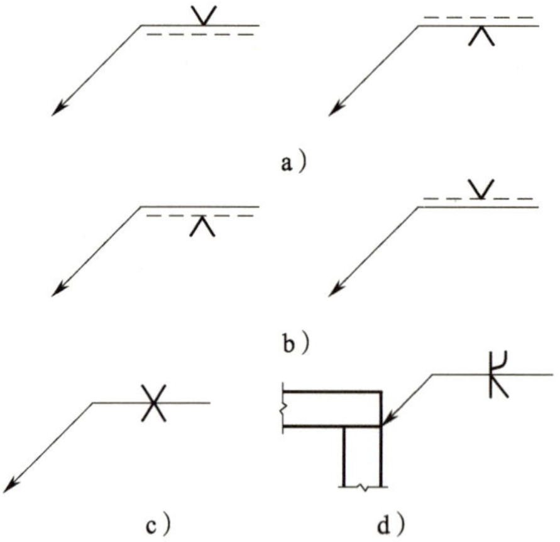

图 8—7 基本符号相对基准线的位置

a）焊缝在接头的箭头侧 b）焊缝在接头的非箭头侧

c）对称焊缝 d）双面焊缝

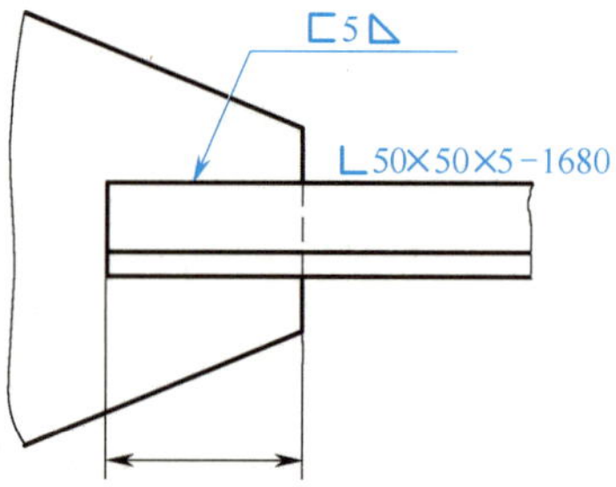

图 8—8 省略非箭头侧基准线和焊缝长度

三、焊缝尺寸符号及数据的标注

1. 标注方法

焊缝尺寸符号及数据的标注方法如图 8—9 所示。

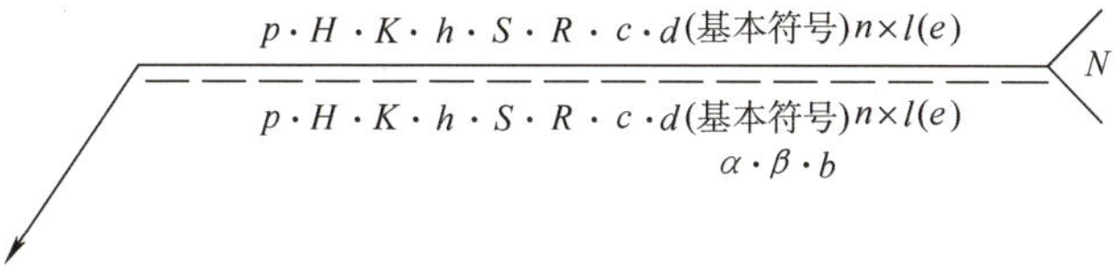

图 8—9　焊缝尺寸符号及数据的标注方法

（1）横向尺寸标注在基本符号的左侧。

（2）纵向尺寸标注在基本符号的右侧。

（3）坡口角度、坡口面角度、根部间隙等尺寸标注在基本符号的上侧或下侧。

（4）相同焊缝数量标注在尾部。

（5）当尺寸较多不易分辨时，可在尺寸数据前标注相应的尺寸符号。

当箭头线方向改变时，上述规则不变。

2. 关于尺寸的其他规定

（1）确定焊缝位置的尺寸不在焊缝符号中标注，应将其标注在图样上。

（2）在基本符号的右侧无任何尺寸标注且无其他说明时，表示焊缝在工件的整个长度方向上是连续的。

（3）在基本符号的左侧无任何标注且无其他说明时，表示对接焊缝应完全焊透。

（4）塞焊缝、槽焊缝带有斜边时，应标注其底部的尺寸。

四、常见焊缝标注方法示例

常见焊缝标注方法示例见表 8—6。

表 8—6　　常见焊缝标注方法示例

接头形式	焊缝图示	焊缝符号	说明
对接接头	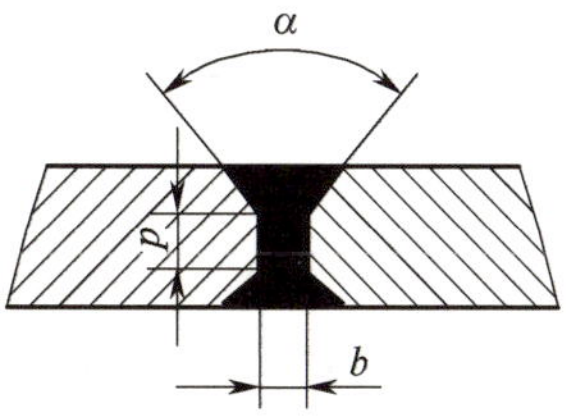	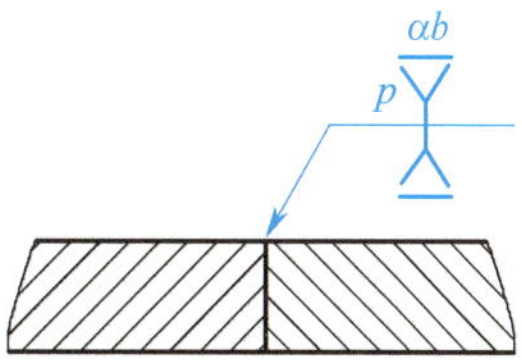	带钝边的双面 V 形焊缝，钝边高度为 p，坡口角度为 α，根部间隙为 b，焊缝表面经过加工后平整

续表

接头形式	焊缝图示	焊缝符号	说明
T形接头	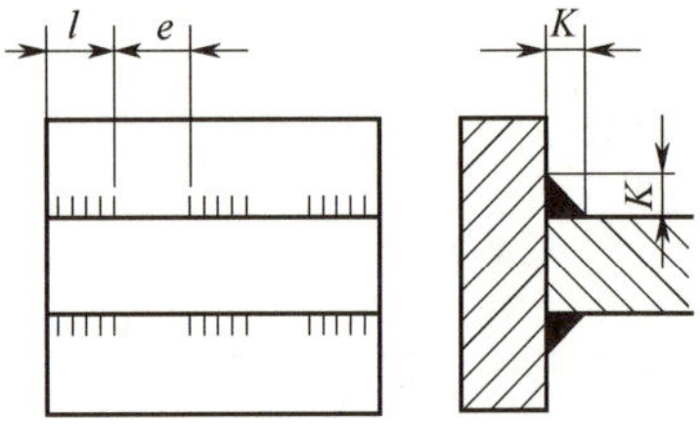	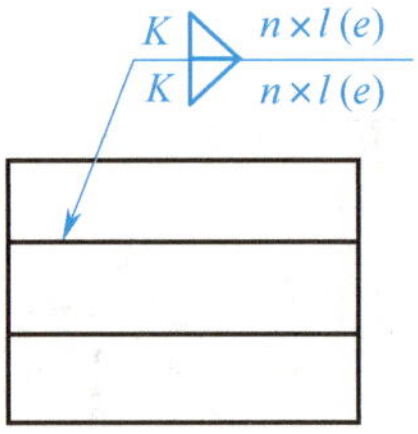	有 n 条对称角焊缝，焊缝长度为 l，焊缝间距为 e，焊脚尺寸为 K
	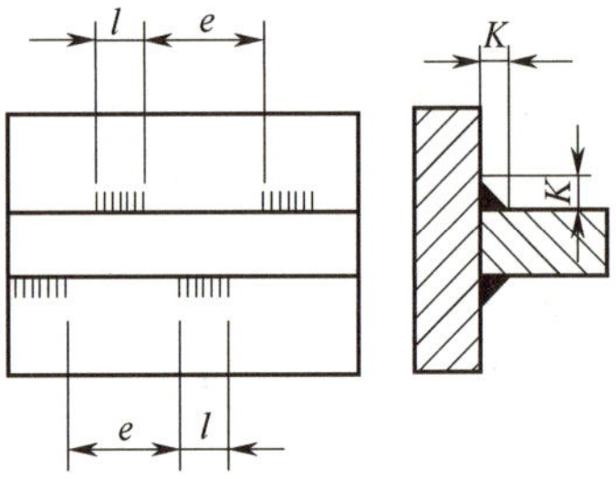	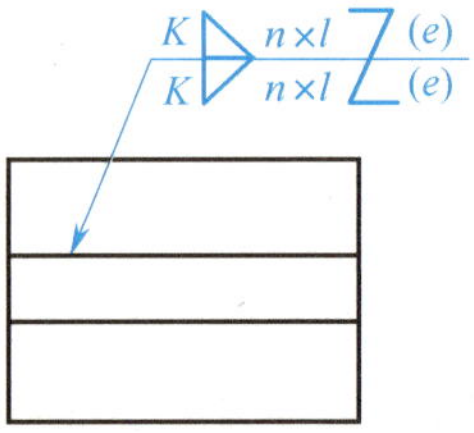	有 n 条双面交错断续角焊缝，焊缝长度为 l，焊缝间距为 e，焊脚尺寸为 K
	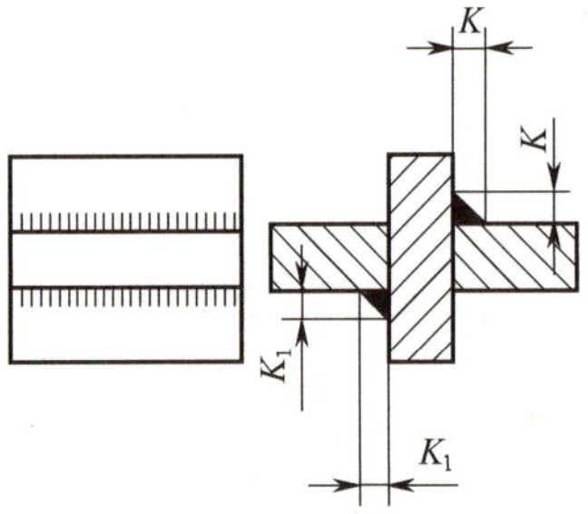	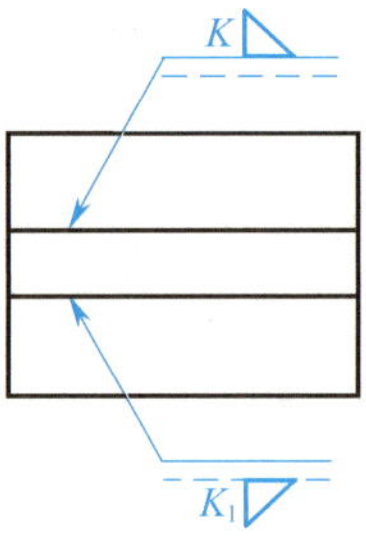	对角的双面角焊缝，上对角的焊脚尺寸为 K，下对角的焊脚尺寸为 K_1
角接接头	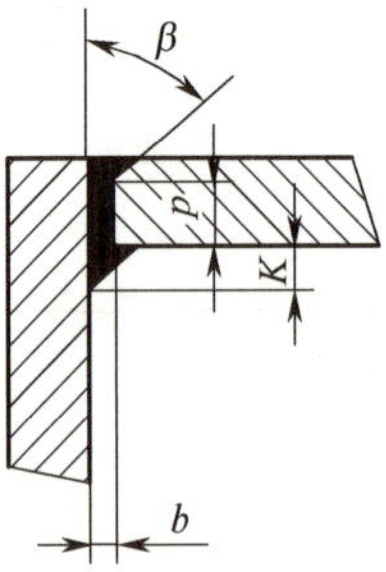	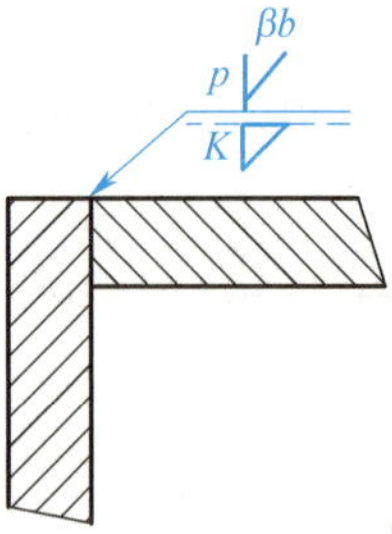	双面焊缝，上面为带钝边单边 V 形焊缝，下面为角焊缝，p 表示钝边高度，β 表示坡口面角度，b 表示根部间隙，K 表示焊脚尺寸

§8—3 识读焊接图

学习目标

了解焊接图的内容，能识读焊接图。

焊接图除了将组成焊接件的各零件形状、尺寸表示清楚外，还要把焊接的有关内容表达清楚。如图 8—10 所示的弯头由底盘、弯管和方形凸缘三个零件组成。

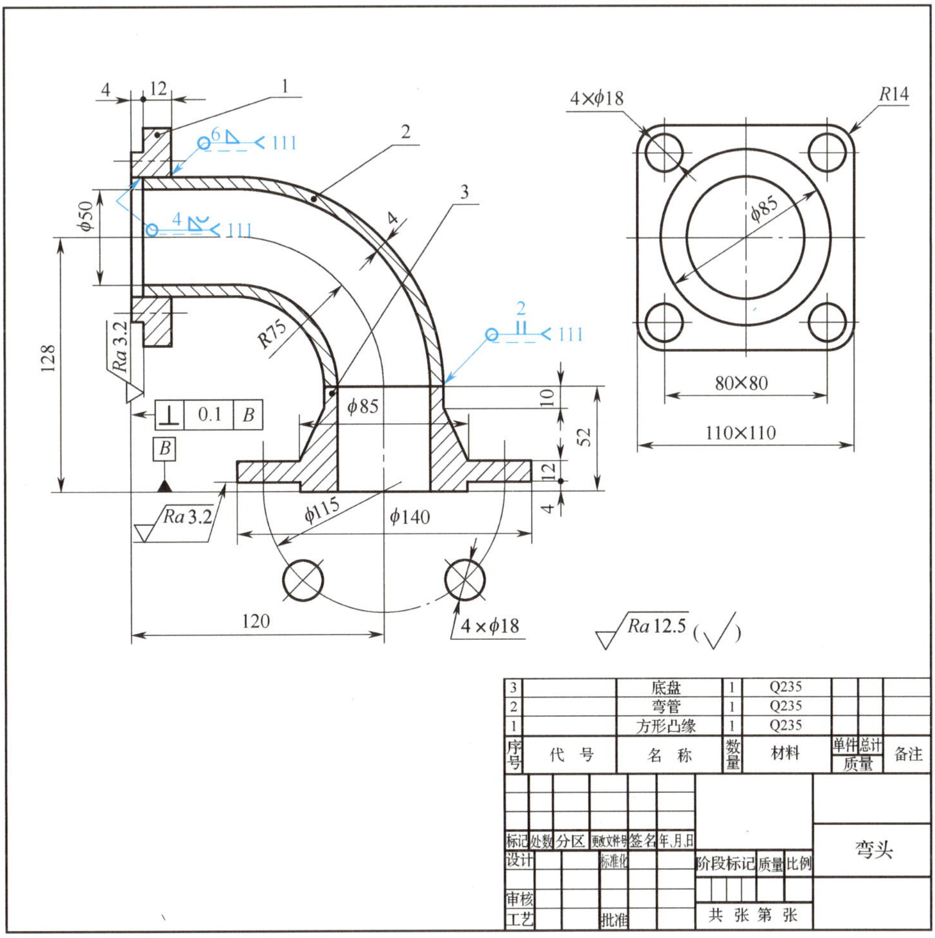

图 8—10 弯头的焊接图

图 8—10 中不仅表达了各零件的装配和焊接要求，还表达了零件的形状、尺寸及加工要求，因此不必另画零件图。

焊接图识读要点如下：

（1）底盘和弯管间焊缝符号为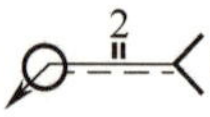111，其中“○”表示焊缝环绕工件周围焊接；“2/||”表示 I 形焊缝，对接间隙 $b=2$ mm；“111”表示全部焊缝均采用焊条电弧焊。

（2）方形凸缘和弯管外壁的焊缝符号为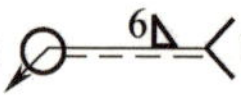111，其中“◺”表示角焊缝，焊脚尺寸为 6 mm。

（3）方形凸缘内壁和弯管的焊缝符号为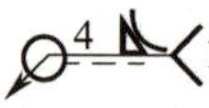111，其中“◡”表示焊缝表面凹陷。